Python
语言程序设计

（第2版）

袁方　肖胜刚　齐鸿志　编著

清华大学出版社
北京

内 容 简 介

本书全面介绍 Python 程序设计基础知识。全书共 9 章,主要内容包括 Python 语言入门、基本数据类型与表达式、语句与结构化程序设计、组合数据类型与字符串、函数与模块、文件处理、异常处理、面向对象程序设计和 Python 高级编程。通过本书的学习,读者可以掌握程序设计知识和方法,提高程序设计能力,培养程序设计思维,为进一步学习后续计算机相关课程、提升数字素养和创新能力奠定良好的基础。

本书适合作为高等学校各专业程序设计课程的教材,也可作为程序设计自学者的参考书。

图书在版编目(CIP)数据

Python 语言程序设计/袁方,肖胜刚,齐鸿志编著. —2 版. —北京:清华大学出版社,2023.7(2024.7重印)
ISBN 978-7-302-64169-8

Ⅰ.①P… Ⅱ.①袁… ②肖… ③齐… Ⅲ.①软件工具—程序设计—高等学校—教材
Ⅳ.①TP311.561

中国国家版本馆 CIP 数据核字(2023)第 131181 号

责任编辑: 张瑞庆 战晓雷
封面设计: 何凤霞
责任校对: 徐俊伟
责任印制: 丛怀宇

出版发行: 清华大学出版社
　　　　网　　址: https://www.tup.com.cn,https://www.wqxuetang.com
　　　　地　　址: 北京清华大学学研大厦 A 座　　　　　　**邮　　编:** 100084
　　　　社 总 机: 010-83470000　　　　　　　　　　　　**邮　　购:** 010-62786544
　　　　投稿与读者服务: 010-62776969,c-service@tup.tsinghua.edu.cn
　　　　质量反馈: 010-62772015,zhiliang@tup.tsinghua.edu.cn
　　　　课件下载: https://www.tup.com.cn,010-83470236
印 装 者: 三河市铭诚印务有限公司
经　　销: 全国新华书店
开　　本: 185mm×260mm　　　　**印　　张:** 17.25　　　　**字　　数:** 412 千字
版　　次: 2019 年 2 月第 1 版　　2023 年 8 月第 2 版　　**印　　次:** 2024 年 7 月第 3 次印刷
定　　价: 49.80 元

产品编号:097218-01

第2版前言

Python 语言诞生于 1991 年,目前的最新版本是 Python 3.11。Python 崇尚优美、清晰、简洁,是一种得到广泛使用的程序设计语言。在 2022 年 12 月 TIOBE 发布的编程语言排行榜和 2022 年 8 月 IEEE Spectrum 发布的编程语言排行榜中,Python 均名列第一。

本书第 1 版出版于 2019 年,在使用过程中得到多所高校师生的肯定,取得了良好的教学效果。结合近几年的教学实践,我们在第 1 版的基础上进行了修改和完善,增加了程序测试、图形用户界面设计、图像处理等内容,对部分原有内容进行了改写,并增加了习题的类型与题目数量,补充了实例,使全书内容更加翔实和新颖,能够更好地满足学生学习程序设计方法、提高程序设计能力、培养程序设计思维的需要。

本书基于 Python 3.10 介绍编写、调试和测试程序的方法。Python 语言的一个突出优点是有大量功能强大的标准库和第三方库。本书结合实例介绍了 random、math、datetime、turtle、tkinter、os、pickle、csv、re、json、sqlite3 等标准库和 jieba、WordCloud、pillow、NumPy、Matplotlib、requests、Flask、BeautifulSoup 等常用的第三方库。本书共提供了 100 多个实例,从判断素数、回文数、水仙花数到杨辉三角、百钱买百鸡、汉诺塔问题的求解,再到基于列表、字典、集合、文件的学生信息处理,还提供了窗口菜单设计、图像处理、网站开发、网页爬取、数据可视化、数据库操作等综合应用实例。

本书共 9 章,各章主要内容如下。

第 1 章为 Python 语言入门。在简要介绍 Python 语言的产生、发展和特点的基础上,通过几个简单、有趣、实用的实例展示 Python 程序的构成,使学生在学习具体内容之前对 Python 语言及程序结构有总体了解,有助于对后续内容的学习与理解。

第 2 章为基本数据类型与表达式。介绍整型、浮点型、布尔型、字符串型等基本数据类型以及常量与变量,并介绍算术运算符与算术表达式、赋值运算符与赋值表达式、位运算符与位运算表达式,为实际动手编写程序打好基础。

第 3 章为语句与结构化程序设计。结合程序实例详细介绍赋值语句、分支语句、循环语句 3 种基本语句,以及顺序结构、分支结构、循环结构 3 种基本结构的程序设计方法,并介绍 Python 语句的书写规则和程序测试方法。

第 4 章为组合数据类型与字符串。介绍 Python 特有的处理批量数据的数据类型:列表、元组、字典、集合和字符串。列表能够简捷、方便地处理一维、二维及多维的批量数据。元组可以看作轻量级的列表,处理元素值和元素个数不变的批量数据时具有简单、高效的特点。字典和集合分别适合处理映射型和集合型批量数据。最后介绍灵活、方便的字符串处理方式。

第 5 章为函数与模块。介绍函数的定义与调用、参数的传递方式、函数嵌套和递归、内置函数、标准库、第三方库、局部变量和全局变量等内容。通过实例介绍基于标准库函数或第三方库函数实现图形用户界面设计和图像处理的方法。最后介绍模块和把程序文件组织成模块的方法。

第 6 章为文件处理。介绍文件的打开与关闭、文件的读写操作等内容。

第 7 章为异常处理。Python 的异常处理机制将异常的检测与处理分离,实际上是将功能代码与异常处理代码分开,提高了程序的可理解性和可维护性,能够有效保证程序的质量。

第 8 章为面向对象程序设计。在简要介绍面向对象程序设计特点的基础上,结合程序实例介绍类和对象、构造函数、继承与派生、多态、运算符重载等内容,以帮助学生深入理解面向对象程序设计的基本思想,熟练掌握面向对象程序设计的基本方法,并深入体会面向对象程序设计的优点。

第 9 章为 Python 高级编程。Python 广受欢迎的一个重要原因就是其在各个领域的广泛应用。本章结合应用实例,介绍 Python 在网站开发、数据库编程、网页爬取和数据可视化方面的应用,为学生使用 Python 解决实际问题提供思路与借鉴。

需要说明的是,对于学生而言,在学习程序设计的过程中,教师的讲解是必要的,这样有助于学生快速、准确地理解所学内容。但是,要真正深入理解并切实掌握程序设计方法,在教师讲解的基础上,学生还需要多看书、多思考、多编写程序、多上机调试和测试程序。只有多看书、多思考,才能把教师的讲解转化为自己的理解,深入理解书中的内容;只有多编写程序、多上机调试和测试程序,才能准确掌握语法格式及常用程序设计方法,逐渐积累程序调试和测试经验;最终实现提高程序设计能力、培养程序设计思维的学习目的。

本书注重知识传授、能力培养和价值塑造的统一。在讲授 Python 程序设计基本知识、基本方法的基础上,注重提高学生的程序设计能力和基于计算机技术解决实际问题的能力,培养学生科学严谨、求真求实的学习态度,勤奋努力、争优争先的进取品格,深入思考、积极探索的创新思维,为服务人民、奉献祖国做好准备。

为方便教师的讲授和学生的学习,本书配有教学课件,实例的程序代码都上机调试通过,可以通过清华大学出版社网站 www.tup.com.cn 获取教学课件以及与实例对应的源代码。

第 2 版的修订工作由袁方、肖胜刚、齐鸿志完成。其中,肖胜刚负责第 6 章和第 9 章的修订,齐鸿志负责第 7 章的修订,齐鸿志和袁方共同负责 3.7 节、5.7 节、5.8 节、5.10 节的修订,其他章节的修订由袁方完成。全书由袁方统稿。

肖艳芹副教授仔细审阅了全部书稿,提出了很好的修改建议。在编写本书的过程中,作者还参考了一些同类图书。在此向肖艳芹副教授和相关图书的作者、译者表示衷心感谢。

由于 Python 语言程序设计涉及的内容非常丰富,限于作者水平,书中难免存在不妥之处,敬请读者批评指正,提出修改建议和意见。我们的联系方式是 yuanfang@hbu.edu.cn。

作 者

2023 年 6 月

第1版前言

随着大数据、人工智能、物联网等新一代信息技术的快速发展和广泛应用,各行各业与计算机技术的融合程度越来越深,程序(软件)在人们的工作、学习和生活中发挥的作用越来越大。学习程序设计方法,提高程序设计能力,培养程序设计思维,对于更好地适应现代信息化社会、更好地利用计算机技术完成岗位工作是大有益处的。

Python 语言诞生于 1991 年。2000 年 10 月 Python 2.0 正式发布,Python 开始得到广泛应用。在经历 2.4、2.5、2.6、2.7 版本后,2008 年 12 月 Python 3.0 发布,之后推出了多个 3.x 版本,目前的最新版本是 Python 3.7.0。Python 崇尚优美、清晰、简单,是一种得到广泛使用的语言。它是 Google 公司的第三大开发语言,Dropbox 公司的基础语言,豆瓣网的服务器语言。在 2018 年 8 月 TIOBE 发布的程序设计语言排行榜中,Python 排在 Java、C 和 C++ 语言之后,名列第 4。在 IEEE Spectrum 发布的 2018 年程序设计语言排行榜中,Python 名列第一,第二至第五分别为 C++、C、Java 和 C#。

Python 语言具有易于理解和学习、程序开发效率高、易于维护、跨平台等优点,更突出的优点在于有大量的自带库和第三方库可用,在编写程序时可根据需要选用,不仅提高了编程效率,增强了程序功能,而且使编程工作变得简单易行。Python 是一种"学得会,用得上"的程序设计语言,可用于脚本程序编写、网站开发、文本处理、科学计算、数据分析、数据库应用系统开发等多个领域。

全书共分 9 章,各章主要内容如下:

第 1 章为 Python 入门。在简要介绍 Python 语言的产生、发展和特点的基础上,通过几个简单、有趣、实用的实例展示了 Python 程序的构成,使读者在学习具体内容之前尽早对 Python 语言及程序结构有一个总体了解,有助于对后续章节内容的学习与理解。

第 2 章为基本数据类型与表达式。介绍了整型、浮点型、布尔型、字符串型等基本数据类型,介绍了算术运算符与算术表达式、赋值运算符与赋值表达式、位运算符与位运算表达式,为实际动手编写程序打好基础。

第 3 章为语句与结构化程序设计。结合程序实例详细介绍了赋值语句、分支语句、循环语句以及顺序结构、分支结构、循环结构 3 种基本结构的程序设计方法。特别强调了 Python 语言的特点:多个变量同步赋值,通过严格的缩进构成语句块,循环语句带有 else 子句,等等,简化了程序的编写。

第 4 章为组合数据类型与字符串。介绍了 Python 特有的处理批量数据的数据类型:列表、元组、字典和集合。作为序列数据类型以及灵活的元素形式,列表能够简捷、方便地处理一维、二维及多维的批量数据;元组可以看作轻量级的列表,对于处理具有不变元素值和不变元素个数的批量数据简单、高效;字典和集合分别适合于处理映射型和集合型批量数据。Python 提供了灵活、方便的字符串处理方式。

第 5 章为函数。介绍了函数的定义与调用、参数的传递方式、递归函数、局部变量和全局变量、Python 内置函数、Python 内置标准库、第三方库等内容。拥有丰富的内置标准库和第三方库是 Python 的重要特色之一,通过使用标准库和第三方库,可有效降低编程的难度和减少编程工作量。

第 6 章为文件处理。介绍了文件的打开与关闭、文件的读写操作等内容,利用文件可以长久地保存数据,为处理大批量数据带来了方便。

第 7 章为异常处理。Python 的异常处理机制将异常的检测与处理分离,实际上是将功能代码与异常处理代码分开,提高了程序的可理解性和可维护性,能够有效保证程序的质量。

第 8 章为面向对象程序设计。在简要介绍面向对象程序设计特点的基础上,结合程序实例介绍了类和对象、构造函数、继承与派生、多态、运算符重载等内容。帮助读者深入理解面向对象程序设计的基本思想、熟练掌握面向对象程序设计的基本方法,并深入体会面向对象程序设计的优点。

第 9 章为 Python 高级编程。Python 广受欢迎的一个重要原因就是其在各个领域的广泛应用。本章结合应用实例,介绍了 Python 在网站开发、数据库编程、网页爬取和数据可视化方面的应用,为读者使用 Python 解决实际问题提供思路与示例。

需要说明的是,对于程序设计知识的学习,教师的讲解是必要的,这样有助于学生较快且准确地理解所学内容,但要真正深入理解并切实掌握程序设计方法,需要在教师讲解的基础上,自己多看书、多思考、多编写程序、多上机调试程序。只有多看书、多思考,才能把教师的讲解转化为自己的理解,才能深入理解书中所讲内容的真正含义;只有多编写程序、多上机调试程序,才能准确掌握语法格式及常用程序设计方法,才能逐渐积累程序调试经验。最终实现提高程序设计能力、培养程序设计思维的学习目的。

为方便教师的讲授和学生的学习,本书配有教学课件,示例和例题的程序代码都上机调试通过,可以通过清华大学出版社网站 www.tup.com.cn 获取教学课件以及与例题对应的源代码。

本书由袁方、肖胜刚、齐鸿志编写。其中,袁方编写第 1~5 章和第 8 章,肖胜刚编写第 6 章和第 9 章,齐鸿志编写第 7 章。由袁方统编定稿。

本书的编写参考了同类书籍,我们向有关的作者和译者表示衷心的感谢。

由于 Python 语言程序设计涉及的内容非常丰富,限于编者水平,书中难免存在不妥和错误之处,敬请读者批评指正,如能提出修改建议和意见,我们将非常感谢。联系方式 yuanfang@hbu.edu.cn。

作　者

2018 年 10 月

Python 目 录

Python

第 1 章 Python 语言入门

随着大数据、人工智能、物联网等新一代信息技术的快速发展和广泛应用，各行各业与计算机技术的融合程度越来越深，计算机程序(软件)在人们的工作、学习和生活中发挥的作用越来越大。掌握必要的程序设计知识与能力，对于更好地适应数字化社会、更好地利用计算机技术完成岗位工作是大有益处的。学习程序设计，当然要学语法知识，但更重要的是学习程序设计方法，提高程序设计能力，培养程序设计思维。实际动手编写程序与上机调试执行程序是提高程序设计能力的最有效途径，为使读者尽早对 Python 程序有直观的认识，并且能尽快动手编写 Python 程序，本章通过简单的程序实例说明 Python 程序的基本结构和基本的程序设计方法。后续各章渐进式介绍语法知识和编程方法，逐步引入比较复杂的 Python 程序。

1.1 Python 语言简介

1.1.1 Python 语言的产生与发展

计算机是一种通过程序控制其执行的电子设备。要想让计算机完成某项工作，就需要编写相应的程序。在计算机发展的早期，程序是用机器语言和汇编语言编写的，这些低级语言的优点是编写出的程序执行速度比较快，占用内存空间比较小，比较适合在早期的内存容量较小、运算速度较慢的计算机上编写规模较小的程序；其缺点是难以学习和掌握，编写出的程序容易出错，而且难以发现和改正其中的错误。随着计算机性能的不断提高和程序规模的不断变大，机器语言和汇编语言越来越不适应解决实际问题的需要。

1957 年，出现了第一个方便用户编写程序的高级语言——FORTRAN 语言，随后 ALGOL、COBOL、BASIC、Pascal 等高级语言相继诞生并得到广泛的应用，这些高级语言比较容易学习和掌握，为编写规模比较大的程序带来了方便。但这些高级语言也有其不足之处，不能充分利用计算机硬件的特性，对于编写数值计算、数据处理等应用程序还可以，但不大适合编写利用计算机硬件资源较多的操作系统等系统软件。1973 年，美国贝尔实验室(Bell Labs)设计出了 C 语言。C 语言既有汇编语言能够充分利用硬件特性的优点，又有高级语言简单、易学易用的优点。此后又出现了得到广泛使用的 C++、Java 等面向对象程序设计语言。

Python 语言的设计者是荷兰人吉多·范罗苏姆(Guido von Rossum, 1956—)。1982 年，吉多从阿姆斯特丹大学获得数学和计算机科学硕士学位。吉多接触并使用过诸如 Pascal、C、FORTRAN 等程序设计语言。当时个人计算机的配置很低，内存容量小，运算速度慢。例如,苹果个人计算机 Macintosh 的内存只有 128KB,CPU 的主频只有 8MHz(现在个人计算机的内存一般都在 16GB 以上,CPU 主频在 3.5GHz 以上)。语言编译器(解释器)的核心工作是做优化,以便让程序代码能够装入内存并以较快速度执行。程序员在编写程序时关注的重点也是程序的执行效率。这种编程方式工作量比较大,即使已经明晰了实现一个功能的思路,程序编写过程仍需要耗费大量的时间。吉多希望有一种程序设计语言,既能够像 C 语言那样充分利用计算机的资源,又可以像 UNIX Bourne Shell(UNIX 操作系统的一个使用简单方便的命令行接口程序)那样简化编程和应用。

Python 这个名字来自吉多非常着迷的英国喜剧团体 Monty Python。他希望 Python 语言是一种兼具 C 和 Shell 特点的功能全面、易学易用、可扩展的程序设计语言。1991 年年初,第一个 Python 解释器诞生,它是用 C 语言实现的,并能够调用 C 语言的库文件。从第一个版本开始,Python 就具有类、函数、异常处理等功能,包含列表和字典在内的核心数据类型,以及基于模块的扩展能力。Python 语法很多来自 C 语言,同时受到 ABC 语言(吉多参与设计的一种面向非专业人员的教学用程序设计语言)的较大影响,如强制缩进格式。Python 将许多机器硬件层面上的细节隐藏,交给解释器处理。Python 程序员可以把更多的时间用于思考程序的逻辑,而不是具体的实现细节,这一特点使 Python 得以广泛使用。最初的 Python 解释器完全由吉多本人开发,随着开源模式的推广,逐渐有更多的人参与到对 Python 的功能改进和拓展工作中。目前的 Python 包含了其他人的贡献,但吉多仍然主导着 Python 的开发和维护完善工作。

2000 年 10 月 Python 2.0 正式发布,Python 开始得到广泛应用。2008 年 12 月正式发布了 Python 3.0,之后推出了多个 3.x 版本,截至 2022 年 10 月的最新版本是 Python 3.11。需要说明的是,早期版本的 Python 程序不能在 3.x 版本上执行,对于现在开始学习 Python 的读者,建议使用 3.x 版本。本书使用 Windows 操作系统环境下的 Python 3.10.8 调试执行示例程序。

相对于 C 语言等编译型高级语言,解释型的 Python 语言的执行效率要低一些,但由于计算机本身运算速度的快速提升以及 Python 所调用的库函数很多是用 C 或 C++ 编写的,弥补了 Python 这个不足,而其在易学易用方面有明显的优势。

Python 崇尚优美、清晰、简洁,是一种得到广泛使用的语言。在 2022 年 12 月 TIOBE 发布的编程语言排行榜中(每月发布一次),Python 名列第一,第二至第五分别为 C、C++、Java 和 C♯。在 2022 年 8 月 IEEE Spectrum 发布的编程语言排行榜中(每年发布一次),Python 名列第一,第二至第五分别为 C、C++、C♯ 和 Java。

Python 语言具有易于理解和学习、程序开发效率高、易于维护、跨平台等优点。它更突出的优点在于有大量的内置库和第三方库可用(就是有许多实现各种功能的程序代码可用),在编写程序时可根据需要选用,不仅提高了编程效率,增强了程序功能,而且使编程工作变得简单易行。

Python 是一种通用语言,可用于脚本程序编写、网站开发、文本处理、图像处理、科学计算、数据分析与可视化、人工智能、数据库应用系统开发等多个领域。Python 在几乎所有应用领域都有第三方库的支持。

1.1.2　Python 语言的特点

相对于 C、C++ 、Java 等其他程序设计语言,Python 语言主要有两方面的特点:一是易学易用;二是库函数丰富,有大量的内置库和第三方库的函数可用。

1. 易学易用

Python 语言的语法很多来自 C 语言,但比 C 语言更为简洁。相对于其他常用的程序设计语言,Python 可以用更少的代码实现相同的功能,也更容易学习、掌握和使用,使编程人员更多地关注数据处理逻辑,而不是语法细节。当然,易学易用是相对的,要想真正学会用 Python 语言编写程序也需要付出一番努力,对于初学编程者更是如此。Python 和 C 语言的代码比较示例如表 1.1 所示。

表 1.1　Python 和 C 语言的代码比较示例

代 码 功 能	Python 语言代码	C 语言代码
两个变量内容互换	a,b＝b,a	t＝a; a＝b; b＝t;

找 3 个数中的最大数	num＝max(a,b,c)	if (a＞＝b)
		　　num＝a;
		else
		　　num＝b;
		if (num＜c)
		　　num＝c;

将若干数值按升序排序	a＝[67,91,61,86,75,76]
	a＝sorted(a)
		int a[6]＝{67,91,61,86,75,76};
		for (int i＝0;i＜5;i＋＋)
		　　for (int j＝0;j＜5;j＋＋)
		　　　　if (a[j]＞a[j+1]) {
		　　　　　　int t;
		　　　　　　t＝a[j];
		　　　　　　a[j]＝a[j+1];
		　　　　　　a[j+1]＝t;
		　　　　}

表 1.1 中 max()和 sorted()都是 Python 的内置函数,可以直接调用。

2. 库函数丰富

Python 解释器提供了几百个内置库,此外世界各地的程序员通过开源社区贡献了几十万个第三方库(库也可以称为模块),几乎覆盖了计算机应用的各个领域,编写 Python 程序可以充分利用已有的内置库和第三方库中的函数。在一定程度上说,使用 Python 语言编写程序主要是基于大量的现成函数(代码)组装程序,大大减少了编程人员自己编写代码的工作量,简化了编程工作,提高了编程效率,提高了代码质量。随着计算机硬件性能的不断提高,在一般的应用场景,Python 语言的性能表现与 C++ 、Java 等语言已没有明显的区别。

近几年,人工智能(Artificial Intelligence,AI)得到快速发展和广泛应用。由于有大量的 AI 库可用和具备强大的数据处理能力,Python 已成为人工智能领域的首选编程语言。

以上这两个主要特点使得 Python 语言得到了广泛的学习和使用。

1.2　Python 解释器的安装与运行

1.2.1　Python 解释器的下载与安装

学习编程首先要搭建一个编程环境。搭建 Python 编程环境主要是安装 Python 解释器,有了 Python 解释器的支持,才能执行 Python 程序和语句,才能验证我们编写的程序是否正确以及执行效率如何。

Python 解释器可以在 Python 语言官网下载后安装。以 Python 3.10.8 的安装为例,Python 解释器的安装过程一般包含如下 3 个主要步骤:

(1) 下载安装包。要安装 Python 解释器,首先需要做的就是访问 Python 官方网站(网址为 http://www.python.org/downloads/),从官方网站下载 Python 安装包。在浏览器的地址栏输入网址,进入如图 1.1 所示的 Python 官网主界面。

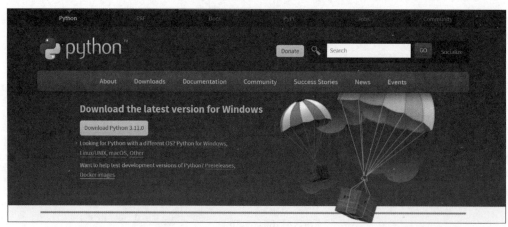

图 1.1　Python 官网主界面

如果所用计算机安装的是 Windows 操作系统,单击“Looking for Python with a different OS? Python for Windows,Linux/UNIX,macOS,Other”中的“Windows”选项(使用其他操作系统可选择对应的选项),进入面向 Windows 的 Python 版本列表,如果所用计算机为 64 位计算机,从中找到 Python 3.10.8 - Oct. 11,2022 下的 Download Windows installer(64-bit)选项并单击,下载安装包文件,如图 1.2 所示。

图 1.2　Python 3.10.8 版本选项

（2）安装 Python 解释器。双击已下载的 Python 安装包文件 python-3.10.8-amd64.exe，单击 Install Now 选项后进入安装过程，如图 1.3 所示。为了后续操作方便，请选择 Add python.exe to PATH 前面的复选框。

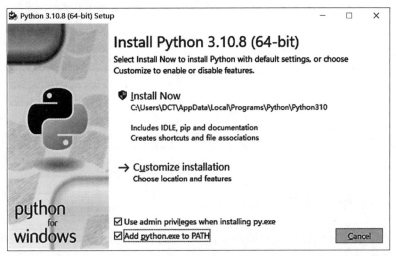

图 1.3　Python 安装起始对话框

（3）安装成功。安装过程结束后，出现如图 1.4 所示的界面及安装成功提示信息"Setup was successful"，单击 Close 按钮完成 Python 解释器的安装。

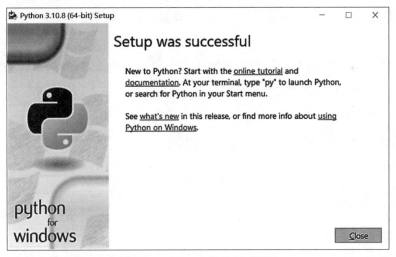

图 1.4　Python 安装结束对话框

安装完成后，可以从 Windows"开始"菜单的"所有程序（应用）"中找到 Python 3.10 程序组，其中的 IDLE 即 Python GUI（Python 图形用户界面），这就是 Python 解释器自带的集成开发学习环境（Integrated Development and Learning Environment，IDLE）。打开该集成开发学习环境，界面上的">>>"为 IDLE 的操作提示符，在其后面可输入并执行 Python 表达式或语句。例如，输入表达式 25 * 36 并按回车键，则会显示计算结果 900；输入语句 print("Python Language")并按回车键，则会显示字符串 Python Language，如图 1.5 所示。

图 1.5　Python IDLE 界面

1.2.2　Python 程序的执行

安装好 Python 解释器后,执行 Python 程序有两种方式:命令行方式和程序文件方式。

1. 命令行方式

命令行方式是一种人机交互方式,用户输入一条 Python 语句或一个 Python 表达式(以回车键结束),计算机就执行语句或计算表达式,并即时输出执行结果。IDLE 实际上是一个 Python 的外壳(Shell),它提供了交互式的命令执行方式,可以在提示符"＞＞＞"后面输入想要执行的语句或表达式,按回车键后可以立即显示执行结果。

如果输入

```
>>>print("Python Learning Environment.")
```

其中的 print()是 Python 语言提供的输出函数,其功能是输出表达式的值。这条语句的功能是在屏幕上输出如下字符串:

```
Python Learning Environment.
```

如果输入

```
>>>name="小明"
>>>print("姓名=",name)
```

则输出结果如下:

```
姓名=小明
```

如果输入

```
>>>768**(1/3)
```

这个表达式是计算 768 的立方根,输出结果如下:

```
9.157713940426653
```

命令行方式简单方便,可用于实现简单的功能和学习时验证与确认语句、表达式、函数等的语法格式与功能,但不适合解决复杂问题。只有编写程序才能更好地体现出 Python

作为编程语言的优势。

2. 程序文件方式

程序文件方式是一种批量执行语句的方式,用户把若干条 Python 语句写入一个或多个程序文件中,然后执行程序文件。程序文件方式是更常用的方式,用于调试执行由多条语句组成的程序。一般情形下,应该先把多条语句组织成一个程序文件,然后再执行程序文件,以达到解决实际问题的目的。

在如图 1.5 所示的 IDLE 界面中,选择菜单 File→New File(新建文件),打开程序编辑窗口,可以输入若干条语句,组成一个 Python 源程序,如图 1.6 所示。

图 1.6　Python 程序编辑窗口

选择菜单 File→Save(存盘),对于新建文件,在给定文件名并指定存储位置后,将程序保存到文件中,Python 源程序文件的默认扩展名是.py;对于已经存在的文件,按现有存储位置和文件名保存。

选择菜单 File→Save As(另存为),对于已经存在的文件,可以改变文件名和存储位置,按重新给定的文件名和存储位置保存;对于新建文件,在给定文件名并指定存储位置后保存。

选择菜单 File→Open(打开文件),可以打开一个已经存在的 Python 源程序文件,对其进行编辑修改和调试执行。

对于新建的文件或打开的已有文件,可以选择菜单 Run→Run Module(执行模块)菜单项或者按 F5 快捷键(笔记本计算机为 Fn+F5)执行程序,将在一个标记为 Python Shell 的窗口中显示执行结果。

其他菜单项的使用可参看 Python 网站相关文档。

在进行程序源代码的输入和编辑时,可以利用快捷键提高编辑效率。常用的 IDLE 快捷键如表 1.2 所示。

表 1.2　常用的 IDLE 快捷键

快捷键	作　用	快捷键	作　用
Ctrl+N	打开一个新的编辑窗口	Ctrl+S	保存当前程序
Ctrl+O	打开一个文件进行编辑	F5(或 Fn+F5)	执行当前程序

3. Python 程序集成开发环境

学习 Python 编程及通过编程解决实际问题都需要一个合适的集代码编辑、编译/解释、执行/调试等多种功能于一体的程序开发软件——集成开发环境(Integrated Development Environment,IDE)。性能好、使用方便的集成开发环境能够提升编程效率和降低编程难度。

上面介绍的 Python 解释器自带的集成开发环境 IDLE 具有基本的程序编辑、执行以及调试等功能,安装和使用方便、简单,适合初学者使用。在具有一定编程能力后,可以选用 PyCharm、Anaconda、VSCode 等功能强大的集成开发环境编写程序解决实际问题。

PyCharm 支持的功能比较全面,适合大规模程序的开发,文件之间的结构关系清晰,可自定义功能多,环境设置比较方便。Anaconda 具有较好的库管理和环境管理功能。库管理功能可以帮助编程人员进行第三方库的安装、卸载和更新等。环境管理功能可以为不同的项目建立不同的执行环境,满足不同项目对 Python 解释器与第三方库不同版本的需求。VSCode(Visual Studio Code)是微软公司推出的集成开发环境,支持几乎所有的主流程序设计语言。

4. Python 程序的执行与调试

Python 程序中的语句序列称为源代码,被存储到硬盘、U 盘等外存的程序文件称为源代码文件(简称源文件或源程序,或进一步简称为程序),Python 源文件的扩展名为.py。当执行源代码文件时,要先把源代码翻译为机器语言代码,再执行机器语言代码。Python 对源代码进行解释执行,即翻译一条语句就执行一条语句。

如果源程序中有错误,或者解释(翻译)无法通过,或者执行得到的结果不正确。导致解释不能通过的错误称为语法错误(不符合 Python 语言语法规则),在解释通过的前提下,导致执行结果不正确的错误称为语义错误或逻辑错误(不符合数据处理逻辑)。

语法错误示例如下:

```
Print("Hello World!")      #print 的首字母写成了大写,Python 中区分字母的大小写
x=5, y=6                    #若在一行中书写多个语句,语句间应以分号(;)分隔
n=int(input("n="))         #括号不匹配
```

语义错误示例如下:

```
score=720                  #把 72 误写为 720
area=3.14+r*r              #把乘号(*)误写为加号(+)
length=length*width        #赋值语句左部写错了变量名,本来应该为变量 area
```

语法错误是表面性错误,是比较容易发现的。Python 解释器能帮助编程人员找出语法错误,并给出错误位置(所在行数及语句)和错误性质的提示。而语义错误属于内在逻辑错误,查出语义错误比较困难,目前的解释器对语义错误是无能为力的,需要编程人员自己查找。

执行程序→发现错误→修改错误→执行程序→发现新错误→修改新错误→执行程序……这几个环节可能多次反复,直至得到正确结果,这个过程就是调试程序。从执行程序不出结果或结果不对,到找到错误的语句,再到改正错误,有时并不容易,甚至很困难,这既需要经验的积累,也需要借助适当的调试程序的技术与工具。

1.3　简单的 Python 程序

1.3.1　Python 程序示例

学习程序设计语言的目的是为了编写程序。为使读者能够尽早一试身手,编写并执行 Python 程序,下面给出几个简单的程序示例。

【例 1.1】　输出字符串"Hello World!"。

编写程序,并以 P0101.py 为文件名保存,程序中的语句如下:

```
print("Hello World!")
```

程序执行时,在显示器上输出以下字符串:

```
Hello World!
```

该程序中只有一条输出语句,该语句的功能是原样输出一对双引号中的内容,即"Hello World!"。

在介绍程序设计语言的书中,第一个示例程序大都是输出"Hello World!"这个字符串。本书也遵从这个惯例。

再来看一个带有人机交互的程序,根据用户的输入,程序给出相应的输出。

【例 1.2】　根据用户输入的姓名信息,给出问候信息。

编写文件名为 P0102.py 的程序,内容如下:

```
name=input("请输入姓名:")
print("您好,"+name +"!")
```

执行此程序,如果输入"小明",则计算机输出"您好,小明!",实现了简单的人机交互。

该程序的第一条语句用到了变量、赋值运算符和 input()函数:

```
name=input("请输入姓名:")
```

这是一个赋值语句,其中的符号"＝"称为赋值运算符。该语句的功能是把通过键盘输入的姓名(一个字符串)赋给变量 name。执行到 input()函数时,程序暂停执行,等待用户从键盘输入一个字符串,以回车键结束输入,并把输入的字符串赋给赋值运算符(＝)左部的变量。

该程序的第二条语句用到了运算符"＋":

```
print("您好,"+name +"!")
```

此处的"＋"实现字符串相加,实际上是字符串连接,"您好,"＋ name ＋"!" 是把 3 个字符串连接成一个字符串。字符串除了能进行连接操作外,还能进行比较大小、截取子串等操作,详细介绍见 4.5 节。

进一步改写上面的程序如下:

```
name=input("请输入姓名/What is your name:")
if "a"<=name[0]<="z" or "A"<=name[0]<="Z":
```

```
        print("Nice to meet you,"+name +".")
    else:
        print("您好,"+name +"!")
```

执行此程序,如果输入

小明

则程序输出

您好,小明!

如果输入

John

则程序输出

Nice to meet you, John.

此时的程序都有点"智能"了:输入中文姓名,就用中文回复;输入英文姓名,就用英文回复。从形式上看,程序既懂中文也懂英文,实际上就是加了一个简单判断。

程序中出现了新的语法形式,if-else 语句的介绍见 3.2 节。"a"<=name[0]<="z"和"A"<=name[0]<="Z"用于判断输入的是英文姓名还是中文姓名,涉及字符截取和字符比较操作。

计算机的一个重要应用领域是数值计算。再来看一个实现计算功能的程序。

【例 1.3】 通过键盘输入长方形的长和宽,计算长方形的面积并输出。

```
#P0103.py
#计算长方形的面积
length=input("请输入长方形的长度:")        #输入长度
width=input("请输入长方形的宽度:")          #输入宽度
area=int(length) * int(width)              #计算面积
print("面积=",area)                        #输出面积
```

程序执行时,会依次显示如下提示信息:

请输入长方形的长度:
请输入长方形的宽度:

如果从键盘依次输入两个数值:38 和 16,则会在显示器上看到如下结果:

面积=608

该程序比前面的程序复杂一些,与前面的程序相同的部分不再解释,与前面的程序不同的部分简要解释如下。

```
#P0103.py
```

这是对程序文件名的说明,说明该程序的文件名为 P0103.py。以井号(♯)开始直至本行结束,称为注释。注释可用于说明程序的功能与文件名,也可用于说明某段代码或某条语句的功能。该程序中其他的注释分别说明整个程序的功能或一条语句的功能。注释对程序的功能没有任何影响,有无注释及注释的多少不影响程序的实际功能,注释只是有助于人们

阅读理解程序。

```
#计算长方形的面积
```

这是对程序总体功能的说明,便于阅读者理解后面的程序代码。

```
area=int(length) * int(width)
```

这是一个赋值语句。该语句的功能是:先计算出 length 和 width 两个变量所代表的值的乘积,然后把乘积赋给 area 变量。之所以两个变量名都放在了 int()函数中,是因为通过 input()函数输入的值都被看作字符串,进行乘法运算前先要把字符串转换为数值,int(length)的作用是把一个由数字字符组成的字符串转换为对应的整数,如把"38"转换为 38,int(width)的功能类似。需要注意的是,int()函数只能转换完全由数字字符组成的字符串(数字字符串的开始可以是正负号),否则会提示错误。如果转换前 length 的值为"3a"或"38.65",则转换操作会报错。

```
print("面积=",area)
```

这个 print 语句输出两个值,一个是字符串"面积＝",另一个是变量 area 中的整数值,由于两个值分别为字符串和整数,中间用逗号(,)隔开,不能用加号(＋)连接。

通过以上 3 个程序示例,可以总结出简单的 Python 程序的一般结构如下:

```
输入数据
处理数据
输出结果
```

当然,有些特别简单的程序也可能没有数据的输入和处理部分(如例 1.1),但一般的程序都由数据的输入、处理和输出 3 部分组成。依据这个结构,就可以编写一些简单的程序了。想一想,现在能编写一个 Python 程序计算圆的周长和面积吗?圆的半径通过键盘输入。随着学习的深入,会逐渐接触到结构更为复杂、功能更为强大的 Python 程序。

再来看两个程序,程序中用到的语法知识这里暂不介绍,后续章节会有详细介绍。有兴趣的读者可把程序代码输入计算机中并查看执行结果,感受 Python 程序的特点:不长的程序代码能实现较为强大的功能。

【例 1.4】　判断一个大于 1 的自然数是否为素数。

```
#P0104.py
n=int(input("n="))          #输入一个大于 1 的自然数
for i in range(2,n):
    if n%i==0:              #如果 n 能被 2～n-1 之间的某个数整除
        print(n,"不是素数")  #则 n 不是素数
        break              #结束循环
else:
    print(n,"是素数")       #如果都不能整除,则 n 是素数
```

执行此程序,可判断从键盘输入的大于 1 的自然数是否为素数并输出相应的信息。

【例 1.5】　下面的 3 个程序分别画出圆形螺旋线、正方形螺旋线和六边形螺旋线,如图 1.7 所示。需要说明的是,后边两个图不是若干个正方形或六边形套在一起,而是一条连续线画出来的。

第一个程序:

```
#P0105_1.py
import turtle                    #引入具有画图功能的标准库 turtle
turtle.setheading(180)          #设定画笔的初始方向(180°为向左)
for fd in range(600):           #画笔移动次数,每圈移动 60 次,共画 10 圈
    turtle.pencolor("red")      #设定画笔颜色为红色
    turtle.pensize(2)           #设定画笔的粗细值
    turtle.forward(fd/30)       #沿当前方向让画笔移动 fd/30 个像素距离
    turtle.right(6)             #让画笔右转 6°
```

第二个程序:

```
#P0105_2.py
import turtle                          #引入具有画图功能的标准库 turtle
turtle.setheading(180)                 #设定画笔的初始方向(180°为向左)
colors=["red","black","blue","green"]  #列表中存放 4 个颜色值
for fd in range(60):                   #画笔移动次数
    turtle.pencolor(colors[fd%4])      #用列表元素值动态设定画笔颜色值
    turtle.pensize(2)                  #设定画笔的粗细值
    turtle.forward(fd * 5+6)           #让画笔移动 fd * 5+6 个像素距离
    turtle.right(90)                   #让画笔右转 90°
```

第三个程序:

```
#P0105_3.py
import turtle                       #引入具有画图功能的标准库 turtle
turtle.setheading(90)               #设定画笔的初始方向(90°为向上)
colors=["red","blue","green"]       #列表中存放 3 个颜色值
for fd in range(60):                #画笔移动次数
    turtle.pencolor(colors[fd%3])   #用列表元素值动态设定画笔颜色值
    turtle.pensize(2)               #设定画笔的粗细值
    turtle.forward(fd * 3+3)        #让画笔移动 fd * 3+3 个像素距离
    turtle.left(60)                 #让画笔左转 60°
```

图 1.7　螺旋线

说明:由于这 3 个程序用到了 Python 的标准库 turtle 中的函数,在程序中要有引入标准库的语句 import turtle。关于引入标准库及使用其中的函数的详细介绍见 5.6.1 节。

以上几个示例,让我们既看到了好玩的程序,也看到了有用的程序。想自己编写一些体现自己创意的程序吗?现在就可以开始我们的编程之旅了。

1.3.2　input()函数与 print()函数

输入与输出是程序的基本功能。本节简要介绍与输入输出操作有关的 input()函数和 print()函数的基本使用方法。

1. 用 input( )函数输入数据

使用 input()函数输入数据的语法格式如下：

变量=input("提示信息")

功能：从键盘输入数据并赋给变量，Python 解释器把用户的输入看作字符串。

示例：

```
name=input("请输入姓名：")
age=input("请输入年龄：")
```

执行到这样的语句，等待用户输入。用户根据提示信息输入相应的姓名和年龄值，如小明和 18。Python 解释器把它们都看作字符串，即 name 的值为"小明"，age 的值为"18"，如果需要，可以用 int(age)的方式把字符串转换为整数值：

```
age=input("请输入年龄:")
age1=int(age)
```

这样，age 的值是字符串"18"，age1 的值是整数 18。

也可以直接用如下方式：

```
age2=int(input("请输入年龄:"))
```

如果用户输入 18，age2 的值也是整数 18。

使用 input()函数时，括号中的提示信息可以没有，但一对小括号必须有。如果没有提示信息，用户有可能不知道该输入什么。一般应该有提示信息，而且要用一对双引号括起来，提示用户输入什么样的数据，以增强人机交互的友好性。

2. 用 print( )函数输出数据

使用 print()函数输出数据的语法格式如下：

print(表达式 1, 表达式 2, ⋯, 表达式 _n_)

功能：依次输出 _n_ 个表达式的值。表达式的值可以是整数、实数和字符串，也可以是一个动作控制符，如\n 表示换行等。其中的表达式可以有一个，也可以有多个，多个表达式之间用逗号(,)分开。如果没有任何表达式，print()函数的功能是实现一个换行动作。

示例：

```
name="小明"
age=18
print(name,age,"\n 小亮",19)
```

输出数据如下：

```
小明　18
小亮　19
```

小明的姓名和年龄通过变量输出,小亮的姓名和年龄直接输出,中间有一个换行动作,通过\n实现。

一个变量、一个常量值以及变量与常量组成的运算式(如 age+2)都可以看作表达式,例如:

```
print(a,"-",b,"=",a-b)
```

该输出语句中有 5 个表达式:第一个表达式是变量 a,输出其值;第二个表达式是字符"-",原样输出;第三个表达式是变量 b,输出其值;第四个表达式是字符"=",原样输出;第五个表达式是 a−b,输出其值。如果执行该语句前变量 a 和 b 的值分别为 57 和 32,则该语句的输出结果如下:

```
57-32=25
```

print()函数还有更多的格式控制方式,以满足实际输出数据的格式需求,详细介绍见 4.5 节。

> 注意:书写程序代码时,除了引号中的内容可以在中文状态下输入,所有其他符号(包括用于界定字符串的引号本身)都必须在英文状态下输入,否则会被解释器识别为错误。调试执行程序时,有时看着程序代码没错,但执行程序却报错,很可能是输入状态不对。此时应检查是否在中文状态下输入了某些符号,如括号、逗号、引号等。

1.4 程序设计语言发展简史(拓展阅读)

在数字化社会,程序设计能力与程序设计思维是所有大学生都应具备的基本素质,也是毕业后能够胜任工作的重要基础。学习程序设计,对于开阔思维、提高创新意识与创新能力也大有益处。

要想让计算机完成某项工作,需要把工作步骤等告诉计算机,而且要详细、明确、清晰。程序设计语言就是一种让计算机理解人的意图,并且按照人的意图完成工作的符号系统。程序设计人员的工作是:基于完成任务的步骤(算法),选用某种程序设计语言编写程序,提交给计算机执行,从而完成该项任务。

所谓程序设计语言就是指令或语句的集合,指令或语句就是让计算机完成某项功能的命令。在机器语言或汇编语言中,把这样的命令称为指令(instruction);在高级语言中,把这样的命令称为语句(sentence)。程序设计语言的发展经历了机器语言、汇编语言和高级语言 3 个阶段,机器语言和汇编语言都称为低级语言,高级语言又分为早期高级语言、结构化程序设计语言、面向对象程序设计语言等。

1.4.1 机器语言

1952 年之前,人们只能使用机器语言编写程序。机器语言(machine language)是由二进制编码指令构成的语言,是一种依附于机器硬件的语言。

每种 CPU 都有自己专用的机器指令集合,这些指令能够被计算机直接执行。由于指令的个数有限,所以 CPU 的设计者列出所有的指令,给每条指令指定一个二进制编码,用来表示这些指令。每条机器语言指令只能完成一个非常简单的任务。

一条机器语言指令由两部分组成:操作码和操作数,操作码用于说明指令的功能,操作数用于说明参与操作的数据或数据所在内存单元的地址。操作码和操作数都以二进制的形式表示。

示例:

```
0001 0101 01101100      ;把地址为 01101100 的内存单元中的数据存入 0101 号寄存器
0001 0110 01101101      ;把地址为 01101101 的内存单元中的数据存入 0110 号寄存器
0101 0000 01010110      ;把 0101 和 0110 两个寄存器中的数据相加,结果存入 0000 号寄存器
0011 0000 01101110      ;把 0000 号寄存器中的数据存入地址为 01101110 的内存单元中
```

这是一段机器语言程序,其功能是把两个内存单元中的数据相加,并将结果存入另外一个内存单元。用机器语言编写程序时,程序员必须记住每条指令对应的二进制编码是什么,编写出来的程序就是由 0 和 1 组成的数字串。这样就存在几方面的困难:指令难以准确记忆,程序容易写错,程序难以理解,程序中的错误难以发现和修改。

1.4.2 汇编语言

1952 年出现了汇编语言(assembly language)。汇编语言是由助记符指令构成的语言,也是一种依附于机器硬件的语言。

在汇编语言中,使用英文单词或其缩写形式的助记符表示指令的操作码(如用 mov 表示数据传送操作,用 add 表示加法操作),使用内存单元或寄存器的名字表示操作数。这样,相对于机器语言,记忆汇编语言的指令就容易多了,编写出的程序也比较容易理解。

示例:

```
mov ax,data1      ;把 data1 单元中的数据存入 ax 寄存器
add ax,data2      ;把 ax 中的数据与 data2 单元中的数据相加,结果再存回 ax 寄存器
mov data3,ax      ;把 ax 中的数据存入 data3 单元中
```

这是一段汇编语言程序,其功能也是把两个内存单元中的数据相加,并将结果存入另外一个单元。和机器语言程序比较,汇编语言程序实现的功能相同,但指令容易记忆,程序容易编写和理解,而且 3 条汇编语言指令完成了 4 条机器语言指令的功能。

实际上,计算机只能直接执行由机器语言编写的程序。用汇编语言编写的程序称为汇编语言源程序,源程序(source program)需要首先翻译成机器语言程序,称为目标程序(object program),才能被计算机执行,完成这种翻译工作的程序称为汇编程序或汇编器(assembler)。

相对于机器语言,汇编语言有一定的优势,但仍存在许多不足,助记符对一般人来说仍是难以记忆的,程序安全性低(容易出现越界访问内存单元等错误),而且需要编程人员对计算机的硬件结构有比较深入的了解。

1.4.3 高级语言

机器语言中的指令用二进制数字串表示,汇编语言中的指令用英文助记符表示,高级语

言(high level language)中的语句用英文单词和数学公式表示,所以高级语言更容易被编程人员理解和掌握。

示例:

z=x+y;	//把内存单元 x 中的数据与 y 中的数据相加,结果存入 z 单元

这是一条 C 语言语句,其功能还是把两个内存单元中的数据相加,并将结果存入另外一个单元。从这个简单的例子可以看出,用高级语言编写程序,既简单又容易理解,程序的安全性也比较高。

使用高级语言编写的程序称为高级语言源程序,也需要先翻译成目标程序,才能被计算机理解和执行。这种翻译程序有两种模式,一种是编译模式,另一种是解释模式。编译程序先把高级语言源程序的所有语句翻译成目标程序,然后执行目标程序;解释程序是翻译一条语句就执行一条语句。编译模式类似于自然语言的笔译,把一篇文章全部翻译完成后拿给需要的人看;解释模式类似于口译,说一句翻译一句。

由于机器语言实在难以学习和理解,所以一般不直接用机器语言编写程序。相对于高级语言,汇编语言也有难以学习和理解的不足,但汇编语言能够充分利用计算机硬件的特性,所以编写出的程序效率较高(占用内存少,执行速度快),对效率要求较高、规模不大的程序(如外设驱动程序、计算机控制程序等)仍然可用汇编语言编写。但更多的规模比较大的程序还是用高级语言编写。当然,也可以混合使用汇编语言和高级语言编写程序,对执行效率要求较高的核心功能用汇编语言实现,一般功能用高级语言实现,既能保证程序的开发效率,又能保证程序的执行效率。

下面对一些得到广泛使用的高级语言作简要介绍。

1. 早期高级语言

1) FORTRAN 语言

FORTRAN 是 FORmula TRANslator(公式翻译器)的缩写,用于数学公式的表达和科学计算。1957 年,FORTRAN 的第一个版本研发成功,以后又陆续研发出若干版本,包括支持结构化程序设计和支持面向对象程序设计的版本。

FORTRAN 语言在计算密集的分子生物学、高能物理学、大气物理学、地质学、气象学(天气预报)等领域得到广泛应用。

FORTRAN 语言的发明人约翰·巴克斯(John W. Backus,1924—2007)获得 1977 年度图灵奖。

2) ALGOL 语言

ALGOL 是 ALGOrithm Language(算法语言)的缩写,也用于科学计算。其最早版本是 1958 年出现的 ALGOL 58,后续版本有 ALGOL 60 和 ALGOL 68,这两个版本曾经在我国得到广泛的学习和使用,其后继语言 Pascal 出现后,ALGOL 逐渐被淘汰。

作为 ALGOL 语言和计算机科学的"催生者",艾伦·佩利(Alan J. Perlis,1922—1990)获得 1966 年度图灵奖。佩利是首届图灵奖获得者,他在 ALGOL 58 和 ALGOL 60 的形成和完善过程中发挥了关键作用。

3) COBOL 语言

COBOL 是 COmmon Business-Oriented Language(面向商业的通用语言)的缩写,用于

企业管理和事务处理。它以一种接近于英语书面语言的形式描述数据特性和数据处理过程,因而比较容易理解和学习。1960 年推出了 COBOL 60,此后陆续推出了若干版本。目前仍有 COBOL 程序系统在使用。

4) BASIC 语言

BASIC 是 Beginner's All purpose Symbolic Instruction Code(初学者通用符号指令码)的缩写。BASIC 的研发者认为上述几种语言都是面向计算机专业人员的。为使非计算机专业的人员也都能较快地掌握一种编程语言,他们研发了 BASIC 语言。

1964 年的 BASIC 第 1 版只有 14 种语句,到 1971 年的第 6 版已完善成为相当稳定的通用语言。此后 BASIC 又推出了支持结构化程序设计和面向对象程序设计的版本。

2. 结构化程序设计语言

在 20 世纪 50—60 年代,由于受计算机硬件性能不高(运算速度慢,内存容量小)以及编程语言和应用领域等因素的限制,编写的程序一般都比较小,编程人员更多地注重程序功能的实现和编程技巧,在实现功能的前提下,尽可能少地占用内存空间并具有较高的执行效率。

到了 20 世纪 60 年代末,随着计算机硬件性能的提高和应用的深入,需要编写规模较大的程序,如操作系统、数据库管理系统等。实践表明,沿用过去编写小程序的方法(注重功能的实现、内存单元的节省和程序执行效率的提高,不注重程序的可理解性和可修改性)编写规模较大的程序是不行的,往往导致编写出的程序可靠性差、错误较多且难以发现和修改错误。为此,人们开始重新审视程序设计中的一些基本问题,如程序的基本组成部分是什么、如何保证程序的正确性、程序设计方法如何规范等。

1969 年,艾兹格·迪杰斯特拉(Edsgar W. Dijkstra,1930—2002)首先提出了结构化程序设计的思想,强调从程序结构和编程风格上研究程序设计,注重程序结构的清晰性,注重程序的可理解性和可修改性。艾兹格·迪杰斯特拉获得 1972 年度图灵奖。

编写规模比较大的程序不可能没有错误,关键的问题是在编写程序时就应该考虑如何较快地找到程序中的错误并较容易地改正错误。

到 20 世纪 70 年代末,结构化程序设计方法得到了很大的发展,尼古拉斯·沃斯(Niklaus Wirth,1934—)提出了"算法＋数据结构＝程序"的程序设计方法,将整个程序划分成若干可单独命名和编址的部分——模块。模块化实际上是把一个复杂的大程序分解为若干相互联系又相对独立的小程序,使程序易于编写、理解和修改。

1) Pascal 语言

1971 年,尼古拉斯·沃斯研发了第一个结构化程序设计语言,以法国著名物理学家、数学家帕斯卡(Blaise Pascal,1623—1662)的名字命名。帕斯卡在 1642 年发明了能进行加减运算的齿轮式机械计算机。由于发明了 Pascal 语言以及在结构化程序设计方法上的贡献,尼古拉斯·沃斯获得 1984 年度图灵奖。

Pascal 语言的主要特点是:严格的结构化形式,丰富、完备的数据类型,执行效率高,查错能力强。Pascal 语言对于培养初学者良好的程序设计风格和习惯很有益处。Pascal 的第 1 个版本出现在 1971 年,此后出现了适合不同机型的多种版本。20 世纪 70—90 年代,Pascal 语言曾得到广泛学习和使用。

2）C 语言

1963 年,英国剑桥大学在 ALGOL 60 的基础上增加了硬件处理功能,推出了 CPL (Combined Programming Language)。但 CPL 规模比较大,其编译程序难以有效实现。1967 年,剑桥大学对 CPL 进行了简化,推出了 BCPL(Basic CPL)。1970 年,美国贝尔实验室以 BCPL 为基础,又做了进一步简化,设计出更简单且更接近硬件的 B(取 BCPL 的第一个字母)语言,并用 B 语言编写了第一个高级语言版的 UNIX 操作系统(以前的 UNIX 版本都是用汇编语言编写的)。也许是精简得太多,B 语言过于简单,功能有限。1972—1973 年,贝尔实验室在 B 语言的基础上设计出 C(取 BCPL 的第二个字母)语言。C 语言既保持了 BCPL 和 B 语言精练、接近硬件的优点,又克服了它们过于简单、无数据类型的缺点,既具有汇编语言能够充分利用硬件特性的优点,又有高级语言简单、易学易用的优点。

1973 年,贝尔实验室将原来用汇编语言编写的 UNIX 操作系统用 C 语言改写成 UNIX 第 5 版,C 语言代码占 90％以上。1975 年,UNIX 第 6 版公布后,C 语言的优点引起了人们的广泛关注,随着 UNIX 的日益广泛使用,C 语言的强大功能和优点逐渐为人们所认识,C 语言得以迅速传播,成为使用最为广泛的程序设计语言。

3. 面向对象程序设计语言

早期的高级语言及结构化程序设计语言都属于面向过程的程序设计语言,结构化是一种更为规范的程序设计方法。几十年的程序设计实践表明,面向过程的结构化程序设计方法在一定程度上保证了编写较大规模程序的质量。但是随着程序规模的不断变大,这种方法也逐渐显现出其在如下两方面的不足:

(1) 面向过程的思想与人们习惯的思维方式仍然存在一定的距离,所以很难自然、准确地反映现实世界,因而用此方法编写出来的程序,特别是规模比较大的程序,其质量仍然是难以保证的。

(2) 结构化程序设计方法虽然在一定程度上保证了面向过程程序的质量,但由于其主要关注的是实现功能的操作方法(模块),而被操作的数据(变量)处于实现功能的从属地位,即程序模块和数据结构是松散地耦合在一起的,当程序复杂度较高时,容易出错,而且错误难以查找和修改。

为了从根本上克服面向过程程序设计方法的不足,适应大规模程序设计(有程序达到几十万、几百万、几千万行代码的规模)的需要,20 世纪 80 年代,人们提出了面向对象程序设计(Object Oriented Programming,OOP)方法。面向对象程序设计方法能够超越程序的复杂性障碍,能够在计算机系统中自然地表示客观世界。

面向对象方法不再将问题分解为过程,而是将问题分解为对象,并将对象的属性和方法封装成一个整体,供程序设计者使用,对象之间的相互作用则通过消息传递实现。使用面向对象程序设计方法,可以使人们对复杂系统的认识过程与程序设计过程尽可能一致。这种"对象＋消息"的面向对象程序设计方法逐渐成为主流程序设计方法。

同结构化程序设计方法要有结构化程序设计语言支持一样,面向对象程序设计方法也要有面向对象程序设计语言支持。

1）Simula 67 语言

Simula 67 语言发布于 1967 年,首次引入类、对象、继承和动态绑定等概念,被公认为面向对象语言的鼻祖。作为面向对象技术的奠基人及 Simula 67 语言的发明者,奥利-约翰·

达尔（Ole-Johan Dahl，1931—2002）和克利斯汀·尼加德（Kristen Nygaard，1926—2002）共同获得 2001 年度图灵奖。

2）Smalltalk 语言

20 世纪 80 年代，美国 Xerox Palo Alto 研究中心推出了 Smalltalk 语言，它完整地体现并进一步丰富了面向对象的概念，开发了配套的工具环境。作为个人计算机之父及 Smalltalk 语言发明人，艾伦·凯（Alan Kay，1940—）获得 2003 年度图灵奖。

Smalltalk 是世界上第一个真正的面向对象程序设计语言。但由于当时人们已经接受并广泛应用结构化程序设计方法，一时还难以完全接受面向对象程序设计思想，这类纯面向对象语言没能广泛流行。

3）C++ 语言

真正得到广泛应用的面向对象语言是 C++ 和 Java。C++ 语言的流行得益于两方面，一是其自身强大的功能与性能，二是 C 语言的普及基础。

C++ 语言支持数据的封装、类的继承和函数的多态，这提高了程序的可扩展性和可重用性，进而提高了软件开发的效率。例如，用 C++ 编写一个计算不同几何图形面积的程序，可以将几何图形的形状定义为一个基类，再由它派生出一些子类，如圆形、长方形、三角形等，它们既具有基类的共性，又有各自的特性。用动态联编实现执行时的多态，使得在不同类中对相同名字的函数进行选择，实现不同几何图形面积的计算。动态联编通过虚函数来实现，它在各个子类中都有不同的实现。而要在 C 语言中实现该功能，需要编写不同的函数，还要通过函数调用实现不同几何图形面积的计算，其中公共部分需要多次定义，代码冗余。另外，如果想要再增加新的几何图形面积计算功能，对于 C++ 来说也是比较方便的，只要再定义图形基类的一个新的子类，并在该子类中给出求面积的方法即可；而对于 C 语言，则需要重新定义一个函数。

4）Java 语言

Java 语言是由 Sun Microsystems 公司于 1995 年 5 月推出的一种支持网络计算的面向对象程序设计语言。Java 语言吸收了 Smalltalk 语言和 C++ 语言的优点，并增加了并发程序设计、网络通信和多媒体数据控制等特性，因而得到了广泛应用。

习　题　1

一、填空题

1. Python 语言的第一个解释器诞生于_____年，设计者是_____。

2. Python 语言的主要特点是_____和_____。

3. Python 语言的官网网址是_____。安装 Python 解释器要先到官网下载安装包。

4. 执行 Python 程序主要有两种方式，分别是_____和_____。

5. 一个 Python 程序一般包括_____、_____和_____3 部分。

6. 在 Python 程序中，输入用_____函数，输出用_____函数。

7. 程序设计语言的发展经历了_____、_____和高级语言 3 个阶段。

8. 高级语言可分为早期高级语言、_____和_____。

9. C 语言、Pascal 语言属于_____，C++ 语言、Java 语言、Python 语言属于_____。

二、编程题

1. 计算长方体的体积并输出,长方体的长、宽、高由键盘输入。

2. 计算圆柱体的表面积并输出,圆柱体的底面半径和高由键盘输入。

3. 从键盘输入两个整数并分别赋给变量 m 和 n(n＞m),计算 m 和 n 之间各个整数(包括 m 和 n)之和并输出。例如,分别为 m 和 n 输入值 10 和 26,则计算 10＋11＋…＋26 之和并输出。

三、思考题

1. Python 语言是如何产生和发展的?

2. Python 语言的主要优点有哪些?

3. Python 解释器的安装包括哪几个步骤?

4. Python 程序的调试执行主要包括哪些工作?

5. 两种 Python 程序执行方式各有什么优点?

第2章 基本数据类型与表达式

编写程序的目的是利用计算机进行数据处理,这种数据处理可以是数值计算,也可以是数据排序、数据查找等。计算机处理数据要有两个前提:一是要把数据存储在内存单元中;二是要知道对数据能进行什么样的操作。确定了数据类型,才能明确数据的存储格式和能进行的操作,计算机才能正确处理这些数据。数据有常量和变量,数值计算需要用到运算符和表达式。本章介绍常量、变量、基本数据类型、运算符和表达式等内容。

2.1　字符集、标识符与关键字

学习编程的过程和学习用汉语或英语写文章的过程是类似的,只不过编程所用语句的关键词是英语单词或单词缩写,所以编程和用英语写文章在形式上更接近一些。学习英语,首先需要了解哪些字符(包括标点符号)可以使用,然后再依次学习字符如何组成单词、单词如何组成句子、句子如何组成文章。用 Python 语言编写程序与此过程类似,首先要了解 Python 语言允许使用的单个字符以及标识符(相当于英语中的单词)的构成规则,然后学习语句的构成及程序的编写。

2.1.1　字符集

允许在 Python 程序中出现的单个字符组成的集合称为 Python 字符集。

Python 字符集中包括如下 91 个字符:

(1) 英文字母(大写、小写):A～Z,a～z。

(2) 数字:0～9。

(3) 特殊字符: +、-、*、/、%、=、(、)、[、]、{、}、<、>、_、|、\、#、?、~、!、,、;、'、"、.、$、^、&。

注意:在向计算机中输入源程序时,上述字符如果不是作为字符串中的字符出现,则需要在英文状态下输入;如果是作为字符串中的字符出现,则中英文状态输入都可以。所有通过键盘能够输入的符号(包括汉字)都可以作为字符串中的字符,而在字符串之外只能使用 Python 字符集中的字符。

2.1.2　标识符

标识符由字符集中的字符按照一定的规则构成。Python 语言的变量、函数、文件等各种实体的名字都需要用标识符表示。Python 语言规定：标识符是由字母、数字和下画线 3 种字符构成且第一个字符必须是字母或下画线的字符序列。

定义标识符时要注意如下几点：

（1）必须以字母或下画线作为开始字符，数字不能作为开始字符。但以下画线开始的标识符一般都有特定含义，所以尽量不用以下画线开始的自定义标识符。

（2）标识符中只能出现字母、数字和下画线，不能出现其他字符。

（3）同一字母的大写和小写被认为是两个不同的字符。

（4）关键字有特定的含义，不能用作自定义标识符。

（5）标识符应尽可能做到见名知义，以增强程序的可理解性。

在符合以上要求的基础上，编程人员可以有自己的定义标识符的风格和习惯。后面将会结合变量、函数等不同实体的介绍，给出本书遵循的各类标识符的定义风格。

下面 3 个标识符定义是错误的：

3ab	（数字开头）
x＞y	（有字符"＞"出现）
break	（break 是关键字，稍后介绍关键字有哪些）

由于大小写的不同，下面是 3 个不同的标识符：

name　Name　NAME　（同一个程序中最好不同时定义这样的标识符，以免混淆）

下面两个标识符虽然正确，但建议实际编写程序时不这样用：

xy	（代表的含义不明确）
sum_of_scores_of_students_of_universities	（太长）

下面 4 个标识符比较合适：

area	（表示面积）
total	（表示总和）
average_score	（表示平均成绩，两个单词之间用下画线连接）
totalScore	（表示总成绩，从第二个单词开始首字母大写）

2.1.3　关键字

关键字又称保留字，是一类特殊的标识符，是 Python 语言规定的具有特定含义的标识符。每个关键字都有特定的作用，用户不能改变关键字的用途，即用户不能把关键字作为自定义标识符使用。

Python 语言的 35 个关键字如下：

False	None	True	and	as	assert
async	await	break	class	continue	def
del	elif	else	except	finally	for
from	global	if	import	in	is
lambda	nonlocal	not	or	pass	raise
return	try	while	with	yield	

建议自定义标识符也不要与 Python 内置函数名相同。如果相同，虽然定义标识符时不会报错，但使用函数名时会报错。

示例：

```
>>>def=5                #报错,def 是关键字,不能用作自定义标识符
>>>print(abs(-5))       #abs()是 Python 内置函数,用于求绝对值
5                       #-5 的绝对值为 5
>>>abs=12               #函数名可以作为自定义标识符使用
>>>print(abs(-5))       #报错,abs 被定义为整型变量后不再是一个函数名
```

对于关键字和 Python 内置函数名,一时记不住也不要紧。如果在编写程序时自定义标识符碰巧和某个关键字或函数重名了(在和函数重名的同时又用到了这个函数),程序执行时系统会提示有语法错误。随着编写程序的增多以及对 Python 语言的不断熟悉,自然也就能记住这些关键字和常用函数名了。

2.2 基本数据类型

程序的功能是处理数据,不同类型的数据有不同的存储格式和处理规则。例如,一个整数可能需要 4 字节的存储空间,而且以定点整数格式存储,而一个实数可能需要 8 字节的存储空间,而且以浮点数格式存储;两个整数的求余数运算是有意义的,而两个实数的求余数运算就没有意义。所以,在程序中首先要明确待处理数据的类型,才能使数据得以正确存储和处理。

Python 语言提供了多种数据类型,包括整型、浮点型、布尔型和字符串型等基本数据类型,还可以以这些类型为基础定义列表、元组、字典、集合等组合数据类型。本节只介绍几种常用的基本数据类型。

2.2.1 整型

整型就是整数类型。在 Python 语言中,整数有 4 种表示方式:十进制、二进制、八进制和十六进制。默认为十进制表示,其他进制通过前缀区别:

- 十进制表示没有前缀,如 365、210、-126、+78 等。
- 二进制表示以 0b 或 0B 为前缀,如 0b101、0b101101、-0B1101、0B11110001 等。
- 八进制表示以 0o 或 0O 为前缀,如 0o37、0o26、-0O72、+0O35 等。
- 十六进制表示以 0x 或 0X 为前缀,如 0x4F、0xA8、-0XFF5、+0XA3E 等。

可以混合使用不同进制的数据进行计算,运算结果为十进制数。

示例：

```
>>>5-0x2F               #十进制数 5 减去十六进制数 2F
-42
>>>0o57-52              #八进制数 57 减去十进制数 52
-5
>>>0O45+0XF8            #八进制数 45 加上十六进制数 F8
285
>>>0x6D * 0o326         #十六进制数 6D 乘以八进制数 326
23326
```

Python 语言中整数的取值范围很大,理论上没有限制,实际取值范围受限于所用计算

机的内存容量,对于一般应用场景的计算足够用了。

示例:

```
>>>12345678987654321 * 12345678987654321
152415578966620942021033337899971041          #两个整数相乘的运算结果
```

2.2.2 浮点型

浮点型就是实数类型,表示带有小数的数值(由于小数点的位置是浮动的,也称为浮点数)。Python 语言要求所有浮点数都必须带有小数,便于和整数区别。例如,6 是整数,6.0是浮点数。虽然 6 和 6.0 值相同,但两者在计算机内部的存储方式和计算处理方式是不一样的。

浮点数有两种表示方式:小数表示方式和科学记数表示方式。

3.14、1.44、-1.732、19.98、9000.0 等都是浮点数的小数表示方式;31.4e$-$1、0.0314e2、-173.2E-2、9.0E3 等都是浮点数的科学记数表示方式。科学记数表示方式使用字母 e 或 E 代表以 10 为基数的幂运算,31.4e$-$1 表示 31.4×10^{-1}。

示例:

```
>>>3+2                      #两个整数相加
5                           #结果为整数
>>>3.0+2                    #浮点数加整数
5.0                         #结果为浮点数
>>>3+2.0                    #整数加浮点数
5.0                         #结果为浮点数
>>>7.5-6.25                 #浮点数减浮点数
1.25                        #结果为浮点数
>>>3.1e2+3.2e5              #浮点数加浮点数
320310.0                    #结果为浮点数
>>>5.1+6.3                  #浮点数加浮点数
11.399999999999999         #结果为浮点数,近似值
>>>5.2-3.8                  #浮点数减浮点数
1.4000000000000004         #结果为浮点数,近似值
>>>4.1-2.6                  #浮点数减浮点数
1.4999999999999996         #结果为浮点数,近似值
```

说明:由于浮点数在计算机内部的存储一般是近似值(十进制数转换为二进制数时,小数部分一般转换为近似值),所以浮点数的计算结果一般也是近似值。浮点数的取值范围和精度受不同计算机系统的限制而有所不同,但满足日常工作与学习的计算需要是不成问题的。具体内容可参看 2.6 节。

2.2.3 布尔型

布尔型也称为逻辑型,用于表示逻辑数据。在 Python 语言中,逻辑数据只有两个值:False(假)和 True(真)。需要注意的是,两个逻辑值的首字母大写,其他字母小写。

FALSE、false、TRUE、true 等书写方式都不是正确的 Python 逻辑值。

示例：

```
>>>a=True          #给变量赋予逻辑值 True
>>>b=False         #给变量赋予逻辑值 False
>>>print(a,b)      #输出逻辑变量的值
True False
>>>a=true          #报错,true 不是正确的逻辑值
>>>b=FALSE         #报错,FALSE 不是正确的逻辑值
```

2.2.4　字符串型

1. 字符串定义

字符串型数据用于表示字符序列,字符串常量是由一对引号括起来的字符序列。Python 语言有 3 种形式的字符串：

(1) 一对单引号括起来的字符序列,如'Python'、'程序设计'.

(2) 一对双引号括起来的字符序列,如"Python"、"程序设计"。

(3) 一对三引号(由 3 个单引号或双引号组成)括起来的字符序列,如'''Python'''、"""程序设计"""。

关于字符串的几点解释如下：

(1) 单引号或双引号括起来的字符串只能书写在一行内,三引号括起来的字符串可以书写多行。

(2) 单引号括起来的字符串中可以出现双引号,双引号括起来的字符串中可以出现单引号,三引号括起来的字符串中可以出现单引号和双引号。

示例：

```
>>>print('为什么要学习"程序设计"知识')
为什么要学习"程序设计"知识
>>>print("如何培养'计算思维'")
如何培养'计算思维'
>>>print('''学习'程序设计'是培养"计算思维"的有效方式''')
学习'程序设计'是培养"计算思维"的有效方式
```

(3)字符串有两个特例：一个是单字符字符串,可称为字符;另一个是不包含任何字符的字符串,称为空字符串。

示例：

```
str1='A'           #只包含单个字符 A 的字符串
str2="B"           #只包含单个字符 B 的字符串
str3=" "           #只包含单个空格的字符串
str4=""            #不包含任何字符的字符串
```

空格字符串和空字符串是不同的字符串。前者包含一个或多个空格,字符串长度不为0;后者不包含任何字符,字符串长度为 0。

(4) 由三引号括起来的字符序列如果出现在赋值语句中或 print()函数内,当作字符串处理;如果直接出现在程序中,当作程序注释。

示例:

```
>>>a=12                    '''为变量赋值'''
>>>str='''Python'''        #把一个字符串赋值给变量
>>>print('''程序设计''')    #输出字符串的值
```

(5) 在 Python 语言中,把用户通过 input()函数输入的内容都看作字符串。如果要当作数值处理,需要先进行相应的类型转换。

示例:

```
>>>x=input("x=")           #为变量 x 输入值
x=12                       #在提示信息后输入 12 并按回车键
>>>y=input("y=")           #为变量 y 输入值
y=36                       #在提示信息后输入 36 并按回车键
>>>print(x+y)              #字符串 x 和 y 的连接,即"12"+"36"
1236                       #字符串连接结果
>>>print(int(x)+int(y))    #转换为数值后相加
48                         #数值相加后的结果
```

2. 转义字符

在 Python 语言中,以 Unicode 编码存储字符串,字符串中的单个英文字符和中文字符(包括单个汉字)都被看作一个字符。在 Unicode 编码表中,除了一般的中英文字符外,还有多个控制字符,如果用到这些控制字符,只能写成编码值的形式。如 09、0A(十六进制数)分别表示水平制表符、换行符。

直接书写编码值的方式需要记忆编码值,也容易出错。为此,Python 语言给出了一种转义字符的表示形式。以反斜杠(\)开始的符号不再是原来的意义,而是转换为新的含义。

例如,\t 代表水平制表符,\n 代表换行符。常用转义字符及其含义见表 2.1。

表 2.1 常用转义字符及其含义

转义字符形式	编码值(十六进制)	含　　义
\t	09	水平制表符(移到下一个制表符的开始位置)
\n	0A	换行符(移到下一行的开始位置)
\"	22	普通的双引号字符,不是字符串的界定符
\'	27	普通的单引号字符,不是字符串的界定符
\\	5C	普通的反斜杠字符,不是转义符

无论是可显示的中英文字符还是不可显示的控制字符,都可以用八进制或十六进制数值的形式表示,只是数值前要加反斜杠(\),而且十六进制数值要以 x 开始。

对于分两行输出字符串,如下几个输出语句是等价的:

```
>>>print('Python\n 程序设计')      #转义字符形式
>>>print("Python\n 程序设计")      #转义字符形式
>>>print("Python\12 程序设计")     #八进制编码值形式
>>>print("Python\x0a 程序设计")    #十六进制编码值形式,要以 x 开始
```

输出结果都是如下形式(有换行动作):

```
Python
程序设计
```

再看几个转义字符示例：

```
>>>print("Python\t 程序设计")          #使用转义字符\t 控制后面字符的输出位置
Python    程序设计                     #输出结果
>>>print(""程序设计"成绩单")           #报错,双引号中不能嵌套双引号
>>>print("\"程序设计\"成绩单")         #正确,使用转义字符
"程序设计"成绩单                       #输出结果
```

2.3　常量与变量

2.3.1　常量

常量是指在整个程序的执行过程中其值不能被改变的量,也就是通常所说的常数。在用 Python 语言编写程序时,常量可以直接使用,常量的类型是由常量值本身决定的。例如,12 是整型常量、34.56 是浮点型常量、'a'和"Python"是字符串常量。

在 Python 语言中,常量主要包括两大类：数值型常量和字符型常量。数值型常量简称数值常量,常用的数值常量为整型常量和浮点型常量,即整数和实数。字符型常量就是字符串。

2.3.2　变量

变量是指在程序的执行过程中其值可以被改变的量。变量要先定义(赋值),后使用。

1. 变量定义

变量定义就是给变量赋值,格式如下：

变量名 1,变量名 2,…,变量名 *n*=表达式 1,表达式 2,…,表达式 *n*

功能：为各变量在内存中分配相应的内存单元并赋予相应的值。分别计算出各表达式的值,并依次赋给左边的变量。各变量名都应该是合法的自定义标识符。在程序中变量用来存放初始值、中间结果或最终结果。

下面定义了 3 个整型变量和两个浮点型变量：

```
>>>i=10                               #定义一个整型变量
>>>num,total=1,0                      #定义两个整型变量
>>>length,width=23.6,12.8             #定义两个浮点型变量
```

变量的类型由其所赋值的类型决定,随着赋值的改变,其类型也相应改变。

示例：

```
>>>x=10                               #为变量 x 赋予整型值
>>>type(x)                            #查看变量 x 的类型
<class 'int'>                         #显示变量 x 的类型(class)为整型(int)
>>>x=12.5                             #为变量 x 赋予新的浮点型数值
>>>type(x)                            #查看变量 x 的类型
<class 'float'>                       #显示变量 x 的类型变为浮点型(float)
```

在 Python 语言中,既可以只给一个变量赋值,也可以同时为多个变量赋值。这种同步赋值的方式对一些特定的操作是很方便的。

示例:

```
>>>a,b=10,20          #给变量 a、b 同步赋值
>>>print(a,b)         #输出变量 a、b 的值
10 20                 #变量 a、b 的值分别为 10 和 20
>>>a,b=b,a            #再次给变量 a、b 同步赋值,实现两个变量值的互换
>>>print(a,b)         #输出变量 a、b 的值
20 10                 #变量 a、b 的值分别为 20 和 10
```

注意:两个变量的值互换不能写成如下形式:

```
>>>a=b
>>>b=a
```

请思考这种写法的执行结果,并上机验证。

2. 变量的命名风格

变量名是自定义标识符的一种,当然要遵守标识符的命名规则。除此之外,为增强程序的可理解性,一般约定变量名用英文单词或单词缩写表示,且用小写字母,多个单词之间用下画线连接或者从第二个单词开始将各单词首字母大写。在本书中,变量名选用多个单词之间用下画线连接的方式,如 total_weight;函数名选用从第二个单词开始各单词首字母大写的方式,如 averageScore。

为简单起见,在一般性的示例程序中,变量名可以单个字母形式出现。在有实际功能的程序中,变量名按标识符定义风格命名。

3. 特定常量定义为变量使用

上面介绍了常量与变量的区别和不同的应用场景。实际上,有些常量也可以定义为变量使用。为了和一般变量名相区别,此时的变量名可以全大写。例如,在如下计算工资总额的程序中,将常量 AVERAGE_SALARY 作为变量使用:

```
AVERAGE_SALARY=7600              #职工平均工资
num=int(input("职工人数="))      #输入职工人数
total_salary=AVERAGE_SALARY * num #计算工资总额
print("工资总额=",total_salary)  #输出工资总额
```

说明:特定常量定义为变量有以下好处。

(1) 使程序易于理解。如果遵循良好的命名规则,变量的含义很容易读懂。例如,上面示例中 AVERAGE_SALARY 的含义就很明确;如果直接写出常量值 7600,其含义就不是很明确。

(2) 使程序易于修改。对于一个常量,可能会在一个程序的多个位置出现,如果直接用常量值,当需要改动该值时(如上面示例中平均工资发生了变化),需要对程序进行多处修改,还可能漏掉某个需要改动的值或把某个位置的值改错。如果将其定义成变量,只需要对变量的定义(赋值)处进行一次改动即可。

2.4　运算符与表达式

运算是对数据进行处理的过程,用来表示各种运算的符号称为运算符。参加运算的数据称为运算对象,主要有常量、变量、函数和表达式等。一个运算符的运算对象可以有一个或两个,分别称为一元运算符和二元运算符。用运算符和括号把运算对象连接起来构成的运算式称为表达式。单个的常量、变量或函数都可以视为最简单的表达式。

为了方便地实现各种运算,Python 语言提供了算术运算符、赋值运算符、关系运算符、逻辑运算符、位运算符、判断元素运算符、成员运算符等多种运算符。本节只介绍算术运算符和位运算符及相应的表达式,其他运算符在后续相关章节介绍。

2.4.1　算术运算符与算术表达式

算术运算符有 7 个:＋(加或正号)、－(减或负号)、＊(乘)、/(除)、//(整除)、％(模运算)、＊＊(幂运算)。其中,＋(正号)、－(负号)是一元运算符,其余是二元运算符,其运算规则及优先级顺序与数学中的规定相同。

由算术运算符和相应的运算对象组成的运算式称为算术表达式。例如,$(x+5)*y-6$ 就是一个算术表达式,其中,5 和 6 是常量,x 和 y 是变量。

对于除法运算符(/),不管运算对象为整型数据还是浮点型数据,结果均为浮点数。

示例:

```
>>>6/3              #两个整数相除,结果为浮点数
2.0
>>>7/2              #两个整数相除,结果为浮点数
3.5
>>>8/3              #两个整数相除,结果为浮点数
2.6666666666666665
>>>7.5/3.0          #两个浮点数相除,结果为浮点数
2.5
>>>9.5/2.8          #两个浮点数相除,结果为浮点数
3.3928571428571432
```

对于整除运算符(//),当两个运算对象都是整型数据时,进行的是整除运算,运算结果为整数,即商的整数部分作为运算的结果,商的小数部分被舍弃(不是四舍五入);当两个运算对象中有一个为浮点型数据时,结果就为浮点数。

示例:

```
>>>7//2             #两个整数的整除运算,结果为整数
3
>>>7.0//2           #浮点数和整数的整除运算,结果为浮点数
3.0
>>>7//2.0           #整数和浮点数的整数运算,结果为浮点数
3.0
>>>7.0//2.0         #两个浮点数的整除运算,结果为浮点数
3.0
```

说明：

(1) 虽然 7.0//2、7//2.0、7.0//2.0 的结果都为浮点数,但与 7/2 的结果不同,7.0//2、7//2.0、7.0//2.0 的结果均为 3.0,7/2 的结果为 3.5。

(2) 虽然整除运算符能够实现非整数的整除运算,但一般用于两个整数的整除运算(结果也为整数)才有意义。

对于模运算符(%),运算结果为两个运算对象相除后的余数。两个运算对象和运算结果都是整型数据。例如,18%5,结果为 3;18%-5,结果为-2。

幂运算符是两个星号(**),其功能是实现乘方运算。

示例：

```
>>>25**2
625
>>>1024**0.5
32.0
>>>27**(1/3)
3.0
```

说明：由于幂运算的优先级高于乘除运算,所以表达式 27**(1/3)中的指数值 1/3 要用小括号括起来,否则会得到错误的运算结果。

对于简单的运算,Python 表达式的写法和数学表达式基本上是一样的。例如,数学表达式(a+b)c 写成 Python 表达式为(a+b)*c,把数学表达式中隐含的乘号换成了 Python 中的乘号(*)。对于复杂一些的运算,如分式、乘方以及带上下标的变量名等,Python 表达式和数学表达式的差别就比较大。几个数学表达式与对应的 Python 表达式的对比见表 2.2,要从中体会书写 Python 表达式的格式要求。

表 2.2　数学表达式与 Python 表达式的对比

数学表达式	Python 表达式	Python 表达式要求
$\sqrt{2+\sqrt{2+\sqrt{2}}}$	(2+(2+2**0.5)**0.5)**0.5	不能出现开方符号,对 a 开二次方可以写成 a**0.5 或 a**(1/2),对 a 开三次方可以写成 a**(1/3)
$[(a+b)^2+c]^3$	((a+b)**2+c)**3	不能出现中括号和大括号,只能出现小括号,小括号可以多层嵌套
$\dfrac{-b+\sqrt{b^2-4ac}}{2a}$	(-b+(b*b-4*a*c)**0.5)/(2*a)	不能出现分式符号,所有符号只能写在一行上,只有左右之分,没有上下之分。数学中的 4ac 和 2a 等形式在 Python 表达式中要把乘号(*)写出来
$\dfrac{a_1-a_2}{a_3+a_4}$	(a1-a2)/(a3+a4)	不能出现下标,所有符号只能写在一行上

2.4.2　类型转换

在表达式中,经常会遇到不同类型数据之间的运算。有些不同类型数据之间的运算是允许的,例如整型数据和浮点数据的运算,但由于不同类型数据的存储格式是不一样的,所以要先进行相应的类型转换之后,才能进行运算。这种类型转换有两种方式:一是自动类型转换,也称隐式类型转换,不需要编程人员书写相关要求,由 Python 解释器自动进行;二是强制类型转换,也称显式类型转换,需要由编程人员在程序中书写类型转换要求。

1. 自动类型转换

考虑如下计算:

```
total=15+18.25
```

执行完该赋值语句,total 的值应该是多少呢?

在这条语句中,由于没有给出明确的类型转换要求,所以按自动类型转换进行,该赋值语句的执行过程如下:

(1) 计算赋值运算符右边表达式的值,但表达式中的两个数分别是整数和浮点数。因为实数 18.25 的默认类型为浮点型(float),整数 15 的默认类型为整型(int),所以先要把整型转换为浮点型再进行计算,得到表达式的值为浮点型的 33.25。

(2) 把表达式的值赋给左边的变量 total。由于 33.25 的类型为浮点型,所以变量 total 的类型为浮点型。

Python 语言的自动类型转换规则:算术表达式中的类型转换以保证数据的精度为准则,即精度低的数据转换为精度高的数据。整数与浮点数进行混合运算时,要把整数转换为浮点数。

2. 强制类型转换

如果自动类型转换不符合特定计算的需要,可由编程人员在编写程序时强行把某种类型转换为另一种指定的类型,称为强制类型转换。

强制类型转换通过如下两个函数实现:

```
int(x)
float(x)
```

int(x)函数的功能是把 x 的值转换为整型数据,x 为浮点数或由数字组成的字符串,可以带正负号。

float(x)函数的功能是把 x 的值转换为浮点型数据,x 为整数或由数字与最多一个小数点和一个 e(或 E)组成的字符串,可以带正负号。

例如,int(3.75)+12 的结果类型为整型,其值为 15,因为强制类型转换 int(3.75)把浮点数 3.75 转换成整数 3(去掉小数部分,不是四舍五入);而 3.75+12 的结果类型为浮点型,其值为 15.75,因为用的是自动类型转换。

无论是自动类型转换还是强制类型转换,只是为了完成本次运算而对相关运算对象的类型进行的临时转换,并不改变运算对象本身所固有的数据类型。

示例:

```
>>>x=3.14*4.5*4.5          #查看变量 x 的类型
>>>type(x)                 #查看变量 x 的类型
<class 'float'>            #变量 x 的类型为浮点型
>>>print(int(x))          #输出类型转换后的值,但 x 的类型不变
63
>>>print(x)               #输出 x 的值
63.585
```

```
>>>type(x)              #再次查看变量 x 的类型
<class 'float'>         #变量 x 的类型仍为浮点型
```

如果想要改变 x 的类型,可用如下赋值形式:

```
>>>x=3.14 * 4.5 * 4.5
>>>x=int(x)            #把一个整数值赋给变量 x
>>>print(x)            #输出 x 的值
63
>>>type(x)            #查看变量 x 的类型
<class 'int'>          #变量 x 的类型变为整型
```

说明:type(e)是 Python 解释器自带的内置函数,其功能是查看表达式 e 的类型。

2.4.3　eval()函数

把由纯数字组成的字符串(可带正负号)转换为整型数据,把由数字和一个小数点组成的字符串(可带正负号,可以是指数表示形式)转化为浮点型数据,除了可以使用 int()或 float()函数外,还可以使用 eval()函数。

示例:

```
>>>eval("78")
78
>>>eval("-96")
-96
>>>eval("+3.14")
3.14
>>>eval("-172.8e-2")
-1.728
```

从类型转换的角度看,一个 eval()函数的功能相当于 int()和 float()两个函数的功能。不仅如此,eval()函数还有更多、更灵活的功能。

eval()函数的语法格式如下:

eval(字符串)

功能:将字符串的内容(去掉引号之后的表达式)看作一个 Python 表达式,并计算出表达式的值作为函数的结果。字符串以单引号、双引号、三引号形式书写都可以。

示例:

```
>>>eval('6+5')                #单引号字符串
11
>>>eval("7.5-9.8")            #双引号字符串
-2.3000000000000007
>>>eval('''3.14 * 5 * 5''')   #三引号字符串
78.5
>>>eval("'Python 程序设计'")   #把双引号中的内容看作一个字符串
'Python 程序设计'
>>>a,b=3,5
>>>eval("a * 6+b")            #带变量的表达式,变量要先定义
23
>>>eval("x+6")                #报错
```

eval("x＋6")将 x＋6 看作表达式,由于 x 事先没有定义,所以会给出错误提示信息: name 'x' is not defined。

eval()函数给表达式的计算带来了方便。如下的语句相当于一个计算器,可以计算出用户输入的算术表达式的结果:

```
>>>print(eval(input("表达式=")))
表达式=3.14*5*5↙                    #输入表达式 3.14*5*5
78.5                                #计算后的结果
>>>print(eval(input("表达式=")))
表达式=(78+82+96)//3↙              #输入表达式 (78+82+96)//3,可以带括号
85                                  #计算后的结果
>>>print(eval(input("表达式=")))
表达式=95.2-36.8-6.9↙              #输入表达式 95.2-36.8-6.9
51.50000000000001                   #计算后的结果
```

说明:通过 input()函数输入的数字,Python 解释器都看作字符串,需要转换为数值后才能进行算术运算。如果明确知道输入的是一个整数,可以用 int()函数转换;如果明确知道输入的是一个浮点数,可以用 float()函数转换;如果输入的既可能是整数也可能是浮点数,可以用 eval()函数转换。

2.4.4　位运算符与位运算表达式

在 Python 语言中,有 6 个位运算符(～、&、|、^、<<、>>)用于组成位运算表达式。其中,～是一元运算符,其他 5 个是二元运算符。6 个位运算符的共同特点是对运算对象在二进制(补码)表示形式上按位进行操作。

1. 按位取反(～)

按位取反运算的功能是对运算对象的每个二进制位取反。

例如,117 的补码表示为 01110101,所以,～117 的结果为 10001010(另一个数的补码表示),写成十进制形式为－118,即～117＝－118。

2. 按位与(&)

按位与运算的功能是对两个运算对象的对应二进制位进行逻辑与操作,操作规则为:若两个运算对象的对应位均为 1,则结果的对应位为 1;否则为 0。

例如,－29、83 的补码表示分别为 11100011、01010011,所以,－29&83 的补码表示为 01000011,写成十进制形式为 67,即－29&83＝67。

3. 按位或(|)

按位或运算的功能是对两个运算对象的对应二进制位进行逻辑或操作,操作规则为:若两个运算对象的对应位均为 0,则结果的对应位为 0;否则为 1。

例如,29、83 的补码表示分别为 00011101、01010011,所以,29|83 的补码表示为 01011111,写成十进制形式为 95,即 29|83＝95。

4. 按位异或(^)

按位异或运算的功能是对两个运算对象的对应二进制位进行异或操作,操作规则为:若两个运算对象的对应位相同,则结果的对应位为 0;否则为 1。

例如,29、83 的补码表示分别为 00011101、01010011,所以,29 ^ 83 的补码表示为 01001110,写成十进制形式为 78,即 29^83=78。

5. 按位左移(<<)

按位左移的功能是根据右运算对象的值对左运算对象左移相应的位,每移一位,在右端补一个 0。

例如,23 的二进制形式为 00010111,所以,23<<2 的二进制形式为 01011100,写成十进制形式为 92,即 23<<2=92。

左移一位相当于乘以 2。

6. 按位右移(>>)

按位右移的功能是根据右运算对象的值对左运算对象右移相应的位,每移一位,在左端补一个 0 或 1。如果左运算对象是有符号类型,Python 语言规定移位前最高位为 0 补 0,移位前最高位为 1 补 1,以保持符号位不变。

例如,+108 的二进制形式为 01101100(补码表示),所以,+108>>2 的二进制形式为 00011011,写成十进制形式为+27,即+108>>2=+27。

再如,-108 的二进制形式为 10010100(补码表示),所以-108>>2 二进制形式为 11100101(补码表示),写成十进制形式为-27,即-108>>2=-27。

右移一位相当于除以 2。

关于位运算的两点解释如下:

(1) 各个位运算符的优先级从高到低依次是~、<<和>>、&、|、^。

例如,~a<<n|b&c 等价于((~a)<<n)|(b&c)。

(2) 位运算的主要作用是对某个(或某些)位置 0 或置 1 或对某个数乘以 2 或除以 2。

示例:

```
>>>a,b,c,d,e=582,7863,29,192,3216
>>>a=a&0xFFF0        #对 a 值(十六进制)的低 4 位置 0,高 12 位保持不变
>>>b=b|0xF000        #对 b 值(十六进制)的高 4 位置 1,低 12 位保持不变
>>>c=c^0x00FF        #对 c 值(十六进制)的低 8 位取反,高 8 位不变
>>>d=d<<3            #d 值乘以 8(2³)
>>>e=e>>4            #e 值除以 16(2⁴)
```

和位运算有关的复合运算符有 &=、|=、^=、<<=、>>=,其作用是先进行相应的位运算,再进行赋值操作。

示例:

```
>>>a,b,c=24,38,59
>>>a<<=3             #等价于 a=a<<3
>>>b&=c             #等价于 b=b&c
```

2.5 变量的定义与使用

2.5.1 内存单元的访问方式

计算机的功能是进行数据处理,内存用来存放数据。计算机的整个内存空间分为若干

字节单元,每个字节单元有一个编号,称为内存单元的地址。在机器语言中,用地址访问存储数据的内存单元。在汇编语言和高级语言中,可以分别通过符号地址和变量名访问内存单元,比用地址方式访问简单、方便。这好比一个办公楼,有若干办公室,每个办公室有一个房间号和办公室名牌(房间号和办公室名牌都不重复)。很显然,工作人员通过办公室名牌到各办公室取送文件要比通过房间号简单、方便。

对某个内存单元既可以直接访问也可以间接访问。所谓直接访问,就是知道存放数据的内存单元的地址或符号地址(变量名),通过内存单元的地址或符号地址(变量名)直接存取该单元中的数据。所谓间接访问,就是不知道存放数据的内存单元的具体地址,但知道存放数据的内存单元的地址存放在另外的某个内存单元中,并且知道后一个内存单元的地址或符号地址(变量名),这个地址称为数据所在内存单元的间接地址,通过这个间接地址存取指定内存单元中的数据。对于到某办公室取送文件,类似的直接访问和间接访问描述如下:

直接访问:把文件《工作总结与成果统计表》送到统计室。

间接访问:把文件《工作总结与成果统计表》送到值班室办公桌上纸条所写的房间。

C 语言中的变量用的是直接访问方式,Python 语言用的是间接访问方式。

2.5.2　C 语言中变量的定义与使用

在 C 语言中,变量要先定义、赋值,然后才能使用。例如,C 语言中几个变量的定义与使用如下:

```
1   int a,b;            //定义整型变量 a 和 b
2   double x,y;         //定义双精度浮点型变量 x 和 y
3   a=10;              //给变量 a 赋值
4   x=26.8;            //给变量 x 赋值
5   b=a * a;           //使用变量 a 的值,计算结果赋给变量 b
6   y=x * x;           //使用变量 x 的值,计算结果赋给变量 y
7   a=37.2;            //重新为变量 a 赋值
8   x=20;              //重新为变量 x 赋值
```

针对 C 语言变量的几点解释如下:

(1) 变量要先定义、赋值,才能使用。变量定义的作用是明确变量的名字和类型,明确了类型,编译器才能确定为相应的变量分配多少个内存单元,例如,为整型变量分配 4 字节,为浮点型变量分配 8 字节。变量的类型由类型符确定。如,第 1 行的类型符为 int,所以定义的变量 a 和 b 都为整型变量;第 2 行的类型符为 double,所以定义的变量 x 和 y 都为双精度浮点型变量。

(2) 变量名代表了变量所对应的内存单元的地址。定义一个变量,编译器就会在可用内存空间给变量分配一定的内存单元,访问这些内存单元可以用变量名,比直接用内存单元的地址简单、方便。

(3) 给变量赋值,就是把数值存入相应的内存单元中,然后就可以通过变量名使用和改变相应的内存单元中的值。通过变量名对相应的内存单元的访问是直接访问。

(4) 变量类型一旦定义,在其作用域范围内就是不可改变的,变量名所代表的内存单元也不可改变。例如,示例中的 a=37.2 是对已有整型变量 a 的使用,所以存入变量 a 的值为整数 37,不是重新定义的值为 37.2 的浮点型变量 a。

示例中的变量的内存分配如图 2.1 所示。

(a) 执行完前6条语句的内存单元情况   (b) 执行完8条语句的内存单元情况

图 2.1　示例中的变量的内存分配

注意:

(1) 执行完前 6 条语句,定义了两个整型变量 a、b 和两个双精度浮点型变量 x、y,并分别赋予了适当的数值,变量所代表的内存单元中直接存放了相应的数值。

(2) 第 7 条语句重新给变量 a 赋值 37.2。由于 a 已定义为整型变量(C 语言中的变量类型一经定义,在其作用域范围内不可改变),所以对 37.2 取整后赋给变量 a,实际存入的是整数 37。同理,执行完第 8 条语句,重新赋给变量 x 的是浮点数 20.0。

在 C 语言中,也可以在定义变量的同时赋予初值,然后使用变量。上面的示例可以改写如下:

```
int a=10,b;          //定义整型变量 a 和 b,同时给变量 a 赋值
double x=26.8,y;     //定义双精度浮点型变量 x 和 y,同时给变量 x 赋值
b=a * a;             //使用变量 a 的值,计算结果赋给变量 b
y=x * x;             //使用变量 x 的值,计算结果赋给变量 y
a=37.2;              //重新为变量 a 赋值
x=20;                //重新为变量 x 赋值
```

2.5.3　Python 语言中变量的定义与使用

Python 语言中变量的定义与使用与 C 语言不同,与上面示例类似的功能在 Python 语言中书写如下:

```
1   a=10        #给变量 a 赋予整数 10,变量 a 的类型为整型
2   b=a * a     #给变量 b 赋予 a * a 的结果,变量 b 的类型为整型
3   x=26.8      #给变量 x 赋予浮点数 26.8,变量 x 的类型为浮点型
4   y=x * x     #给变量 y 赋予 x * x 的结果,变量 y 的类型为浮点型
5   a=37.2      #重新定义 a 为浮点型变量
6   x=20        #重新定义 x 为整型变量
```

针对 Python 语言变量的几点解释如下:

(1) 在 Python 语言中,没有专门的变量定义形式,对变量的赋值就是对变量的定义,变量的类型由赋予它的值的类型确定。对于上面的示例,由于赋值类型的不同,因此第 1 行定义的变量 a 为整型,第 3 行定义的变量 x 为浮点型。

（2）在 Python 语言中,通过赋值的形式定义一个变量,解释器为变量分配内存单元,也为赋予变量的值分配内存单元,变量代表的是存储着值所在内存单元地址的内存单元,通过变量名对值所在内存单元的访问是间接访问。

（3）在 Python 语言中,由于变量名不是直接代表值所在内存单元的地址,而是间接代表值所在内存单元的地址,所以变量的类型是可以改变的,用于存放值的内存单元个数也是可以改变的,因为存入变量名对应的内存单元的不是值本身,而是值所在内存单元的地址,不同内存单元的地址值占用内存单元的个数是固定的。第 5 行不是对已有变量的使用,而是重新定义浮点型变量 a。第 6 行是重新定义整型变量 x。

示例中的变量的内存分配如图 2.2 所示。

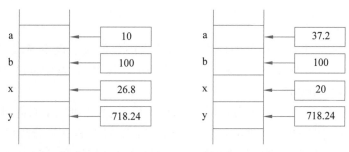

(a) 执行完前4条语句的内存单元情况　　　(b) 执行完6条语句的内存单元情况

图 2.2　示例中的变量的内存分配

注意:

（1）执行完前 4 条语句后,4 个值都存入了相应的内存单元,并把 4 个值所在内存单元的地址分别赋给变量 a、b、x、y。

（2）第 5 条语句的作用是:为浮点数 37.2 分配内存单元,并把该内存单元的地址赋给变量 a,此语句之后再使用变量 a,得到的是浮点数 37.2;同理,执行完第 6 条语句,再使用变量 x 时,得到的是整数 20。

对比图 2.1 和图 2.2 及相应的说明,读者可仔细体会 C 语言变量定义与 Python 变量定义在存储上的不同:C 语言中的变量类型一经确定就不能改变,而 Python 语言中的变量类型根据赋值类型的不同可以改变。

2.6　计算机中的数据表示(拓展阅读)

计算机的功能是进行数据处理(信息处理)。目前的计算机不仅能处理数值型数据,还能处理非数值型数据,包括中文、西文、图像、音频和视频等多种媒体数据。数据在计算机中的表示与存储是数据处理的基础。

2.6.1　计算机中的数制

1. 基本概念

按进位的原则表示数字称为进位记数制,简称数制。在日常生活中,人们习惯于使用十进制。但在计算机内部,为了便于数据的表示和计算,采用二进制记数方法。二进制数在计算机中易于表示(只有 0 和 1 两种形式)、易于存储,但二进制数的不足是表示一个数所需位数太多,人们阅读、书写、记忆等不太方便。例如,十进制数 $(1000)_{10}$ 用二进制表示则需要 10 位数字 $(1111101000)_2$。为了便于阅读和书写,在编写程序时,也经常使用十进制数、八进制数和十六进制数。

不同数制有不同的基数和位权。

1) 基数

每种数制中数码的个数称为该数制的基数。例如,二进制中只有两个数码(0 和 1),则其基数为 2,计算时逢 2 进 1;十进制中有 10 个数码(0、1、2、3、4、5、6、7、8、9),则其基数为 10,计算时逢 10 进 1。

2) 位权

在每种数制中,一个数码所处的位置不同,代表的数值大小也不同,具有不同的位权。例如,十进制数 9999,最左边的 9 代表 9000,最右边的 9 代表 9。这就是说,该数从右向左的位权依次是 10^0、10^1、10^2 和 10^3。

人们在编写程序时,根据需要可以用二进制、十进制、八进制或十六进制书写数据;但在计算机内部,只能以二进制形式表示和存储数据。所以,计算机在运行程序时,经常需要先把其他进制的数转换成二进制数再进行处理,处理结果(二进制数)在输出前再转换成其他进制的数,以方便用户阅读和使用。表 2.3 给出了常用数制的基数和数码,表 2.4 给出了常用数制的表示方法。

表 2.3　常用数制的基数和数码

数　制	基　数	数　　　码
二进制	2	0　1
八进制	8	0　1　2　3　4　5　6　7
十进制	10	0　1　2　3　4　5　6　7　8　9
十六进制	16	0　1　2　3　4　5　6　7　8　9　A　B　C　D　E　F

表 2.4　常用数制的表示方法

十进制数	二进制数	八进制数	十六进制数
0	0	0	0
1	1	1	1
2	10	2	2
3	11	3	3
4	100	4	4
5	101	5	5
6	110	6	6
7	111	7	7
8	1000	10	8
9	1001	11	9
10	1010	12	A

十进制数	二进制数	八进制数	十六进制数
11	1011	13	B
12	1100	14	C
13	1101	15	D
14	1110	16	E
15	1111	17	F
16	10000	20	10

2. 书写规则

为了便于区分各种数制的数据,常采用如下方法进行书写:

(1) 在数字前面或后面加写相应的前缀或后缀,这种方式便于计算机识别。

① 在汇编语言程序中加写后缀。

B(Binary)表示二进制数。例如,二进制数的 101 可写成 101B。

O(Octonary)表示八进制数。例如,八进制数的 101 可写成 101O 或 101Q(由于字母 O 与数字 0 容易混淆,常用 Q 代替 O)。

D(Decimal)表示十进制数。例如,十进制数的 101 可写成 101D(D 可省略)。

H(Hexadecimal)表示十六进制数。例如,十六进制数的 101 可写成 101H。

② 在 Python 程序中加写前缀。

0b 表示二进制数。例如 0b100 是二进制数。

0o 表示八进制数。例如 0o27 是八进制数。

0x 表示十六进制数。例如 0x2B36 是十六进制数。

(2) 在括号外面加数字下标,这种方式便于人工阅读。

$(101)_2$ 表示二进制数的 101。

$(101)_8$ 表示八进制数的 101。

$(101)_{10}$ 表示十进制数的 101(可省略下标)。

$(101)_{16}$ 表示十六进制数的 101。

3. 各种数制之间的转换

(1) 二进制数转换成十进制数,按权展开相加即可。

【例 2.1】　把二进制数$(1011001.10111)_2$转换成十进制数。

$$(1011001.10111)_2 = 1 \times 2^0 + 0 \times 2^1 + 0 \times 2^2 + 1 \times 2^3 + 1 \times 2^4 + 0 \times 2^5 + 1 \times 2^6 +$$
$$1 \times 2^{-1} + 0 \times 2^{-2} + 1 \times 2^{-3} + 1 \times 2^{-4} + 1 \times 2^{-5}$$
$$= 1 + 8 + 16 + 64 + 0.5 + 0.125 + 0.0625 + 0.03125$$
$$= (89.71875)_{10}$$

(2) 二进制数转换成八进制数时,以小数点为界,分别向左向右分成 3 位一组,不够 3 位时补 0,再将各组对应转换成八进制数。二进制数转换成十六进制数时,以小数点为界,分别向左向右分成 4 位一组,不够 4 位时补 0,再将各组对应转换成十六进制数。

【例 2.2】　把二进制数$(1011001.10111)_2$转换成八进制数和十六进制数。

$(1011001.10111)_2 = (\underline{001}\ \ \underline{011}\ \ \underline{001}.\ \underline{101}\ \ \underline{110})_2 = (131.56)_8$

$(1011001.10111)_2 = (\underline{0101} \quad \underline{1001}. \underline{1011} \quad \underline{1000})_2 = (59.B8)_{16}$

(3)十进制数转换成二进制数时,对整数部分和小数部分分别转换。整数部分采用除 2 取余法,直至商为 0 止;小数部分采用乘 2 取整法,直至满足精度要求为止。

【例 2.3】 把十进制数$(75.63)_{10}$转换成二进制数,小数部分要求保留 4 位。

先采用除 2 取余法把 75 转换为二进制数,算式如图 2.3 所示,结果为 1001011;再采用乘 2 取整法把 0.63 转换为二进制数,算式如图 2.4 所示,结果近似为 1010。得到转换结果:$(75.63)_{10} \approx (1001011.1010)_2$。

图 2.3 75 除 2 取余   图 2.4 0.63 乘 2 取整

说明:一般来说,把一个带小数的十进制数转换为二进制数时,都是得到近似值,即一个实数在计算机内部存储的是二进制形式的近似值,所以当有实数参与运算时,结果也可能是一个近似值。

(4) 八进制数转换成二进制数时,每一个八进制位展开成 3 个二进制位即可。十六进制数转换成二进制数时,每一个十六进制位展开成 4 个二进制位即可。

【例 2.4】 把八进制数$(276.15)_8$、十六进制数$(3AC.1E)_{16}$分别转换成二进制数。

$(276.15)_8 = (\underline{010} \ \underline{111} \ \underline{110}.\underline{001} \ \underline{101})_2 = (10111110.001101)_2$

$(3AC.1E)_{16} = (\underline{0011} \ \underline{1010} \ \underline{1100}.\underline{0001} \ \underline{1110})_2 = (1110101100.0001111)_2$

2.6.2 数值型数据的表示

对于无符号的整型数据,无论用何种进制书写,都可以按照一定的规则转换成二进制形式在计算机内部表示和存储。我们知道,任何符号在计算机内部都只能以二进制形式表示,包括带符号数中的正负号及浮点数中小数点的位置都以二进制形式表示。在计算机内部将数值型数据全面、完整地表示成一个二进制数(机器数),应该考虑 3 个因素:机器数的范围、机器数的符号和机器数中小数点的位置(定点数和浮点数)。

1. 机器数的范围

机器数的表示范围由 CPU 中的寄存器决定。如果使用的是 16 位的寄存器,则字长为 16 位,一个无符号整数的最大值是$(1111111111111111)_2 = (65535)_{10}$,机器数的范围为 0～65 535。也就是说,对于 16 位寄存器,能表示 0～65 535 的无符号整数;对于带符号数,16 位寄存器的表示范围是$-32\ 768 \sim +32\ 767$。对于 64 位寄存器,能表示 0～$2^{64}-1$ 的无符号整数;对于带符号数,64 位寄存器的表示范围是$-2^{63} \sim +2^{63}-1$。

2. 机器数的符号

在计算机内部,任何数据(符号)都只能用二进制的两个数码 0 和 1 表示。带符号数的表示也是如此,除了用 0 和 1 组成的数字串表示数值的绝对值大小之外,其正负号也必须用 0 和 1 表示。通常规定最高位为符号位,并用 0 表示正,用 1 表示负。在一个字长为 8 位的计算机中,带符号数的表示如图 2.5 所示。

图 2.5　带符号数的表示

最高位 d7 为符号位,d6～d0 为数值位。这种把符号数字化并和数值位一起编码的方法有效地解决了带符号数的表示及计算问题。机器数通常有原码、反码和补码 3 种不同的具体表示形式,补码比较容易实现带符号数的算术运算。

【例 2.5】 求 +57 和 −57 的原码、反码和补码。

无符号十进制数 57 的二进制形式为 111001。

+57 的原码表示为 00111001(正数的原码最高位为 0,数值位补足 7 位)。

−57 的原码表示为 10111001(负数的原码最高位为 1,数值位补足 7 位)。

+57 的反码表示为 00111001(正数的反码与其原码相同)。

−57 的反码表示为 11000110(负数的反码,符号位不变,数值位为原码数值位取反)。

+57 的补码表示为 00111001(正数的补码与其原码相同)。

−57 的补码表示为 11000111(负数的补码在其反码的末尾加 1)。

3. 定点数和浮点数

在计算机内部表示小数点比较困难,人们把小数点的位置用隐含的方式表示。隐含的小数点位置可以是固定的,也可以是变动的,前者称为定点数,后者称为浮点数。

1)定点数

在定点数中,小数点的位置一旦确定就不再改变。定点数又有定点整数和定点小数之分。

小数点的位置约定在最低位的右边,用来表示定点整数,如图 2.6 所示。小数点的位置约定在符号位之后,用来表示小于 1 的定点小数,如图 2.7 所示。

图 2.6　计算机内的定点整数　　　　图 2.7　计算机内的定点小数

2)浮点数

如果要处理的数既有整数也有小数,则难以用定点数表示。对这种数采用浮点数的表示方式,即小数点位置不固定。

将十进制数 785.2、−75.82、0.075 82、−0.007 582 用指数形式表示,它们分别可以表示为 0.7582×10^3、-0.7582×10^2、0.7582×10^{-1}、-0.7582×10^{-2}。

可以看出,在原数据中无论小数点前后各有几位数,它们都可以用一个纯小数(称为尾数,有正负之分)与 10 的整数次幂(幂的指数称为阶码,也有正负之分)的乘积形式表示,这就是浮点数的表示法。

同理,一个二进制数 N 也可以表示为:$N = \pm S \times 2^{\pm P}$。其中,$N$、$P$、$S$ 均为二进制数。S 称为 N 的尾数,即全部的有效数字(数值小于1),S 前面的 $\pm$ 号是尾数的符号;P 称为 N 的阶码(通常是整数),即指明小数点的实际位置,P 前面的 $\pm$ 号是阶码的符号。

阶符	阶码	尾符	尾数

图 2.8　浮点数的表示形式

在计算机中浮点数的表示形式如图 2.8 所示。在浮点数表示中,尾数的符号和阶码的符号各占一位。阶码是定点整数,阶码的位数决定了浮点数的范围;尾码是定点小数,尾码的位数决定了浮点数的精度。阶码和尾数都可以用补码表示。在字长有限的情况下,浮点数表示方法既能扩大数的表示范围,又能保证一定的有效精度。

【例 2.6】　如果计算机的字长为 8 位,在一个字长内,带符号数的表示范围为 $-128 \sim +127$。如果用浮点数,可以表示 $+256$,其浮点数形式如下:

$$+256 = (+100000000)_2 = +0.10 \times 2^{+1001}$$

用一个 8 位字长表示,阶码的数值位为 1001,符号位为 0,共 5 位;尾数的数值位为 10,符号位为 0,共 3 位。合起来就是 01001010B。

说明:在计算机内部,整型数据和浮点型数据的存储格式是不一样的。以字长 8 位为例,整型数据的存储格式是 1 个符号位和 7 个数值位,浮点型数据的存储格式是 1 个阶码符号位、若干阶码数值位、1 个尾码符号位、若干尾码数值位。所以,在编写程序时,整型数据和浮点型数据之间是不能直接运算的,需要先转换为相同的数据类型(自动转换或强制转换)才能进行运算。

2.6.3　字符型数据的编码表示

计算机不仅能处理数值型数据,还能处理字符型数据,例如英文字母、标点符号、汉字等。对于数值型数据,可以按照一定的转换规则转换成二进制数在计算机内部存储;但对于字符型数据,没有相应的转换规则可以使用。人们可以规定每个字符对应的二进制编码形式,但这种规定要科学、合理,才能得到多数人的认可和使用。当用户输入一个字符时,系统自动地将用户输入的字符按编码的类型转换为相应的二进制形式存入计算机内存单元中。在输出过程中,再由系统自动地将二进制编码数据转换成用户可以识别的数据格式输出。

1. 英文字符表示

常用的英文字符型数据编码方式主要有 ASCII 码、EBCDIC 码等,前者主要用于小型计算机和微型计算机,后者主要用于超级计算机和大型计算机。

ASCII 码,即美国标准信息交换码(American Standard Code for Information Interchange)。ASCII 码包括 32 个通用控制字符(最左边两列)、10 个十进制数码、52 个英文大小写字母和 34 个专用符号(标点符号等),共 128 个符号,故需要用 7 位二进制数进行编码。通常使用一字节(8 个二进制位)表示一个 ASCII 码字符,规定其最高位总是 0,后 7 位为实际的 ASCII 码。表 2.5 为 ASCII 码表。

表 2.5 7 位 ASCII 码表

$b_4 b_3 b_2 b_1$	$b_7 b_6 b_5$							
	000	001	010	011	100	101	110	111
0000			空格	0	@	P	`	p
0001			!	1	A	Q	a	q
0010			"	2	B	R	b	r
0011			♯	3	C	S	c	s
0100			$	4	D	T	d	t
0101			%	5	E	U	e	u
0110			&.	6	F	V	f	v
0111	32 个控制字符		`	7	G	W	g	w
1000			(	8	H	X	h	x
1001			)	9	I	Y	i	y
1010			*	:	J	Z	j	z
1011			+	;	K	[	k	{
1100			,	<	L	\	l	|
1101			—	=	M	]	m	}
1110			.	>	N	^	n	～
1111			/	?	O	_	o	DEL

【例 2.7】 写出英文单词 Computer 的 ASCII 码值。

Computer 的二进制形式书写的 ASCII 码如下：

01000011　01101111　01101101　01110000　01110101　01110100　01100101
01110010

在计算机中占用 8 字节,即一个字符占用一字节。写成十六进制形式如下：

43　6F　6D　70　75　74　65　72

由于标准 ASCII 码字符集中的字符个数有限,往往无法满足实际应用的要求,国际标准化组织又将 ASCII 码字符集扩充为 8 位代码。这样,ASCII 码的字符集可以增加 128 个字符,也就是使用 8 位 ASCII 码能为 256 个字符提供编码。这些增加的字符的编码均为高位为 1 的 8 位代码(对应十进制数 128～255),称为扩展 ASCII 码。扩展 ASCII 码所增加的字符包括文字和一些图形符号,例如 ü、é、⊥、Ω、√、▨、■等。

2. 汉字表示

西文字符不多,用 7 个二进制位编码就可以表示了。汉字字符远比西文要多,因此汉字字符集至少要用两字节进行编码。两字节可以表示 $256×256＝65\ 536$ 种不同的符号。典型的汉字编码有 GB2312、Unicode 等。

1) 国标码和机内码

1980 年,我国公布了国家标准《通用汉字字符集(基本集)及其交换码标准》(GB 2312—1980),简称国标码,也称汉字交换码,它规定每个汉字编码由两字节构成,实际共定义了 6763 个常用汉字和 682 个符号,未能覆盖繁体中文字、部分人名、方言、古汉语等方面的罕用字。为了进一步满足信息处理的需要,在国标码的基础上,2000 年 3 月,我国又推出了新国家标准《信息技术信息交换用汉字编码字符集基本集的扩充》(GB 18030—2000),共收录了 27 000 多个汉字。GB 18030 的最新版本是 GB 18030—2005,以汉字为主并且包含多种我国少数民族文字,收入汉字 70 000 多个。

在 GB 2312—1980 中,国标码占两字节,每字节最高位仍为 0;英文字符的机内码是 7 位 ASCII 码,最高位也是 0,这样就使计算机内部处理存在问题。为了区分汉字编码和 ASCII 码,引入了汉字机内码(机器内部编码)。

机内码在国标码的基础上将每字节的最高位由 0 变为 1。这样,对于中英文混排的文档,若某字节的最高位为 0,则认为是某个英文字符的 ASCII 码;反之,若某字节的最高位为 1,则认为是汉字编码的一部分,紧接着还应该有一个最高位为 1 的字节值。

2) Unicode 编码与 UTF-8

随着互联网的快速发展,需要满足跨语言、跨平台进行文本转换和处理的要求,还要与 ASCII 码兼容,因此 Unicode 诞生了。Unicode(统一码、万国码、单一码)用 4 字节为每种语言中的每个字符设定了统一并且唯一的二进制编码。Unicode 的优点是包括了所有语言的字符,但也有其不足。我们知道,英文字母只用一字节表示就够了,如果 Unicode 统一规定每个符号用 4 字节表示,那么每个英文字母前都必然有 3 字节是 0,这对于存储空间来说是很大的浪费,文本文件的大小会因此增加两三倍,这是难以接受的。

Unicode 在很长一段时间内无法推广,直到互联网的出现。为解决 Unicode 如何在网络上传输的问题,于是面向网络传输的多种通用字符集传输格式(UCS Transfer Format,UTF)标准出现了,UCS 是 Universal Character Set(通用字符集)的缩写形式。UTF-8 是在互联网上使用最为广泛的一种 Unicode 的实现方式,它每次可以传输 8 个数据位。变长编码方式是 UTF-8 的最大特点,它可以使用 1~4 字节表示一个符号,根据不同的符号而变化字节长度。当字符在 ASCII 码的范围时,就用 1 字节表示,保留了 ASCII 字符 1 字节的编码作为它的一部分。在 UTF-8 中,一个中文字符用 3 字节表示。

习 题 2

一、填空题

1. 在 Python 语言中,标识符是由 _____、_____ 和 _____ 3 种字符构成且第一个字符必须是 _____ 或 _____ 的字符序列。

2. 在 Python 语言中,age、Age 和 AGE 是 3 个 _____ 的标识符。

3. Python 语言的关键字 _____ 作为自定义标识符使用。

4. 基本数据类型包括 _____、_____、_____ 和字符串型等。

5. 定义字符串可以使用一对 _____ 或一对 _____ 或一对 _____。

6. 转义字符"\n"和"\t"的作用分别是 _____ 和 _____。

7. 变量要_____,后使用,变量定义通过_____实现。

8. 两个逻辑值分别是_____和_____。

9. 7/2、7//2、7%2 的值分别是_____、_____和_____。

10. 796//10%10、796%10、796//100 的值分别是_____、_____和_____。

11. int(78.9)、float(65)、eval("3.6＋8＊5")的值分别是_____、_____和_____。

12. ～96、25&81、28|72、36^52、29＜＜2、121＞＞2 的值分别是_____、_____、_____、_____、_____和_____。

二、编程题

1. 从键盘输入一个摄氏度(℃)值,输出其对应的华氏度(℉)值。

2. 从键盘输入两个数并赋给两个变量,先输出两个变量的值,交换两个变量的值之后再次输出两个变量的值。

3. 从键盘输入一个三位正整数,输出其逆序值。例如,输入 268,则输出 862。

4. 从键盘输入三角形的 3 个边长值,计算三角形的面积并输出(假定能构成三角形)。

5. 从键盘输入二维空间中两个点的坐标值,计算两点间的距离并输出。

三、思考题

1. 什么是标识符? 标识符的作用是什么? 定义标识符时应注意什么?

2. 不同类型之间的数据进行运算,为什么要先进行类型转换? 有哪些转换方式?

3. int()、float()、eval()这 3 个函数的异同点是什么? 各自在什么场景下使用?

4. 当在 Python 程序中看到一个三引号界定的字符序列时,如何区分其是一个字符串还是一条注释?

5. 为什么在 Python 程序中定义的变量的类型可以改变? 如何改变?

第3章 语句与结构化程序设计

Python 程序是由语句构成的,有的语句完成一个具体的数据处理功能,有的语句控制程序的执行流程。为了让计算机完成一项任务,需要描述完成任务的一系列工作步骤,每一步的工作都由语句实现。语句是 Python 程序的重要组成部分,它控制程序的执行流程,实现程序的功能。

Python 语言既支持面向对象程序设计,也支持面向过程程序设计。面向过程程序设计可以看作面向对象程序设计的基础。结构化程序设计是一种规范的面向过程的程序设计方法,结构化程序强调程序逻辑的简洁明了和程序代码的易于理解。结构化程序由顺序结构、分支结构和循环结构 3 种基本结构组成。

3.1 赋值语句与顺序结构程序设计

3.1.1 赋值语句

赋值语句的语法格式如下:

变量名 1, 变量名 2, …, 变量名 *n*=表达式 1, 表达式 2, …, 表达式 *n*

功能:先计算出各表达式的值,然后依次赋给赋值运算符(=)左边的变量。一个赋值语句可以只给一个变量赋值,也可以同时给多个变量赋值;可以赋予常量值,也可以赋予表达式的值;可以给多个变量赋予相同的值,也可以给多个变量分别赋予不同的值。赋值运算符左边的变量要和右边的表达式一一对应。

示例:

```
>>>r=1024                    #给一个变量赋予整型值
>>>pi=3.14                   #给一个变量赋予浮点值
>>>l=2*pi*r                  #把表达式的计算结果赋给变量
>>>b=True                    #给一个变量赋予布尔值
>>>n=int(input("n="))        #把通过键盘输入的值赋给变量
>>>i=j=k=100                 #给多个变量赋予相同的值
>>>x,y,z=3.8,25,"Python"     #给多个变量分别赋予不同的值
>>>a,b=10,20,30              #报错,表达式(值)的个数多于变量个数
>>>a,b,c=10,20               #报错,变量个数多于表达式(值)的个数
```

为方便描述某些先进行运算再赋值的操作,Python 语言还提供了 12 个复合赋值运算符,除了 2.4.4 节介绍的 5 个与位运算有关的复合运算符(&=、|=、^=、<<=、>>=)外,还有如下 7 个常用的复合赋值运算符:

+=、-=、*=、/=、%=、//=、**=

这 7 个复合赋值运算符由算术运算符与赋值运算符组合而成,用于先进行算术运算再赋值。使用复合赋值运算符使程序代码更为简洁,更符合现代编程风格。

示例:

```
a+=3                #等价于 a=a+3
b*=c-10*d           #等价于 b=b*(c-10*d)
e%=f+10             #等价于 e=e%(f+10)
i//=6               #等价于 i=i//6
j**=3               #等价于 j=j**3
```

说明:

(1) 赋值运算符(=)虽然用的是数学中的等号,但其作用不同于数学中的等号,它不是相等的含义。对于 x=x+1,从数学意义上讲是不成立的;而在 Python 语言中,它是合法的赋值语句,其功能是取出变量 x 中的值加 1 后,再将运算结果存回到变量 x 中去。

(2) 在一个赋值语句中给多个变量同步赋值有时等同于给多个变量分别赋值,但有时不能简单看作给多个变量分别赋值。例如,赋值语句 x,y,z=3.8,25,"Python" 等同于如下 3 个赋值语句:

```
x=3.8
y=25
z="Python"
```

但是,赋值语句 x,y=y,x 的功能和如下两个赋值语句的功能不同:

```
x=y
y=x
```

如果之前有变量定义:x=10 和 y=20,则执行 x,y=y,x 后,x 和 y 的值分别为 20 和 10,即实现了两个变量值的互换;而执行 x=y 和 y=x 后,x 和 y 的值均为 20。

3.1.2　顺序结构程序设计

顺序结构是最简单的一种程序结构。在顺序结构程序中,程序的执行是按照语句块出现的先后顺序执行的,并且每个语句块都会被执行,如图 3.1 所示。在 Python 语言程序中,语句块既可以由具有相同缩进(左对齐)的多条语句组成,也可以只包括一条语句。

图 3.1　顺序结构

【例 3.1】 通过键盘输入圆的半径,计算圆的面积和周长并输出。

分析:如果圆的半径值是一个实数,编写解决该问题的程序要用到 4 个浮点型变量:r 用于存放从键盘输入的圆的半径值,pi 用于存放常量 π 的值,计算出的圆的周长存入变量 peri,圆的面积存入变量 area。

```
#P0301.py
r=float(input("请输入圆的半径值:"))
pi=3.14
peri=2 * pi * r
area=pi * r * r
print("周长=",peri)
print("面积=",area)
```

这是一个典型的顺序结构程序。程序执行时,按书写顺序依次执行程序中的每一条语句。

【例 3.2】 通过键盘输入一个三位整数,求其逆序值并输出。例如,如果输入值为 269,则应输出 962。

分析:从输入的三位整数中先依次分解出个位、十位和百位数字,然后把百位数字和个位数字交换一下,再重新组合即可得到原值的逆序值。

```
# P0302.py
num1=int(input("请输入一个三位整数:"))
one=num1%10                    #分解出个位数字
ten=(num1//10)%10              #分解出十位数字
hun=num1//100                  #分解出百位数字
num2=one * 100+ten * 10+hun    #交换百位数字和个位数字后重新组合成一个三位整数
print(num1, "的逆序值是:",num2)
```

3.2 分支语句与分支结构程序设计

分支结构又称选择结构。在分支结构中,要根据逻辑条件的成立与否,选择执行不同的语句块,实现不同的功能。分支结构是通过分支语句实现的,Python 语言中的分支语句包括 if 语句、if-else 语句和 if-elif-else 语句。分支语句也称为条件语句或选择语句,其中要用到关系表达式和逻辑表达式。

3.2.1 关系表达式和逻辑表达式

关系表达式和逻辑表达式的运算结果为逻辑值真(True)或假(False),关系表达式也可以看作简单的逻辑表达式。

1. 关系运算符与关系表达式

在 Python 语言中,有 6 个关系运算符,可分为两类:大小判断和相等判断。

大小判断运算符有 4 个:>(大于)、>=(大于或等于)、<(小于)、<=(小于或等于)。

相等判断运算符有 2 个:==(相等)、!=(不相等)。

用关系运算符连接运算对象所形成的表达式称为关系表达式。

例如,数学中的 x≥10 可以写成 Python 中的关系表达式 x>=10,y≠6 可以写成 y!=6。

关系表达式的运算结果是逻辑值真或假,分别用 True 和 False 表示。也就是说,如果表达式成立,则表达式的结果为 True(真);如果表达式不成立,则表达式的结果为 False(假)。表达式 10>5 的结果为 True,而表达式 10<5 的结果为 False。

执行以下赋值语句:

```
>>>b1=(10<=20)
>>>b2=(10>20)
```

b1 和 b2 的值分别为 True 和 False。

注意:

(1) 判断相等要用两个等号(==),不能用单个等号(=),单个等号是赋值运算符,两个等号才是判断相等运算符。

(2) 如果关系运算符由两个符号组成(如>=),这两个符号之间不能出现空格。

2. 逻辑运算符与逻辑表达式

关系运算能够进行比较简单的判断。如前所述,数学中的 score≥60 可以写成 score>=60。如果要进行比较复杂的判断,如数学中的 score1≥60 且 score2≥90,就需要用到逻辑运算符把多个关系表达式连接在一起,形成逻辑表达式。

在 Python 语言中,有 3 个逻辑运算符:and(逻辑与)、or(逻辑或)、not(逻辑非)。其中,and 和 or 是双目运算符,not 是单目运算符。逻辑运算规则如表 3.1 所示。

表 3.1 逻辑运算规则

x	y	not x	not y	x and y	x or y
False	False	True	True	False	False
False	True	True	False	False	True
True	False	False	True	False	True
True	True	False	False	True	True

逻辑运算符的运算规则可以描述如下:

(1) and(逻辑与):当两个运算对象中有一个为 False 或两个均为 False 时,结果为 False;当两个运算对象都为 True 时,结果为 True。

(2) or(逻辑或):当两个运算对象中有一个为 True 或两个均为 True 时,结果为 True;当两个运算对象都为 False 时,结果为 False。

(3) not(逻辑非):当运算对象为 False 时,结果为 True;当运算对象为 True 时,结果为 False。

有了逻辑运算符,数学中的 score1≥60 且 score2≥90 就可以写成如下形式的 Python 逻辑表达式:

```
score1>=60 and score2>=90
```

对于数学表表达式 60≤score<90,在 Python 语言中,既可以写成

```
score>=60 and score<90
```

也可以写成

```
60<=score<90
```

下面再看几个逻辑表达式的示例：

两门课程都大于或等于 60 分，可以表示为

```
score1>=60 and score2>=60
```

两门课程都大于或等于 60 分，而且其中有一门课程大于或等于 90 分，可以表示为

```
score1>=60 and score2>=60 and (score1>=90 or score2>=90)
```

两门课程都大于或等于 60 分，而且两门课程的平均分大于或等于 90 分，可以表示为

```
score1>=60 and score2>=60 and (score1+score2)//2>=90
```

注意：逻辑运算符与运算对象之间至少要留有一个空格。

为便于正确书写和理解表达式，给出运算符的优先级和结合性，如表 3.2 所示。

表 3.2　运算符的优先级和结合性

运　算　符	优　先　级	结合性
**(幂运算) not(逻辑非) ＋、－(正号、负号)	同级	右结合
＊、/、//、%(乘除运算)	同级	左结合
＋、－(加减运算)	同级	
＞、＞＝、＜、＜＝(判断大小关系运算) ＝＝、!＝(判断相等关系运算)	同级	
and(逻辑与)	—	
or(逻辑或)	—	低

给定如下 3 个逻辑表达式：

```
score1>=60 and score2>=60 or score3>=90
(score1>=60 and score2>=60) or score3>=90
score1>=60 and (score2>=60 or score3>=90)
```

根据表 3.2 所给运算符的优先级，可知前两个表达式的含义相同，与第三个表达式的含义不同。

如果一时没有准确掌握各运算符的优先级，可以用加小括号的形式明确指定各运算的优先级。实际上，应多采用后两个表达式的写法，能够更清晰地表达编程者的意图，也更易于程序阅读者理解表达式的含义。

说明：

（1）左结合是指从左向右计算，右结合是指从右向左计算。例如，a＋b－c 等价于 （a＋b）－c，而 a**b**c 等价于 a**（b**c）。

（2）逻辑表达式的运算结果是一个逻辑值：真或假，真用 True 表示，假用 False 表示。 True 和 False 为首字母大写，其他字母小写，TRUE、FALSE、true、false 等形式都是错误的。

3.2.2　if 语句

if 语句用来实现单分支选择，语法格式如下：

if 表达式：
　　语句块

if 分支结构如图 3.2 所示。if 语句的执行过程是：先计算表达式的值，若值为 True （真），则执行 if 子句（表达式后面的语句块），然后执行 if 结构后面的语句；否则，跳过 if 子 句，直接执行 if 结构后面的语句。

图 3.2　if 分支结构

示例：

```
if score<60:
    m+=1                #如果成绩不及格,则 m 的值加 1
n+=1                    #不管成绩是否及格,n 的值都要加 1
```

如果是对一门课程的考试成绩进行上述操作（多次执行上面的程序段），其功能是统计 参加考试的总人数（n 的值）和不及格人数（m 的值）。

注意：不要漏掉条件表达式后面的冒号（：）。

3.2.3　if-else 语句

if-else 语句用来实现双分支选择，即 if-else 语句可以根据条件的真（True）或假（False） 执行不同的语句块。

if-else 语句的语法格式如下：

if 表达式：
　　语句块 **1**
else：
　　语句块 **2**

其中,语句块 1 称为 if 子句,语句块 2 称为 else 子句。

if-else 分支结构如图 3.3 所示。if-else 语句的执行过程是:先计算表达式的值,若结果为 True,则执行 if 子句(语句块 1),否则执行 else 子句(语句块 2)。

图 3.3　if-else 分支结构

示例:

```
if score<60:
    m+=1          #如果成绩不及格,则 m 的值加 1
else:
    n+=1          #如果成绩及格,则 n 的值加 1
```

如果是对一门课程的考试成绩进行上述操作(多次执行上面的程序段),其功能是统计不及格人数(m 的值)和及格人数(n 的值)。

【例 3.3】　根据输入的学生成绩对其进行判断处理:如果成绩及格,则输出"考试通过!";否则输出"考试没通过!"。

```
#P0303_1.py
score=int(input("请输入考试成绩:"))
if score>=60:
    print("考试通过!")
else:
    print("考试没通过!")
```

一段程序中只有一个 if 和一个 else 是比较容易理解的。如果有多个 if 和 else,则 if 与 else 的匹配关系要书写准确。在 Python 语言中,if 与 else 的匹配是通过严格的对齐与缩进实现的。

示例:

```
score=int(input("score="))
if score<60:
    if score<45:
        print("不能参加补考,必须重修!")
    else:
        print("可以参加补考!")
```

该程序段中,else 与第二个 if 对齐匹配。其功能是:在成绩低于 60 分的前提下,如果成绩低于 45 分必须重修(没有补考机会),否则(成绩为 45~59 分)可以参加补考。

如果写成如下缩进形式(else 与第一个 if 对齐匹配):

```
score=int(input("score="))
if score<60:
    if score<45:
        print("不能参加补考,必须重修!")
else:
    print("可以参加补考!")
```

其功能变为:成绩低于 45 分必须重修,在成绩大于或等于 60 分时可以参加补考。很显然,这不是程序要表达的处理逻辑。程序实际想表达的逻辑是:如果考试成绩太低(低于45 分),则没有参加补考的机会,必须重修;如果考试成绩为 45～59 分,可以参加补考。

一个更完整的程序如下:

```
#P0303_2.py
score=int(input("score="))
if score<60:
    if score<45:
        print("考试未通过,需要重修!")
    else:
        print("考试未通过,可以补考!")
else:
    print("考试通过!")
```

这个程序中有两个 if-else 语句,虽然表达的逻辑并不复杂,但对初学编程者来说,直接写程序代码或许有点难度。可以先画出体现逻辑思路的流程图,然后再按流程图写出程序代码,这样更容易保证程序代码正确实现预期功能。处理考试成绩完整程序的流程图如图3.4 所示。

图 3.4　处理考试成绩完整程序的流程图

3.2.4　if-else 表达式

在 Python 语言中,if-else 语句还可以写成如下 if-else 表达式形式:

> **表达式 1　if 条件表达式 else 表达式 2**

其执行过程是：先计算条件表达式的值。若其值为 True,则整个表达式的值为表达式 1 的值;否则,整个表达式的值为表达式 2 的值。

示例:

```
a-b if a>=b else b-a
```

若条件表达式 a>=b 的值为 True,则上面 if-else 表达式的值为 a−b,否则其值为 b−a。

对于以下赋值语句:

```
c=a-b if a>=b else b-a
```

若 a=30、b=20,则执行该语句后 c 的值为 10;若 a=30、b=50,则执行该语句后 c 的值为 20。即 c 的值为 a−b 的绝对值。

这个赋值语句也可以写成如下条件语句的形式:

```
if a>=b:
    c=a-b
else:
    c=b-a
```

显然,写成表达式的形式更为简洁。当然,实际编写程序时,是写成 if-else 表达式形式还是 if-else 语句形式,取决于编程人员自己的习惯。

3.2.5　if-elif-else 语句

如果成绩是 5 分制(5 分为优秀,4 分为良好,3 分为及格,2 分和 1 分为不及格),现在需要把等级分(1~5)转换为对应的"优秀""良好""及格""不及格"等信息输出。

假设变量 grade 中存放了等级分,则实现上述功能的程序段如下:

```
if (grade==5):
    print("优秀")
else:
    if (grade==4):
        print("良好")
    else:
        if (grade==3):
            print("及格")
        else:
            if (grade==2):
                print("不及格")
            else:
                if (grade==1):
                    print("不及格")
                else:
                    print("成绩值错误")
```

这种多层嵌套方式从语法上是正确的,但书写起来比较麻烦,也不容易理解其功能。if-elif-else 语句更适合完成这种多选择功能,if-elif-else 语句的语法格式如下:

```
if 表达式 1:
    语句块 1
elif 表达式 2:
    语句块 2
    ⋮
elif 表达式 n:
    语句块 n
else:
    语句块 n+1
```

if-elif-else 语句的执行过程是：按先后顺序计算各表达式的值，如果表达式 1 的值为 True，则执行语句块 1；否则，如果表达式 2 的值为 True，则执行语句块 2；以此类推，如果表达式 n 的值为 True，则执行语句块 n；如果前面所有表达式都不成立，则执行语句块 n+1。即按顺序依次判断表达式 1、表达式 2……表达式 n 的取值是否为 True。如果某个表达式的取值为 True，则执行与之对应的语句块，然后结束整个 if-elif-else 语句；如果所有表达式的取值都不为 True，则执行与 else 对应的语句块。

上述多重 if-else 嵌套语句改写成 if-elif-else 语句如下：

```
if grade==5:
    print("优秀")
elif grade==4:
    print("良好")
elif grade==3:
    print("及格")
elif grade==2:
    print("不及格")
elif grade==1:
    print("不及格")
else:
    print("成绩值错误")
```

相对于多层嵌套的 if-else 语句，相同功能的 if-elif-else 语句既简洁又易于阅读和理解。

关于 if-elif-else 语句的几点解释如下：

(1) 在依次对各表达式进行判断时，遇到一个结果为 True 的表达式，执行完对应的语句块就结束整个 if-elif-else 语句。即使有多个表达式成立，后面的表达式也不再判断。

示例：

```
if score>=90:
    num1+=1
elif score>=80:            #等价于 90>score>=80
    num2+=1
elif score>=60:            #等价于 80>score>=60
    num3+=1
else:                      #等价于 score<60
    num4+=1
```

对于此程序段，如果有多个成绩值(score)需要处理，实际上是统计几个成绩段的人数。如果 score 的值为 95，第一个表达式(score>=90)成立，执行赋值语句 num1+=1，然后结束整个 if-elif-else 语句，后面的表达式不再判断，自然也不会再执行对应的语句。

（2）每个语句块可以包括多条语句，也可以只包括一条语句。同一语句块中的各条语句要有相同的缩进，否则会被认为是不同语句块的语句。

（3）最后的 else 以及与之对应的语句块可以省略，此时，若前述所有表达式都不成立，则 if-elif-else 语句什么都不执行。

3.2.6　流程图的画法

编写程序的前提是对待解问题进行深入分析并且得到解决问题的合适算法，算法是解决某一问题的思路和步骤。描述算法的方式有多种，其中流程图方式简单明了，易于画出，易于理解，也易于转换为相应的程序，是一种常用的算法描述方法。图 3.4 就是一个典型的流程图，比较清晰地描述了关于考试成绩的相关规定。

在流程图中，用一些框图表示各种类型的操作，用带箭头的线段表示操作的执行顺序，常用的图形符号如图 3.5 所示。

图 3.5　流程图中常用的图形符号

流程图中用到的各图形符号的含义如下：
- 起止框是一个圆角矩形，表示算法由此开始或到此结束。
- 处理框是一个矩形，表示一个具体的数据处理操作。
- 判断框是一个菱形，表示一种判断条件。
- 输入输出框是一个平行四边形，表示输入或输出操作。
- 连接框是一个圆形，连接画在两页上的同一个流程图。
- 流程线是一个带箭头的线段，表示程序的执行走向。

画流程图是为了编程人员更为清晰准确地理解算法、描述算法，进而编写出逻辑清晰、功能正确的程序。对于一个要解决的问题，是先画出流程图再编写程序，还是直接编写程序，应根据实际情况而定。基本原则是：如果对算法思路清晰明了，可以直接编写程序；如果对算法思路的理解不是很清晰，可以先画出流程图，进一步理清算法思路后再编写程序。

3.3　循环语句与循环结构程序设计

用计算机解决实际问题时，经常会遇到需要重复进行的数据处理工作，例如把通过键盘输入的数值累加起来，此时要重复完成的工作是输入数据和累加。解决这类问题有两种方式：一是在程序中重复书写有关输入数据和累加的程序代码；二是让有关输入数据和累加的代码重复执行。前者会使程序代码书写量很大（如果输入 10 000 个数据并累加，就需要把输入数据和数据累加代码重复书写 10 000 次),大幅度增加编写程序的工作量;而后者只写少量代码就能实现同样的功能。实际上,后者是通过一种控制结构使某些语句重复执行的,这种结构称为循环结构。

一组被重复执行的语句称为循环体语句块。程序执行过程中,每执行一次循环体语句块,必须作出是继续循环还是停止的决定,这个决定所依据的条件称为循环条件。

循环结构通过循环语句实现。Python 语言中有两种循环语句:for 循环语句和 while 循环语句。

3.3.1　for 循环语句

for 循环语句的语法格式如下:

> **for 循环变量 in 遍历结构:**
> 　　**语句块**

for 循环结构如图 3.6 所示。for 循环语句的执行过程是:循环变量从遍历结构中取值,如果能从遍历结构中取到值,就执行循环体语句块,然后再返回遍历结构取值,如果还能取到值,再次执行循环体语句块,直至遍历结构中的数据取完为止。遍历结构是指包含多个数据元素的复合数据。

图 3.6　for 循环结构

【例 3.4】　从键盘输入若干个以正整数表示的考试成绩,计算总成绩和平均成绩并输出。

分析:这是一个重复累加问题,从键盘上输入一个成绩值,进行一次累加,再输入一个成绩值,再进行一次累加⋯⋯直至成绩值全部输入并累加完毕。这里循环继续的条件是成绩值未累加完,而每次重复的工作为输入数据并进行累加。设 score 为接收键盘输入的成绩值并参与累加的变量;total_score 为存放累加和的变量,简称累加变量;i 为循环控制变量,用于控制循环的次数。

```
#P0304.py
n=int(input("成绩个数 n="))              #输入成绩个数
total_score=0                          #累加变量清零
for i in range(1,n+1):                 #i 的取值为 1～n,即循环次数为 n
    score=int(input("请输入一个成绩值:"))  #通过键盘输入一个成绩值
    total_score+=score                 #累加求和
average_score=total_score//n           #计算平均成绩
print("总成绩=",total_score)            #输出总成绩
print("平均成绩=",average_score)         #输出平均成绩
```

为了调试程序时输入数据简单快捷,一开始可以为 n 输入值 5,程序调试正确后,可以用于计算班内某门课程的成绩,也可以用于计算自己已学课程的成绩,为变量 n 输入实际的成绩个数就可以了。

关于 for 语句的几点说明如下:

(1) 此处的循环变量 i 在 range(1,n+1)范围内取值,取值为 1～n(不包括 n+1),所以循环体语句块执行 n 次。range()函数的一般格式如下:

range(start,end,step)

其功能是生成若干整数值,起始值为 start,结束值为 end−1 或 end+1(注意,不包括end),步长为 step。当步长 step 为正数时,结束值为 end−1;当步长 step 为负数时,结束值为 end+1。其中,start 和 step 都可以省略,省略时默认值分别为 0 和 1。

示例:

```
range(0,10,1)        #生成的值为 0～9
range(10)            #生成的值为 0～9,默认起始值为 0,步长为 1
range(1,10)          #生成的值为 1～9,默认步长为 1
range(1,11,2)        #生成的值为 1、3、5、7、9,即 1～10 的奇数
range(2,11,2)        #生成的值为 2、4、6、8、10,即 2～10 的偶数
range(10,0,-1)       #生成的值为 10～1,步长可以为负数
range(30,20,-2)      #生成的值为 30、28、26、24、22,即 30～21 之间的偶数
```

(2) 在该程序中,for i in range(1,n+1),也可以写成 for i in range(0,n)或 for i in range(2,n+2)等形式,因为 i 的取值只起控制循环次数的作用,只要结束值和起始值之间的差值为 n 即可,当然还是 for i in range(1,n+1)更容易理解一些。如果循环变量要参与循环体语句块的运算,不同写法的功能就不一样了。

如下程序段的功能是计算 $1^2+2^2+\cdots+n^2$:

```
n=int(input("n="))
total=0
for i in range(1,n+1):          #循环变量 i 的取值为 1～n
    total+=i*i
print("total=",total)
```

如下程序段的功能是计算 $0^2+1^2+2^2+\cdots+(n-1)^2$:

```
n=int(input("n="))
total=0
for i in range(0,n):            #循环变量 i 的取值为 0～n-1
    total+=i*i
print("total=",total)
```

(3)根据数据处理需要,正确书写缩进格式。不同的缩进格式实现的功能是不一样的。上面的两个程序段都是计算完累加和后再输出最后累加和的值。如果改成如下缩进格式,功能变为每累加一次,都会输出中间累加结果。通过本例,仔细体会 Python 缩进格式的作用。

```
n=int(input("n="))
total=0
for i in range(1,n+1):
    total+=i*i
    print("total=",total)
```

【例 3.5】 从键盘输入一个大于 1 的自然数,判断其是否为素数。

分析:根据素数的定义,一个大于 1 的自然数 n,如果只能被 1 和其本身整除,则 n 为素数。根据素数的定义直接编写程序判断一个数是否为素数不太容易。可以对素数定义转换一下描述,用 $2\sim n-1$ 之间的所有整数逐一去除 n,如果都不能整除,则确定 n 为素数;如

果至少有一个能够整除,则确定 n 不是素数。所以,判断一个数是否为素数需要用循环结构实现。

　　解决这个问题的思路有一点复杂。如果直接编写程序感觉有些困难,可以先画一个流程图,明晰解决问题的思路,然后再按流程图写出程序代码。判断素数流程图如图 3.7 所示。

图 3.7　判断素数流程图

```
#P0305_1.py
n=int(input("请输入一个大于 1 的自然数:"))
mark=True                   #设定标记的初值,假定 n 为素数
for i in range(2,n):        #变量 i 的取值为 2~n-1
    if (n%i==0):            #如果能够整除
        mark=False         #则把 mark 的值改为 False
if mark==True:              #如果 mark 的值保持为 True,说明都不能整除
    print(n,"是素数")      #进而说明假定 n 为素数是对的,输出 n 是素数信息
else:
    print(n,"不是素数")
```

说明:

(1) 用 for 循环语句时,不要忘记第一行末尾的冒号(:)。

（2）该程序用最基本的方法判断一个数是否为素数。还有更节省除法次数的方法，可自己思考并改写上述程序。

（3）语句之间的缩进关系决定了语句之间的层次关系，也决定着每条语句的作用及整个程序的功能，因此要正确书写缩进形式。如果把上述程序改为如下缩进格式，思考程序功能将有什么变化，并上机查看输入数值分别为 4、17、25 时的运行结果。

```
#P0305_2.py
n=int(input("请输入一个大于1的自然数: "))
mark=True                        #设定标记的初值,假定 n 为素数
for i in range(2,n):             #变量 i 的取值为 2～n-1
    if (n%i==0):                 #如果能够整除
        mark=False               #则把 mark 的值改为 False
    if mark==True:
        print(n,"是素数")
    else:
        print(n,"不是素数")
```

3.3.2　while 循环语句

while 循环语句的语法格式如下：

while 表达式:
　　语句块

while 循环结构如图 3.8 所示。while 循环语句的执行过程是：先计算表达式的值，若表达式的值为真（True），则执行循环体语句块；然后再次计算表达式的值，若结果仍为真（True），再次执行循环体语句块；如此继续下去，直至表达式的值变为假（False），则结束 while 循环语句的执行。

一般来说，一开始表达式的值为真（True）。在循环体语句块中要有修改循环条件的语句，以使表达式的值在执行若干次循环体语句块后变为假。若表达式的值总为真，则形成一直循环下去的永真循环；若表达式的值一开始就为假，则循环体语句块一次也不执行。

图 3.8　while 循环结构

【例 3.6】　用 while 语句实现例 3.4 的功能。

```
#P0306.py
n=int(input("成绩个数 n="))                    #输入成绩个数作为循环次数
total_score=0                                 #累加变量初值赋 0
num=1                                         #给计数变量 num 赋初值为 1
while num<=n:                                  #判断 num 的值是否小于或等于 n 的值
    score=int(input("请输入一个成绩值:"))       #通过键盘输入一个成绩值
    total_score+=score                        #对成绩值进行累加
    num+=1                                     #计数变量 num 的值增 1
average_score=total_score//n                  #计算平均成绩
```

```
print("总成绩=",total_score)
print("平均成绩=",average_score)
```

说明：for 循环语句的循环次数决定于所用遍历结构（如 range( )函数）中元素的个数，其循环变量依次取遍历结构中各元素的值；使用 while 循环语句，也需要用一个变量控制循环次数，循环开始前给该变量设定一个合适的初值，使 while 后面的表达式成立，在循环体语句块中要有改变该变量值的语句，随着一次一次的循环，逐渐改变循环变量的值，经过若干次循环后，使 while 后面的表达式变为不成立，循环结束。仔细体会一下例 3.6 中变量 num、例 3.7 中变量 score 对控制循环次数的作用。

【例 3.7】 从键盘上输入若干以正整数表示的考试成绩，计算总成绩和平均成绩并输出。与前面例子不同的是，本例不知道成绩的个数，用输入−1 作为结束。

分析：该问题是一个条件控制的循环，知道循环结束条件，不知道循环次数，此时更适合用 while 循环语句实现。流程图如图 3.9 所示。

图 3.9　计算成绩流程图

```
#P0307.py
total_score=0                          #累加变量初值为 0
num=0                                  #计数变量初值为 0
score=int(input("请输入一个成绩值："))  #输入一个成绩值
while score!=-1:                        #判断是否满足循环结束条件
```

```
        num+=1                              #成绩个数加 1
        total_score+=score                  #对成绩进行累加
        score=int(input("请输入一个成绩值: "))   #再次输入成绩值
average_score=total_score//num              #计算平均成绩
print("总成绩=",total_score)
print("平均成绩=",average_score)
```

说明：从上面几个例子可以看出，对于已知循环次数的循环程序，用 for 语句实现比较简单；对于不知道循环次数但知道结束条件的循环程序，用 while 语句实现更为合适。

3.3.3　循环语句的嵌套

循环是可以嵌套的，可以把一个循环语句嵌套在另一个循环语句内，形成二重循环，以解决一些比较复杂的问题。for 语句和 while 语句既可以自身嵌套，也可以相互嵌套，但要求一点：一个循环语句要完全嵌套在另一个循环语句之内，即先开始的循环语句后结束，后开始的循环语句先结束。按此原则，也可以进行多层嵌套，形成多重循环。

【例 3.8】　找出 1000～3000 的所有素数并统计素数个数。

分析：例 3.4 是判断某一个数是否为素数，用了 for 循环语句实现，可以看作单重循环程序。现在有 1000～3000 的 2001 个数需要判断是否为素数并统计素数个数，需要再加一层循环，构成二重循环程序，外层循环依次取出需要判断的数，内层循环具体判断取到的某个数是否为素数。

```
#P0308_1.py
num=0                           #统计素数个数的计数器变量,初值赋 0
for n in range(1000,3001):
    mark=True                   #设定标记的初值,假定 n 为素数
    for i in range(2,n):        #变量 i 的取值为 2～n-1
        if (n%i==0):            #如果能够整除
            mark=False          #则把 mark 的值改为 False
    if mark==True:              #如果 mark 的值保持为 True,说明都不能整除
        print(n,"是素数")        #说明假定 n 为素数是对的,输出 n 是素数信息
        num+=1                  #计数器的值加 1
print("素数总数:",num)           #1000～3000 的素数总数
```

上面的二重循环用的都是 for 语句，也可以都用 while 语句，给出程序如下：

```
#P0308_2.py
num=0                           #统计素数个数的计数器变量,初值赋 0
n=1000                          #需要判断是否为素数的初始值
while n<=3000:                  #如果 n≤3000 进行下面的判断,否则结束循环
    mark=True                   #设定标记的初值,假定 n 为素数
    i=2                         #变量 i 的初值为 2
    while i<=n-1:               #如果 i≤n-1 进行下面的判断,否则结束循环
        if n%i==0:
            mark=False          #如果有能够整除的数,则把 mark 的值改为 False
        i+=1                    #控制内层循环次数的变量 i 的值加 1
    if mark==True:              #如果 mark 的值保持为 True,说明都不能整除
```

```
        print(n,"是素数")        #进而说明假定 n 为素数是对的,确定 n 为素数
        num+=1                   #计数器的值加 1
    n+=1                         #控制外层循环次数的变量 n 的值加 1
print("素数总数:",num)           #1000～3000 的素数总数
```

本例用二重循环程序实现其功能,虽然用 while 语句可以写出循环程序,但是由于外层循环的次数和内层循环的次数都是确定的,所以用 for 语句写出循环程序更为简洁且更易于理解。

3.3.4　带 else 的循环语句

前面介绍的是循环语句 for 和 while 的基本结构。在 Python 语言中,for 语句和 while 语句还都有带 else 的扩展形式,语法格式分别如下:

```
for 循环变量 in 遍历结构:
    语句块 1
else:
    语句块 2

while 表达式:
    语句块 1
else:
    语句块 2
```

其共同点是:当循环语句正常结束时,执行 else 对应的语句块;当循环语句提前结束时,不执行 else 对应的语句块。带 else 的循环语句一般要和 3.4 节介绍的 break 语句配合使用。

3.4　退出循环语句

有时循环不一定要执行完预定的次数,可以提前退出。例如,判断一个大于 1 的自然数 n 是否为素数时,只要 $2 \sim n-1$ 中有一个数能够整除 n,就能确定 n 不是素数,此时可提前结束循环程序,以提高程序执行效率。提前结束循环的语句称为退出循环语句,也称为转移语句。退出循环语句有两个,分别为 break 语句和 continue 语句,其共同特点是改变程序的当前执行顺序,转到程序的另一个位置继续执行。

3.4.1　break 语句

break 语句的语法格式如下:

```
break
```

break 语句主要用于循环结构中,其功能是提前结束整个循环,转去执行循环结构后面的语句。

【例 3.9】　计算总成绩。如果输入的成绩值都有效,计算出总成绩并输出;如果输入的成绩值中有无效值,中止累加计算并给出提示信息。

```
# P0309_1.py
total_score=0                               #定义累加变量并赋初值为 0
for i in range(1,11):                       #设定循环次数为 10
    score=int(input("请输入一个成绩值:"))    #输入一个成绩值
    if (score<0 or score>100):              #若是无效成绩值
        print("成绩值无效,中止程序!")        #给出提示信息
        break                               #提前结束循环
    else:
        total_score+=score                  #对有效成绩值进行累加
else:
    print("总成绩=",total_score)            #循环正常结束,输出总成绩
```

该程序的功能是对通过键盘输入的成绩值进行累加,预定的循环次数为 10。但是,如果输入的某个成绩值是无效成绩,即不在 0~100 范围内,便提前结束整个循环语句的执行,并给出相应的提示信息,不执行 else 对应的语句块;如果 10 个成绩值都是有效值,则执行 else 对应的语句块,输出总成绩。

如果不用带 else 的 for 循环语句,也能实现上述效果,但不如用带 else 的 for 循环语句简洁。不带 else 的 for 循环程序如下:

```
# P0309_2.py
total_score=0                               #定义累加变量并赋初值 0
num=0                                       #成绩个数计数,初值赋 0
for i in range(1,11):                       #设定循环次数为 10
    score=int(input("请输入一个成绩值:"))
    if (score<0 or score>100):              #若是无效成绩值
        break                               #提前结束循环
    else:
        total_score+=score                  #对有效成绩值进行累加
        num+=1                              #累加成绩个数加 1
if num==10:                                 #如果累加成绩个数为 10
    print("总成绩=",total_score)            #循环正常结束,输出总成绩
else:
    print("成绩值无效,中止程序!")            #循环提前结束,给出提示信息
```

3.4.2   continue 语句

continue 语句的语法格式如下:

continue

continue 语句用于循环结构中,其功能是提前结束本次循环,转回循环的开始,判断是否执行下一次循环。

【例 3.10】   计算总成绩并输出。在成绩值输入过程中,输入-1 结束成绩输入。如果遇到无效成绩值,提示用户重新输入。

```
# P0310.py
total_score=0                               #累加变量赋初值 0
score=int(input("请输入一个成绩值:"))
while score!=-1:                            #判断循环条件
```

```
    if (score<0 or score>100):              #若是无效成绩值
        print("成绩值无效,请重新输入!")        #提示重新输入
        score=int(input("请输入一个成绩值:"))   #重新输入成绩值
        continue                            #结束本次循环,转回循环开始
    else:
        total_score+=score                  #对有效成绩值进行累加
        score=int(input("请输入一个成绩值:"))   #继续输入成绩值
print("总成绩=",total_score)
```

注意:一个循环结构一般执行若干次循环体语句块。continue 语句的作用是结束本次循环,执行下一次循环;break 语句的作用是结束整个循环,执行循环结构之后的语句。break 和 continue 功能对比如图 3.10 所示。

图 3.10　break 和 continue 功能对比

3.5　Python 语句的书写规则

书写程序代码,除了把每条语句书写正确外,还要注意语句之间的结构关系。Python 语言在缩进、一行写多条语句、一条语句写在多行、注释等方面都有相应的规定。遵守语句书写规则,才能保证程序正确实现预期功能,而且使程序易于理解,易于发现和修改其中的错误。

3.5.1　缩进

Python 与其他语言最大的区别就是构成 Python 程序的语句必须严格按照缩进规则书写,Python 解释器是通过缩进量识别语句之间的层次关系和界定语句块的。缩进的空格数是可变的,具有相同缩进量的一组语句构成一个语句块。语句的缩进可以通过制表符(Tab 键)或空格键实现,缩进量可多可少,一般设置为 4 个空格。

示例:

```
from random import *         #导入标准库 random 中的所有函数
sum1=0                       #累加变量初值为 0
for i in range(1,6):         #设定循环次数为 5
    n=randint(10,20)         #生成一个 10～20 的随机整数
    print(n)                 #输出生成的随机整数
    sum1+=n                  #把随机整数累加到累加变量中
print(sum1)                  #输出 5 个随机整数的累加和
```

该程序实现的功能为:生成 5 个 10～20 的随机整数,输出每个随机整数及其累加和。某

次的执行结果为：18、13、20、11、10、72,前面 5 个数为随机生成的整数,最后一个数为累加和。

程序中,n＝randint(10,20)、print(n)和 sum1＋＝n 这 3 条语句具有相同的缩进量(左对齐),属于同一个语句块(循环体语句块),每循环一次,语句块中的每条语句都要被执行一次。而 print(sum1)语句由于与 for 语句具有相同的缩进量,for 语句执行完(循环结束),才执行 print(sum1),输出总的累加和。

如果程序改成如下缩进形式：

```
from random import *
sum1=0
for i in range(1,6):
    n=randint(10,20)
print(n)
sum1+=n
print(sum1)
```

某一次的执行结果为：15、15。由于语句 print(n)和 sum1＋＝n 缩进量的改变,循环体语句块只剩下一条语句 n＝randint(10,20),for 语句执行完,才执行语句 print(n)、sum1＋＝n 和 print(sum1),只输出最后一次生成的随机整数,累加和也只累加了最后一个随机整数,所以输出的两个数相同。

如果程序改成如下缩进形式,读者自己分析会输出什么样的结果,然后上机执行程序,看实际结果和自己的分析是否一致。

```
from random import *
sum1=0
for i in range(1,6):
    n=randint(10,20)
    print(n)
    sum1+=n
    print(sum1)
```

如果程序改成如下形式：

```
from random import *
sum1=0
for i in range(1,6):
n=randint(10,20)
print(n)
sum1+=n
print(sum1)
```

此时的程序,由于 for 语句后面的 4 条语句都和 for 语句具有相同的缩进量,等于没有了循环体语句块,执行此程序时会报错,并给出提示信息"expected an indented block after 'for' statement on line 3"(第 3 行的'for'语句后应为缩进块)。

从上面的示例可看出,Python 语言的缩进是严格的语法要求,不合适的缩进量会改变程序的功能,甚至导致程序错误。所以,在用 Python 语言编写程序时,不仅要把语句本身写正确,每条语句的缩进量也要正确,这样才能实现预期的功能。而在 C、C++ 等语言中,缩进书写只是为了代码美观和程序易于理解,缩进与否不影响程序的功能。C、C++ 语言中的语句块是由一对大括号({})界定的。

说明：由于 sum 是一个 Python 解释器的内置函数名，所以示例中没有使用变量名 sum，而是用了 sum1。虽然可以使用内置函数名作为自定义变量名，但最好不用，否则会使函数失去作用。

3.5.2　一行写多条语句

Python 语言允许在同一行中书写多条语句，但语句之间要使用分号（；）进行分隔，求两数之差绝对值的程序可以写成如下形式：

```
a=int(input("a="));b=int(input("b="))      #一行写两条语句
if a<b:
    t=a; a=b; b=t                          #一行写 3 条语句
print("|a-b|=",a-b)
```

但为了程序结构的清晰和易于理解，最好还是一行书写一条语句。

3.5.3　一条语句写在多行

如果一条语句在一行写不下，可以写在多行，在断开的位置加反斜杠（\），表明本行代码和下一行代码是同一个语句。

示例：

```
length1,width1,height1=7,8,9
length2,width2,height2=2,3,4
ratio=(length1 * width1 * height1-length2 * width2 * height2)/\
        (length1 * width1 * height1+length2 * width2 * height2)
print(ratio)
```

为了使程序易于理解，最好还是一条语句写在一行中，可以适当改写程序代码。此程序也可改写成如下形式（每一条语句都写在一行中，更容易理解）：

```
length1,width1,height1=7,8,9
length2,width2,height2=2,3,4
volume1=length1 * width1 * height1
volume2=length2 * width2 * height2
ratio=(volume1-volume2)/(volume1+volume2)
print(ratio)
```

如果有的长语句无法改写，或即使改写也无法书写在一行中，也可以写在多行中，这种情形一般是参数较多的函数调用语句。

3.5.4　注释

让他人看懂自己编写的程序，特别是较为复杂的程序，不是一件容易的事情。实际上，即使是编程者本人，时间长了再看自己编写的程序也有点费劲。为了便于阅读和理解程序，可以在编写程序时加上适当的注释。

Python 中的注释有两种类型：一是单行注释，以井号（#）开始，直至本行结束，这是 Python 程序中比较常见的注释方式；二是多行注释，以三引号（'''）作为开始和结束，其中的内容都作为注释,可以包含多行内容,也可以只包含一行内容。

注释用于说明整个程序、某段代码或某个语句的功能,适当的注释有利于他人或编程人员自己较快地看懂程序,正确地理解程序的功能。在对源程序进行编译和解释时,编译器和解释器会忽略程序中的所有注释,即一个程序有没有注释及注释的多少对该程序的编译(解释)和执行没有影响,注释只是给人看的。

3.6　程序举例

本节通过几个例子帮助读者加深对程序设计的理解。

【例 3.11】　从键盘输入 3 个数,找出其中的最大值并输出。

分析:通过键盘输入 3 个数并分别存入变量 a、b、c,用简单的比较法就可以找出最大值。先比较 a 和 b。如果 a 大于或等于 b,再比较 a 和 c,如果 a 大于或等于 c,则 a 为最大值,否则 c 为最大值;如果 a 小于 b,再比较 b 和 c,如果 b 大于或等于 c,则 b 为最大值,否则 c 为最大值。流程图如图 3.11 所示。

```
#P0310_1.py
a=eval(input("a="))
b=eval(input("b="))
c=eval(input("c="))
if a>=b:
    if a>=c:
        maxi=a
    else:
        maxi=c
else:
    if b>=c:
        maxi=b
    else:
        maxi=c
print("最大值=",maxi)
```

图 3.11　找 3 个数中最大值的流程图

这个问题还可以换一个思路：先找出 a、b 中的较大值存入变量 maxi，再比较 maxi 和 c 中的值。如果 c 中的值较大，则把 c 中的值存入 maxi；否则保持 maxi 中的值不变。最后 maxi 中的值就是 3 个数中的最大值。

```
#P0311_2.py
a=eval(input("a="))
b=eval(input("b="))
c=eval(input("c="))
if a>=b:
    maxi=a                  #把 a 和 b 中的较大值(a 的值)存入 maxi
else:
    maxi=b                  #把 a 和 b 中的较大值(b 的值)存入 maxi
if maxi<c:
    maxi=c                  #把 maxi 和 c 中的较大值(c 的值)存入 maxi,否则 maxi 的值不变
print("最大值=",maxi)
```

说明：

（1）由于 max 是一个内置函数名，所以最好不用 max 作自定义变量名。本例中使用 maxi 作变量名。

（2）如果明确说输入一个整数，可用 int()函数转换；如果明确说输入一个浮点数，可用 float()函数转换；如果没有明确说明是整数还是浮点数，最好用 eval()函数转换，对整数、浮点数都适用。

【例 3.12】　从键盘输入 40 个数，找出其中的最大值并输出。

分析：求解这个问题，不能再沿用例 3.11 的思路，40 个数的各种可能的比较实在是太麻烦了。求解该问题可以用一种新的思路。假定第一个数就是最大值，把它存入 maxi 变量；然后第二个数和 maxi 中的值进行比较，如果第二个数大，则用其替换 maxi 中的值，否则保持 maxi 中的值不变；这样第三个数、第四个数……第四十个数一直比较下去，maxi 中总是保存比较过的数的最大值。

```
#P0312.py
maxi=eval(input("请输入第一个数："))      #假定第一个数为最大值
for i in range(2,41):                      #循环处理第二至第四十个数
    num=int(input("请再输入一个数："))     #再输入一个数
    if num>maxi:                           #如果新输入的数大于 maxi 中的值
        maxi=num                           #用新输入的数替换 maxi 中的值
print("最大值=",maxi)
```

说明：先假定第一个数为最大值并存入变量 maxi，后面的各数依次和 maxi 中的值进行比较，如果大于 maxi 中的值，就替换 maxi 中的值，最后保留在 maxi 中的值就是这一组数中的最大值。这是一种编程解决问题的思路，用此思路也可以找出一组数中的最小值。前面判断一个大于 1 的自然数 n 是否为素数的程序也用了类似思路。先假定 n 是素数（设定标记值为 True），然后用循环语句的形式实现 2～n−1 逐一去除 n，如果有能够整除的数，就把标记值改为 False。循环结束后，如果标记值仍然保持为 True，则 n 为素数；否则 n 不是素数；读者可思考，还有哪些问题可用这样的思路解决。

【例 3.13】 找出 100～999 中的所有水仙花数。所谓水仙花数是指该数的各位数字的立方和等于该数本身,例如 $153=1^3+5^3+3^3$。

分析:对于 100～999 的每个数,先分解出该数的个位、十位和百位数,然后计算并判断个位、十位和百位的立方和是否等于该数本身。如果相等,则是要找的水仙花数,予以输出;继续判断下一个数,直至 100～999 的所有数判断完。

```
#P0313.py
for n in range(100,1000):          #n 的取值范围为 100～999
    one=n%10                        #分解出个位数
    ten=(n//10)%10                  #分解出十位数
    hun=n//100                      #分解出百位数
    if (one**3+ten**3+hun**3==n):   #判断是否为水仙花数
        print(n,"是一个水仙花数")
```

【例 3.14】 判断一个整数是否为回文数。所谓回文数,是指一个数的逆序值和自身相等,如 168861、38983 等。

分析:例 3.13 中要判断的每一个数都是 3 位数,所以可以从中分解出个位、十位和百位数。本例中要判断的数没有固定的位数,所以不能沿用例 3.12 的思路,只能逐一分解出个位、十位、百位……直至分解出所有的位。每分解出一位,按规则组合到逆序值中。逆序值变量赋初值 0。

```
#P0314.py
n=int(input("n="))         #把键盘输入转化为数值并赋给变量 n
m=n                         #复制 n 的值给变量 m
r=0                         #为 r 赋初值 0,准备用于存放 n 的逆序值
while m!=0:                 #从 m 中逐一分解出个位、十位、百位……
    k=m%10                  #循环处理,第一次得到个位值,第二次得到十位值……
    r=r*10+k                #把 k 组合进逆序值
    m=m//10                 #为分解下一位数做准备
if r==n:                    #如果 n 的逆序值等于 n 的值
    print(n,"是回文数")
else:
    print(n,"不是回文数")
```

【例 3.15】 百钱买百鸡问题。这个经典数学问题出自《张丘建算经》。张丘建是我国南北朝时期北魏数学家。《张丘建算经》约成书于公元 466—485 年,是我国古代数学史上的杰作。书中对百钱买百鸡问题的描述是:"今有鸡翁一,值钱五;鸡母一,值钱三;鸡雏三,值钱一。凡百钱买鸡百只,问鸡翁、母、雏各几何?"张丘建在书中给出了该问题的三组解。这实际上是一个不定方程问题,两个方程中包括 3 个未知量。

分析:百钱买百鸡问题可重新描述如下。公鸡 5 元钱 1 只,母鸡 3 元钱 1 只,小鸡 1 元钱 3 只,如果用 100 元钱买 100 只鸡,公鸡、母鸡、小鸡各多少只?编写程序求解百钱买百鸡问题,可以用枚举法,列出所有可能的公鸡数、母鸡数和小鸡数的组合,然后从中找出符合条件的组合。假定可能的公鸡、母鸡和小鸡数分别为 cock、hen、chick,由于题目的限定条件是每种鸡至少买 1 只,一共买 100 只,所以 cock、hen、chick 的取值范围都是 1～100,可以写出一个三重循环的程序。

```
#P0315_1.py
for cock in range(1,101):
    for hen in range(1,101):
        for chick in range(1,101):
            if (cock*5+hen*3+chick/3==100 and cock+hen+chick==100):
                print("公鸡数=",cock,"母鸡数=",hen,"小鸡数=",chick)
```

学编程之前遇到过这个问题吗? 你是如何得到答案的?

其实这个程序的思路很简单,就是逐一验证各种可能的组合,把符合要求的组合输出。这个程序总的循环次数是 100 万次(100×100×100 次),即需要验证 100 万种可能的组合,如果是人工验证,时间开销很大。由于现在计算机的运算速度很快,所以通过运行程序,很快就能得到结果。可以对这个程序进行一些优化,减少验证次数。直接从题目的限定条件看,公鸡最多可以买 100 只,但由于公鸡的价格为 5 元一只,所以公鸡最多可以买 20 只;同样,母鸡最多可以买 33 只。而且程序可以改写成如下二重循环的形式:

```
#P0315_2.py
for cock in range(1,21):
    for hen in range(1,34):
        if cock*5+hen*3+(100-cock-hen)/3==100:
            print("公鸡数=",cock,"母鸡数=",hen,"小鸡数=",100-cock-hen)
```

此时总循环次数降为 660 次,大大减少了循环次数,自然也就减少了程序执行时的时间开销。

【例 3.16】 分段统计考试成绩。通过键盘输入若干个 0～100 的整数成绩,以输入 0～100 之外的数作为结束条件,编写程序统计出各分数段的人数,分数段的划分为:100～90、89～80、79～70、69～60 和 59～0。

分析:这是循环与分支的嵌套问题。外层是条件控制的循环,可以用 while 语句;内层是多分支判断,可以用 if-elif-else 语句。

```
#P0316_1.py
num9=num8=num7=num6=num5=0          #各分数段人数初值为 0
score=int(input("请输入一个成绩值:"))
while 0<=score<=100:                 #对一个有效成绩值进行统计,否则结束循环
    if score>=90:                    #大于或等于 90 分,num9 的值增 1
        num9+=1
    elif score>=80:                  #小于 90 分且大于或等于 80 分,num8 的值增 1
        num8+=1
    elif score>=70:                  #小于 80 分且大于或等于 70 分,num7 的值增 1
        num7+=1
    elif score>=60:                  #小于 70 分且大于或等于 60 分,num6 的值增 1
        num6+=1
    else:                            #小于 60 分,num5 的值增 1
        num5+=1
    score=int(input("请再输入一个成绩值:"))
print("90～100 分人数:",num9)
print("80～89 分人数:",num8)
print("70～79 分人数:",num7)
print("60～69 分人数:",num6)
print("60 分以下人数:",num5)
```

说明：执行 if-elif-else 语句时,当遇到一个结果为 True 的表达式时,执行对应的语句块,然后结束整个 if-elif-else 语句,不再对后面的表达式进行判断。读者可以思考,如果将其中的 if-elif-else 语句改写成如下形式,是否还能实现预期的统计功能。

```
if score<60:
    num5+=1
elif score>=60:
    num6+=1
elif score>=70:
    num7+=1
elif score>=80:
    num8+=1
else:
    num9+=1
```

3.7 程序中错误的发现与改正

无论是初学者还是有一定编程经历的程序员,编写的程序中存在错误都是难免的。程序中的错误可以分为两大类,分别是语法错误和逻辑错误。以 Python 程序为例,语法错误是由于所写代码不符合 Python 语言的语法规则导致的,例如写错关键字、使用没有定义的变量、列表索引值超出范围等。在执行程序时,Python 解释器能够识别出语法错误并给出错误性质与位置的提示信息。逻辑错误是由于编程思路(算法)错误导致的,也称为语义错误。逻辑错误有很多种表现形式,小到把乘法运算符写为加法运算符,大到数据处理逻辑错误。存在逻辑错误的程序是可以执行的,但往往导致程序的运行结果不符合预期,要么没有结果输出,要么输出的结果不正确。逻辑错误主要靠编程人员自己分析和查找。相对来说,语法错误比较容易发现和改正,而逻辑错误则比较难以发现和改正,特别是规模比较大、功能比较复杂的程序。

编写简单程序的大致过程是：设计解决问题的步骤(算法)、编写程序,然后就是不断发现错误、修改错误、完善程序的迭代过程,直至程序能够正确实现预定功能。

对于如何判定一个程序的正确性,在理论研究与总结实际软件开发经验的基础上,逐渐形成了一套完整、科学的软件开发方法(不太严格地说,软件是规模比较大的程序；严格地说,软件包括程序以及编写程序过程中形成的文档),能够较好地保证软件的质量。目前有大量的高质量软件支持着人们的日常工作、学习与生活,例如学校的教务管理系统(可以查看考试成绩与选课)、网上购物系统、即时通信软件等。由于本书的读者大多是初学编程者,因此本节介绍发现和改正程序错误的简单方法,即用测试的方法发现错误,用调试的方法修改错误。系统、详细的软件质量保证方法可参看专门的软件工程、软件测试类图书。

3.7.1 模块测试

怎样判定一个程序是正确的,是所有编程人员都需要面对的问题。如果一个程序能够执行且能够得到正确的输出结果,则可以认为程序是正确的。程序能够执行,说明没有语法错误;不仅能执行,还能得到正确结果,说明既没有语法错误,也没有逻辑错误(语义错误)。

如果一个程序中有语法错误,执行该程序时,Python 解释器给出错误性质与错误位置的提示信息,错误性质是指哪种类型的错误,错误位置是指哪个文件的第几行。根据提示信息,比较容易找到具体的错误代码位置并进行改正。

如果程序能够执行,但不输出结果或输出的结果和预期值不一致,说明程序中存在逻辑错误。如何发现程序中的逻辑错误?测试是一种有效的方法。最基础的测试就是执行程序时根据要求输入数据,然后看输出结果是否正确。如果输出结果正确,可以在一定程度上认定程序正确。需要说明的是,很多程序不能仅凭一两次执行的输出结果正确就认定程序正确,必须多次执行程序,用不同的输入数据检查输出结果是否正确。

如果一个程序包含主程序和若干函数,可以逐一测试每一个函数,最后测试主程序。当然,对于只有主程序的情形,就只测试主程序。这种测试方法称为模块测试或单元测试。测试无法完全证明程序的正确性,但通过测试能够找到程序的错误。

模块测试的过程是:选择测试用例,基于测试用例执行程序,根据执行结果判定程序是否正确实现了要实现的功能。模块测试的关键是选择测试用例,每一个测试用例包括输入数据和预期结果,测试一个程序往往需要若干测试用例。

3.7.2　测试示例

下面通过示例说明测试用例的选择和测试过程。

【例 3.17】　从键盘输入两个自然数并分别赋值给 n1 和 n2(n1<n2),输出 n1～n2 的所有偶数。

```
# P0317.py
n1=int(input("n1="))
n2=int(input("n2="))
for i in range(n1,n2):
    if i%2==0:
        print(i)
```

测试此程序时,如果为 n1、n2 分别输入 1 和 9,则会输出 4 个偶数:2、4、6、8,结果是正确的,如果据此就认定程序正确是不行的。实际上,如果为 n1、n2 分别输入 1 和 10,输出结果仍然是 4 个偶数:2、4、6、8,这个结果是不正确的(少了偶数 10),原因在于 range(n1,n2) 中的 n2 应为 n2+1,因为 range(n1,n2+1) 的取值范围才是 n1～n2,而 range(n1,n2) 的取值范围是 n1～n2-1,显然不符合题目要求。

【例 3.18】　针对一门课程的考试成绩,统计及格和不及格的人数。

```
# P0318_1.py
n=int(input("成绩个数="))
num1=num2=0                    #计数变量,初值赋 0
for i in range(1,n+1):
    score=int(input("请输入一个成绩="))
    if score>60:
        num1+=1
    else:
        num2+=1
```

```
print("及格人数=",num1)
print("不及格人数=",num2)
```

测试此程序时,如果为 n 输入 5,且输入 5 个成绩值:76、49、82、51、95,输出的及格人数和不及格人数分别为 3 和 2,据此就认定程序正确也是不妥的。如果为 n 输入 5,且输入 5 个成绩值:76、49、60、51、95,则会输出及格人数和不及格人数分别为 2 和 3,与实际情况不符。仔细检查程序,原因在于原本应该是 score≥60 误写为 score>60。由于程序中有 score>60 这样的判断,60 就是一个容易测出程序错误的边界数值。

【例 3.19】 判断从键盘输入的一个大于 1 的自然数是否为素数,并输出结果信息。

分析:为便于编写程序,素数可以这样描述。如果一个大于 1 的自然数 n,不能被 $2 \sim n-1$ 的任何一个数整除,则 n 是素数;否则 n 不是素数。

```
#P0319_1.py
n=int(input("n="))
for i in range(2,n):
    if n%i==0:
        print(n,"不是素数!")
    else:
        print(n,"是素数!")
```

执行该程序,如果输入 3,则输出"3 是素数!",结果符合预期。但不能仅凭这一个测试结果正确就认定程序正确。再次执行程序时,如果输入 4,则输出"4 不是素数!"和"4 是素数!",很明显结果不正确,说明程序有错误。

分析程序代码会发现,如果 $2 \sim n-1$ 有一个数能够整除 n,在输出 n 不是素数的信息后应结束循环,所以应在该程序中加入结束循环的 break 语句。修改后的程序如下:

```
#P0319_2.py
n=int(input("n="))
for i in range(2,n):
    if n%i==0:
        print(n,"不是素数!")
        break
    else:
        print(n,"是素数!")
```

执行修改后的程序,分别输入 3 和 4 都能得到预期的正确结果,但是否就能认定程序正确呢?还不能。再次执行该程序时,如果输入 9,则输出结果为"9 是素数!"和"9 不是素数!",说明程序中还存在错误。进一步分析程序发现,不能有一个数不能整除 n,就判定 n 为素数,应该是 $2 \sim n-1$ 的所有整数都不能整除 n 时才能判定 n 是素数。所以,else 不是和 if 对齐,而是应该和 for 对齐,组成带 else 的 for 循环结构。程序进一步改写如下:

```
#P0319_3.py
n=int(input("n="))
for i in range(2,n):
    if n%i==0:
        print(n,"不是素数!")
        break
else:
    print(n,"是素数!")
```

执行该程序,分别输入 3、4 和 9,都能得到预期的正确结果。再多次执行该程序,分别输入 2、27 和 31,也都能得到正确的预期结果。此时可以认定该程序能够正确判定一个大于 1 的自然数是否为素数。

测试上述程序用到的测试用例如表 3.3 所示。

表 3.3　判断一个大于 1 的自然数是否为素数的程序的测试用例

输入数据	期望输出结果	输入数据	期望输出结果
2	2 是素数	9	9 不是素数
3	3 是素数	27	27 不是素数
4	4 不是素数	31	31 是素数

选择测试用例是测试的重要环节。选择有代表性的测试用例,就能用较少的测试用例尽可能多地检测出程序中的错误。就表 3.3 来说,2 是一个边界值(第一个大于 1 的自然数,也是最小的素数),3 是除边界值之外的第一个素数,4 是第一个非素数,9 是第一个不能被 2 整除的非素数,27 是一般的非素数,31 是一般的素数,这些数都有其代表性,合起来基本可以代表所有的自然数,所以选择这些数作为测试用例。执行程序时,如果使用这些输入数据都能得到正确的输出结果,则可以认定被测试程序是正确的。

说明:

(1)测试用例对于发现程序中的错误非常重要,好的测试用例能够发现更多的错误。

(2)测试用例要选择有代表性的数据、边界数据等。

(3)对于规模较大、思路较为复杂的程序,即使所有测试用例都能得到预期的正确结果,也不能证明程序就完全没错了,还需要在程序(软件)的使用过程中注意发现新的错误并进行改正。

一些大的软件开发公司开发的软件首先在开发人员内部进行测试,然后在公司内部(与开发人员不同的一些人)进行测试,最后再请公司外的一些用户进行测试。

对于小程序来说,测试工作是比较简单的。例如,考试成绩管理程序可能有半天的时间就能完成测试工作。对于大型的程序,可能需要数月的测试时间,即使投入实际应用后,也还会在使用中发现错误、改正错误。

3.8　算法与程序设计

3.8.1　算法设计与分析

用计算机解决问题的过程,可以分成以下几个主要阶段:

(1)分析问题、设计算法。认真分析要解决的问题及要实现的功能,给出解决问题的明确步骤,即设计出针对要解决的问题的算法。

(2)选定语言、编写程序。根据问题的性质,选定一种合适的程序设计语言(及相应的开发环境),依据算法编写源程序。

(3)执行程序。对编写出的源程序进行编译执行或解释执行。程序中如果没有语法错误,则会完成编译或解释并执行程序;如果程序中存在语法错误,则编译器或解释器会给出提示信息,包括错误的位置及错误的性质等,可根据提示信息找到错误并且改正。

(4)程序调试。没有语法错误,并不能说明程序完全无错,可能还存在语义(逻辑)错误。程序通过编译或解释后,要选用一些有代表性的数据对程序进行测试(3.7 节已有介绍)。经过一定的测试,如果没有发现新的错误,程序就可以交付使用了。如果在测试中发现错误,就要分析错误的性质。如果是算法设计有问题,就应重新分析问题、修改算法或重新设计算法;如果是程序编写有问题,就设法在程序中找到错误所在并且改正(程序排错)。对于较大规模的程序,程序排错是一项困难的工作,既需要经验,也需要一定的方法和工具支持。

初学编程者感觉难点在于语言基本要素和语法规则的掌握,而实际上编写高质量、高性能程序的难点是良好的算法设计,相对于算法设计,编写程序是比较简单的。

1. 程序与算法

现实生活中,做任何事情都需要经过一定的步骤才能完成。例如,小到叠一个纸鹤,大到生产一辆汽车,都必须按照一定的步骤进行。

为解决一个问题而采取的方法和步骤称为算法。算法(algorithm)就是被精确定义的一组规则,规定了先做什么再做什么,以及判断某种情况下做哪种操作。或者说算法是步进式完成任务的过程。

程序(program)是指为让计算机完成特定的任务而设计的指令序列或语句序列。一般认为,机器语言程序或汇编语言源程序由指令序列构成,而高级语言源程序由语句序列构成。程序设计(programming)是用来沟通算法与计算机的桥梁。程序是程序设计人员编写的、计算机能够理解并执行的指令序列或语句序列,是解决问题的算法在计算机中的具体实现。

2. 算法的特点

算法反映解决问题的步骤,不同的问题需要用不同的算法来解决,同一问题也可能有不同的解决方法。算法具有如下特性:

(1)有穷性。一个算法必须总是在执行有限个操作步骤和可以接受的时间内完成其执行过程。即对于一个算法,要求其在时间和空间上均是有穷的。这里的有穷不是数学上的有穷,而是指算法对应的程序在执行时间和存储空间的开销上都是应用场景可以接受的、合理的。

(2)确定性。算法中的每一步都必须有明确的含义,不允许存在二义性。

(3)有效性。算法中描述的每一步操作都应该能有效地执行,并最终得到确定的结果。

(4)输入及输出。一个算法应该有零个或多个输入数据,有一个或多个输出数据。执行算法的目的是为了求解,而"解"就是输出,因此没有输出的算法是没有意义的。

3. 算法的表示

算法的表示方式有多种,常用的算法表示有如下两种方式:

(1)用流程图表示。流程图用规定的一组图形符号、流程线和文字说明表示算法。流程图可清晰、直观地把处理过程表示出来。图 3.11 就是找 3 个数中最大值算法的流程图表示。

(2)用伪码表示。伪码用一种介于自然语言和计算机语言之间的文字和符号描述算法。伪码接近计算机语言,便于转换为计算机程序;同时比计算机语言形式灵活、格式紧凑,不要求严格的语法格式。

找 3 个数中最大值算法的伪码表示如下:

```
输入 3 个数分别赋给 a、b、c
if a≥b then
    if a≥c then
        maxi=a
    else maxi=c
else
    if b≥c then
        maxi=b
    else maxi=c
输出 maxi 的值
```

4. 算法的评价标准

用计算机解决问题的关键是算法的设计。对于同一个问题,可以设计出不同的算法。如何评价算法的优劣是算法分析、比较和选择的基础。目前,可以从正确性、时间复杂度、空间复杂度和可理解性 4 个方面对算法进行评价。

1) 算法的正确性

算法的正确性是指算法能够正确地求解所要解决的问题。就目前的研究看,要想通过理论方式证明一个算法的正确性是非常复杂和困难的。一般采用测试的方法,基于算法编写程序,然后对程序进行测试。针对要解决的问题,选定一些有代表性的输入数据,经程序执行后,查看输出结果是否和预期结果一致。如果不一致,则说明程序中存在错误,应予以查找并改正。经过一定范围的测试和程序修改,不再发现新的错误,程序就可以交付使用。程序在使用过程中仍有可能发现错误,就要继续修改,这时的修改称为程序维护。

2) 算法的时间复杂度

算法的时间复杂度是指依据算法编写出程序后,在计算机上运行时所耗费的时间度量。一个程序在计算机上运行的时间取决于程序运行时输入的数据量、对源程序进行编译所需要的时间、执行每条语句所需要的时间以及语句重复执行的次数。其中,最重要的是语句重复执行的次数。通常,把整个程序中语句的重复执行次数之和作为该程序的时间复杂度,记为 $T(n)$,其中 n 为问题的规模。对于一个从线性表中查找某个数据的算法,n 为线性表的长度,即线性表中数据的个数。

算法的时间复杂度 $T(n)$ 实际上表示当问题的规模 n 充分大时该程序运行时间的数量级,用 O 表示。比较两个算法的时间复杂度时,不是比较两个算法对应程序的具体执行时间(这涉及编程语言、编程水平、计算机速度等多种因素),而是比较两个算法相对于问题规模 n 所耗费时间的数量级。

从包含 n 个元素的线性表中查找是否存在某个值,可以采用顺序查找算法,也可以采用折半查找算法,两种算法的时间复杂度差异很大。

顺序查找算法从线性表的第一个元素开始,逐个元素与要查找的值进行比较。若表中某个元素与要查找的值相同,则查找成功,返回相关信息;反之,若一直把表中所有元素比较完,也没找到与要查找的值相同的元素,则返回没有找到的信息。顺序查找算法的平均查找次数为 $(n+1)/2$,所以其时间复杂度为 $O(n)$。$(n+1)/2$ 和 n 的数量级相同。

折半查找算法用要查找的值与线性表的中间元素进行比较。如果要查找的值等于这个中间元素,查找成功;如果要查找的值大于中间元素,则下一步在线性表的后一半元素中查找;如果要查找的值小于中间元素,则下一步在线性表的前一半元素中查找。如此进行下去,直至查找成功或查找完整个线性表。由于在查找过程中每次都把查找范围缩减一半,所以称为折半查找。折半查找的平均查找次数为 $\log_2 n$,所以其时间复杂度为 $O(\log_2 n)$。

相对于顺序查找,n 值越大,折半查找的速度优势越明显。对于分别有 10、100、10 000 个元素的线性表,顺序查找的平均次数分别约为 5 次、50 次和 5000 次,但折半查找的平均次数分别约为 3 次、5 次和 10 次。

> 说明:顺序查找不需要线性表中的数据有序,而折半查找需要线性表中的数据已排好序。

【例 3.20】 从键盘输入 n 的值,计算 $1!+2!+\cdots+n!$ 的值并输出。

分析:从宏观上看,这是 n 个数的累加,要通过循环实现,但每一个加数又是一个阶乘值,也需要通过循环计算出来。本例可以通过一个二重循环程序完成,外层循环实现 n 个数的累加,设 total 为累加变量,初值为 0;内层循环实现阶乘的计算,设 fact 为累乘变量,初值为 1。

```
#P0320_1.py
n=int(input("请输入数值 n="))        #从键盘输入 n 的值
total=0                             #累加变量初值为 0
for i in range(1,n+1):              #设定累加次数
    fact=1                          #累乘变量初值为 1
    for j in range(1,i+1):          #求 1~n 的某个数的阶乘
        fact *= j                   #计算阶乘
    total+=fact                     #阶乘累加
print("阶乘累加和=",total)           #输出最后结果
```

由于是二重循环,因此该程序的时间复杂度为 $O(n^2)$。

实际上,$1!+2!+\cdots+n!$ 的计算也可以写成单循环结构,借助 $(n-1)!$ 计算 $n!$,程序如下:

```
#P0320_2.py
n=int(input("请输入数值 n="))        #从键盘输入 n 的值
total=0                             #累加变量初值为 0
fact=1                              #累乘变量初值为 1
for i in range(1,n+1):              #设定累加次数
    fact *= i                       #计算阶乘
    total+=fact                     #阶乘累加
print("阶乘累加和=",total)           #输出最后结果
```

由于改为单重循环,该程序的时间复杂度降低为 $O(n)$。即,对于同样的问题,可以设计出不同时间复杂度的算法。

3)算法的空间复杂度

算法的空间复杂度是指依据算法编写出程序后,在计算机上运行时所需内存空间大小

的度量,它也是和问题规模 n 有关的度量。

4) 算法的可理解性

算法主要是为了人们阅读与交流。可理解性好的算法有利于人们正确理解解决问题的思路与步骤,有利于程序员据此编写出正确的程序。

3.8.2　程序设计风格

早期的程序设计,由于计算机速度比较慢,存储容量比较小,在实现功能的基础上,强调的是程序执行速度快、占用空间小,比较注重编程技巧。但是,随着计算机性能的提高以及程序规模的逐渐变大,这种模式的缺点日渐明显,最主要的是程序难以阅读和理解,难以找到和改正程序中存在的错误。这种缺点有时是致命的,往往导致投入大量人力、经费和时间编写的程序无法投入使用,只能重新编写。就如同没有资质的包工队用盖平房的模式建几十层的高楼大厦,是很难如期完工的。即使勉强盖起来了,也由于各种质量问题而无法投入使用,只能拆掉重建。

人们在总结较大规模程序设计经验教训的基础上,提出了保证程序质量的良好的程序设计规范。编程人员应认真理解这些规范,在编程实践中逐步形成良好的程序设计风格,有助于编写出高质量的程序。

对于编写较大规模的程序,在实现功能的基础上,强调的是清晰第一,编写的程序要易于理解,易于找到程序中存在的错误,易于改正错误。良好的程序设计风格主要包括如下几方面:

(1) 标识符的命名在符合命名规则的基础上要风格统一、见名知义。

(2) 一般一行写一条语句。一条长语句可以写在多行上,但尽量不要把多条语句写在一行上。

(3) 采用缩进格式,即同一层次的语句要对齐,低层次的语句要缩进若干字符。这既是 Python 语言的语法要求,也能够比较清晰地表达出程序的结构,提高程序的可读性。

(4) 适当书写注释信息。注释是对程序、程序段或语句所做的说明,有助于阅读者对程序的理解。

习　题　3

一、填空题

1. 结构化程序的 3 种基本结构分别是_____结构、_____结构和_____结构。

2. 4 个用于判断大小的比较运算符分别是_____、_____、_____和_____。

3. 判断相等的比较运算符是_____,判断不等的比较运算符是_____。

4. 3 个逻辑运算符分别是_____、_____和_____。

5. $85 \leqslant x \leqslant 100$ 对应的 Python 表达式是_____。

6. a 和 b 中至少有一个能够被 5 整除,其 Python 表达式是_____。

7. a 是 3 的倍数并且 b 不是 3 的倍数,其 Python 表达式是_____。

8. 在 a 和 b 中,一个是奇数,另一个是偶数,其 Python 表达式是_____。

9. 3 种分支语句分别是_____、_____和_____。

10. 两种循环语句分别是_____和_____。

11. 两种退出循环语句分别是_____和_____,其作用分别是_____和_____。

12. print(range(1,10,3))的输出结果是_____。

13. print(range(10,1,－2))的输出结果是_____。

14. Python 程序中的单行注释用_____符号开头,多行注释用一对_____界定。

15. 在 Python 程序中,一行可以写多条语句,语句之间用_____符号分隔。

16. 在 Python 程序中,一条语句可以写在多行,断开处加_____符号。

17. 算法的特性包括_____、_____、_____和_____。

18. 算法的常用表示方法包括_____和_____。

19. 算法的评价标准包括_____、_____、_____和_____。

20. 对于一个线性表,顺序查找和折半查找的时间复杂度分别是_____和_____。

21. 要求线性表有序的是_____查找算法,不要求线性表有序的是_____查找算法。

二、编程题

1. 从键盘输入一个整数。如果该数为奇数,则直接输出该值;否则输出该数加 1 后的结果值。

2. 从键盘输入一个摄氏度值。如果值为 18～23,输出"温度合适!";如果值小于 18,输出"温度偏低!";如果值大于 23,输出"温度偏高!"

3. 接收用户输入的两个整数值。如果第一个数值为奇数,则输出结果为第一个数值减去第二个数值的差;如果第一个数值为偶数,则输出结果为第一个数值加上第二个数值的和。

4. 从键盘输入一个三角形的 3 条边长。如果能够构成三角形,则计算三角形的面积并输出;否则输出提示信息"不能构成三角形"。

5. 从键盘输入若干考试成绩,统计不及格人数和大于或等于 90 分的人数并输出。

6. 将 100～200 范围内能够被 3 整除但不能被 5 整除的数及其个数输出。

7. 输出斐波那契(Fibonnacci)数列的前 n 项, n 的值由键盘输入。斐波那契数列的定义如下:

$$a_1 = 1, a_2 = 1, a_n = a_{n-1} + a_{n-2} \quad (n \geqslant 3)$$

8. 找出 1000 以内的完数并输出,同时输出找出的完数个数。所谓完数就是数本身等于其各真因子之和的数,如 6＝1＋2＋3。

三、思考题

1. 在 Python 语言中,哪些语句可以构成一个语句块?

2. for 循环语句和 while 循环语句分别适用于什么样的场景?

3. 举例说明带 else 的循环语句的优点。

4. 举例说明 break 语句和 continue 语句的不同作用。

5. 举例说明测试程序时如何选取测试用例。

6. 如何理解算法对于程序设计的重要性?

第4章 组合数据类型与字符串

在解决实际问题时,常常遇到批量数据的处理,例如,全班学生某门课程的考试成绩,包括学号、姓名、性别、年龄、专业在内的学生信息,等等,这些数据定义成组合数据类型更便于处理。不仅如此,如果要编写程序进行数学中的矩阵运算、向量运算等,都可以使用组合数据类型。更复杂一些的数据,例如,全班学生若干门课程的考试成绩,若干本书的书名、书号、定价,等等,也可以组织成组合数据类型进行处理。在 Python 中,组合数据类型包括列表、元组、字典和集合。字符串具有组合数据类型的部分性质。

4.1　列表

列表(list)是包含零个或多个数据的有序序列,其中的每个数据称为元素,列表的元素个数(列表长度)和元素内容都是可以改变的。使用列表,能够灵活方便地对批量数据进行组织和处理。

4.1.1　创建列表

创建列表有 3 种方式:直接创建列表、使用 list()函数创建列表、使用列表推导式创建列表。

1. 直接创建列表

直接创建列表的语法格式如下:

> **列表名=[值 1,值 2,…,值 n]**

功能:把一组值放在一对中括号内组织成列表值并赋给一个列表变量。列表值可以有零个、一个或多个。如果有多个列表值,值之间用逗号分隔。

示例:

```
>>>list1=[78,62,93,85,68]
>>>list2=["20220601","张三","男",18,"金融学"]
>>>list3=[36]
>>>list4=[]
```

list1 由 5 个相同类型的数据构成,list2 由 5 个不同类型的数据构成,list3 只包含一个值,list4 为不包含任何元素的空列表。列表是一种灵活的数据类型,其元素的类型可以相同,也可以不同;可以有多个元素,也可以只有一个元素,还可以没有任何元素。列表中的元素可以是整数、浮点数、字符串等简单类型值,也可以是列表、元组、字典、集合等组合类型值。

2. 使用 list( )函数创建列表

还可以通过 list()函数创建列表,例如:

```
>>>list5=list((2,3,5,7,9))    #等价于 list5=[2,3,5,7,9]
>>>list6=list(range(1,6))     #等价于 list6=[1,2,3,4,5]
>>>list7=list("Python 程序")  #等价于 list7=['P','y','t','h','o','n','程','序']
>>>list8=list()               #等价于 list8=[]
```

3. 使用列表推导式创建列表

对于有规律的列表元素,也可以使用列表推导式创建列表。推导式语法格式如下:

[表达式 for 变量 in 遍历结构]

示例:

```
>>>list9=[i for i in range(10,30,5)]     #等价于 list9=[10,15,20,25]
>>>list10=[i * i for i in range(1,6)]    #等价于 list10=[1,4,9,16,25]
```

为节省内存空间,对于不用的列表要及时予以删除,语法格式如下:

del 列表名

示例:

```
>>>del list1          #删除列表 list1
```

列表被删除后不能继续使用,其所占用的内存空间被释放。

注意:最好不要用 list 作为列表名,因为 list 是 Python 的一个内置函数名。虽然用 list 作为列表名可以创建一个列表,但会使 list()函数失去作用。前面介绍过,由于 sum 和 max 是函数名,不宜将 sum、max 用作变量名。同样,后面介绍到元组、字典和集合时,也不要将 tuple、dict 和 set 分别用作元组名、字典名和集合名,它们也都是 Python 的内置函数名。

4.1.2 访问列表

列表创建后就可以访问。对列表的访问,除了可以整体赋值外,常见的操作是访问其中的元素,语法格式如下:

列表名[索引值]

列表是序列类型,其中的元素按所在的位置顺序都有一个唯一的索引值(序号),通过这个索引值可以访问指定的元素。Python 为列表元素设置了两套索引:正向索引和逆向索引,正向索引取值为 0,1,2,…,分别对应第一个、第二个、第三个元素等;逆向索引取值为 -1,-2,-3,…,分别对应倒数第一个、倒数第二个、倒数第三个元素等。两套索引的设置为访问列表带来了很大方便。需要注意的是,正向索引值从 0 开始递增,逆向索引值从 -1 开始递减。

对于列表 list2=["20220601","张三","男",18,"金融学"],系统为其设定的索引值如图 4.1 所示。

图 4.1 列表 list2 的索引值

list2[0]与 list2[−5]的值相同,为字符串"20220601"。

list2[3]与 list2[−2]的值相同,为整数 18。

list2[−1]与 list2[4]的值相同,为字符串"金融学"。

如果列表中不存在与给定索引值对应的元素,系统给出相应的错误提示信息"IndexError: list index out of range"(索引错误:列表索引值超出范围)。例如,访问 list2[5]或 list2[−6]时,会给出此类提示信息。

【例 4.1】 统计一批成绩数据中分数大于或等于 90 分的成绩个数。

分析:把一批成绩数据存入一个列表变量,通过逐一访问列表中的元素,统计出大于或等于 90 分的成绩个数。

```
#P0401_1.py
score_list=[78,82,92,67,90]        #创建成绩列表
num=0                              #计数器清零
for i in range(0,5):               #逐一访问列表中每一个元素
    if score_list[i]>=90:          #统计大于或等于90分的成绩个数
        num+=1
print("num=",num)                  #输出结果
```

上面的访问方式需要编程人员知道列表的长度。其实不知道列表的长度也能实现相应的功能。可以使用 len()函数自动计算列表的长度:

```
#P0401_2.py
score_list=[78,82,92,67,90]        #创建成绩列表
num=0                              #计数器清零
for i in range(0,len(score_list)): #len()函数计算列表的长度
    if score_list[i]>=90:          #统计大于或等于90分的成绩个数
        num+=1
print("num=",num)                  #输出结果
```

还可以直接访问列表中的元素,不用知道列表的长度:

```
#P0401_3.py
score_list=[78,82,92,67,90]
num=0
for score in score_list:          #直接逐一访问列表中的元素,不用知道列表的长度
    if score>=90:
        num+=1
print("num=",num)
```

4.1.3 更新列表

创建列表后,其中的元素值不仅可以访问,还可以修改。除此之外,还可以向列表中增

加元素和删除列表中的已有元素,即列表的长度也是可以改变的。

1. 增加列表元素

增加列表元素的语法格式如下:

列表名**.append(**新增元素值**)**

或

列表名**.insert(**索引值,新增元素值**)**

其中,append()函数用于在列表的末尾追加元素,insert()函数用于在列表的指定位置插入元素。

示例:

```
>>>list1=[2,3,5,9,11]      #创建列表,初值为[2,3,5,9,11]
>>>list1.append(13)        #在列表的尾部追加数值13,列表值变为[2,3,5,9,11,13]
>>>list1.insert(3,7)       #在指定位置插入数值7,列表值变为[2,3,5,7,9,11,13]
```

2. 删除列表元素

删除列表元素的语法格式如下:

列表名**.remove(**元素值**)**

或

del 列表名[索引值]

或

del 列表名

remove()函数用于从列表中删除指定的值。若有多个值和指定值相同,只删除第一个。del格式用于删除指定位置的列表元素或删除整个列表。

示例:

```
>>>list1.remove(11)        #删除列表中第一个值为11的元素
>>>del list1[2]            #删除列表中索引值为2的元素(索引值从0开始)
```

执行上面两个操作后,列表 list1 的值由[2,3,5,7,9,11,13]变为[2,3,7,9,13]。

```
>>>del list1               #删除整个list1列表
```

3. 修改列表元素值

修改列表元素值的语法格式如下:

列表名[索引值]**=**新元素值

通过赋值语句的形式,用新元素值替换指定位置的已有元素值。

示例:

```
>>>list2=["20220112","小明","男",19,"数学"]        #创建列表
>>>list2[1]="张小明"                                 #修改索引值为1的元素值
>>>list2                                             #显示修改后的列表值
    ['20220112','张小明','男',19,'数学']
>>>list2[-1:]=["人工智能","二班"]                    #修改最后一个元素值
```

```
>>>list2                                    #显示修改后的列表值
['20220112','张小明','男',19,'人工智能','二班']
>>>list2[1:3]=["张明"]                       #修改索引值为 1 和 2 的元素值
>>>list2                                    #显示修改后的列表值
['20220112','张明',19,'人工智能','二班']
```

说明:

(1) 对于已创建的列表,既可以修改某个指定索引值对应的元素值,也可以修改指定索引值范围内的若干元素值;如果给定的新值个数少于指定范围内的元素值个数(如 list2[1:3]=["张明"]),则相当于删除元素值;如果给定的新值个数多于指定范围内的元素值个数(如 list2[-1:]=["人工智能","二班"]),则相当于增加元素值。

(2) list2[i:j]指列表中的第 i~j-1 个元素(不包括第 j 个元素),正向索引值从 0 开始递增,逆向索引值从-1 开始递减。如果省略 i,默认从 0 开始;如果省略 j,默认到最后一个元素结束(包括最后一个元素)。如果想读取列表 list2=['20220112','张明',19,'人工智能','二班']中姓名及其后的所有元素值,可以写成 list2[1:5]或 list2[1:]。

4. 列表常用的操作

对于批量数据处理,列表有着强大灵活的功能。列表的常用操作见表 4.1,其中,有些操作通过运算符实现,有些操作通过 Python 内置函数实现。

表 4.1 列表的常用操作

操作符(运算符或函数名)	示例与功能描述
+	lst1+lst2:连接两个列表
*	lst*n 或 n*lst:n 个 lst 列表连接
in	x in lst:如果 x 是列表 lst 的元素,返回 True;否则返回 False
not in	x not in lst:如果 x 不是 lst 的元素,返回 True,否则返回 False
[]	lst[i]:定位列表 lst 中索引值为 i 的元素
[::]	lst[i:j:k]:切片操作,返回列表 lst 中索引值从 i 开始、到 j 结束(不包括 j)、步长为 k 的若干元素组成的列表。若步长为正数,省略 i 时,默认从最左端的元素开始;省略 j 时,默认到最右端的元素结束(包括最右端的元素)。若步长为负数,省略 i 时,默认从最右端的元素开始;省略 j 时,默认到最左端的元素结束(包括最左端的元素)。省略 k 时,默认步长值为 1,此时可同时省略 k 前面的冒号
len(列表名)	len(lst):返回列表 lst 的长度,即列表 lst 中元素的个数
max(列表名)	max(lst):返回列表 lst 中的最大元素
min(列表名)	min(lst):返回列表 lst 中的最小元素
sorted(列表名,reverse=False/True)	sorted(lst):返回一个对列表 lst 中元素进行排序后的新列表,列表 lst 中元素的顺序不变。当第二个参数取值为 False 时可省略,此时按升序排序;当其取值为 True 时不可省略,此时按降序排列
reversed(列表名)	reversed(lst):返回一个对列表 lst 进行逆序操作后的迭代器,需要用 list(reversed(lst))形式转换为列表

操作符(运算符或函数名)	示例与功能描述
sum(列表名)	sum(lst)：如果列表 lst 中都是数值元素,则返回所有元素之和
list(值序列)	把值序列转换为列表。例如,list((2,4,6,8))返回一个列表,元素值为[2,4,6,8]
列表名.append(元素值)	lst.append(a)：在列表 lst 尾部追加值为 a 的元素
列表名.insert(索引值,元素值)	lst.insert(i,b)：在列表 lst 的索引值为 i 的位置插入值为 b 的元素
列表名.remove(元素值)	lst.remove(c)：如果 c 是列表 lst 中的元素,则从列表中删除第一个值为 c 的元素;如果 c 不是列表 lst 中的元素,则报错

注：表中 lst、lst1、lst2 都是已存在的列表的名字。

示例：

```
>>>lst1=[2,6,4,8]              #直接创建列表
>>>lst2=[7,5,1,3]              #直接创建列表
>>>lst3=lst1+lst2             #把两个现有列表连接成一个新列表
>>>lst3                        #显示列表 lst3 的值
[2, 6, 4, 8, 7, 5, 1, 3]
>>>lst4=lst1*2                #列表 lst1 自身连接成新列表
>>>lst4
[2, 6, 4, 8, 2, 6, 4, 8]
>>>lst5=lst3[1:7:2]          #截取列表 lst3 中索引值为 1、3、5 的元素,组成新列表 lst5
>>>lst5
[6, 8, 5]
>>>sum(lst1)                 #计算列表 lst1 中各元素的和
20
>>>lst6=sorted(lst3,reverse=True) #对列表 lst3 中的元素按降序排序,得到新列表 lst6
>>>lst6
[8, 7, 6, 5, 4, 3, 2, 1]
>>>lst7=list(reversed(lst6))      #对列表 lst6 进行逆序操作,得到新列表 lst7
>>>lst7
[1, 2, 3, 4, 5, 6, 7, 8]
```

【例 4.2】 学生的基本信息包括学号、姓名、性别、年龄和所学专业等,编写程序实现按姓名查找学生信息。

分析：把若干学生的基本信息存入一个列表,每个学生的信息也是一个列表,根据输入的学生姓名查找学生信息,这是一个列表中嵌套列表的示例。

```
#P0402.py
stu_list=[["20220112","小明","男",19,"数学"],
          ["20220405","小花","女",19,"英语"],
          ["20220116","小莲","女",18,"数学"],
          ["20220209","小亮","男",20,"化学"]]
name=input("请输入要查找学生的姓名:")
list_len=len(stu_list)          #计算列表 stu_list 的长度
find=False                      #设定标记初值
for i in range(0,list_len):     #设定循环次数
```

```
        if name==stu_list[i][1]:        #输入的姓名值和列表中的姓名值逐一进行比较
            print(stu_list[i])          #如果相等,则输出对应的学生信息
            find=True                   #标记值改为 True
    if not find:                        #如果标记值仍为 False,则没有要找的学生信息
        print("列表中没有要找的学生信息!")
```

说明:

(1) 定义列表 stu_list 时,由于数据元素较多,一行书写不下,可以写在多行,一行定义一个学生的信息,看起来更为直观。Python 语言规定:如果语句中有括号(包括小括号、中括号和大括号),可以在任意位置断行;如果没有括号,需要在断开的位置加一个反斜杠(\),表示该行还没有结束。此项规定只适用于程序文件方式,不适用于命令行方式。

(2) 把上面程序中的 if name==stu_list[i][1] 改为 if name in stu_list[i][1],输入全名或姓名中的一个字也能实现查找功能。可以认为,前者是精确查找,后者是模糊查找,模糊查找在某些情形下(例如只记得名字中的某个字)具有更好的适用性。

【例 4.3】　一个班有若干学生,每个学生有若干课程的成绩,编写程序计算每个学生的总成绩和平均成绩并输出。

分析:每个学生若干课程的成绩可存入一个列表,称为成绩列表;每个成绩列表作为元素组成另一个列表,称为学生列表。

```
#P0403.py
stu_list=[]                             #创建学生列表,初值为空
stu_num=int(input("请输入学生人数:"))
course_num=int(input("请输入课程门数:"))
print("请输入",stu_num,"名学生的成绩:")
for i in range(0,stu_num):              #输入若干学生的成绩
    print("请输入一名学生",course_num,"门课的成绩:")
    score_list=[]                       #创建成绩列表,初值为空
    for j in range(0,course_num):       #输入一个学生的若干个成绩
        score=int(input("请输入一个成绩值:"))
        score_list.append(score)        #把一个成绩存入成绩列表
    stu_list.append(score_list)         #把一个学生的若干成绩存入学生列表
print(stu_list)                         #输出学生列表中的值
stu_list2=[]
for i in range(0,stu_num):
    score_list2=[]
    score_sum=0
    for j in range(0,course_num):
        score_sum+=stu_list[i][j]       #计算一个学生的总成绩
    score_ave=score_sum//course_num     #计算一个学生的平均成绩
    score_list2.append(score_sum)       #把总成绩加入成绩列表
    score_list2.append(score_ave)       #把平均成绩加入成绩列表
    stu_list2.append(score_list2)       #把成绩列表加入学生列表
for i in range(0,stu_num):
    print("成绩值=",stu_list[i],end="\t\t")
    print("总成绩=",stu_list2[i][0],end="\t")
    print("平均成绩=",stu_list2[i][1])
```

说明：程序中用到了 print("ABCD",end="\t")形式,其中的 end="\t"的功能是在输出字符串"ABCD"后不换行,而是把光标移到下一个制表符的起始位置,也可以是 end=" "(空格)、end=""(空字符串)等形式。

试比较如下几个程序段的不同:

```
print("Python")                    #输出字符串"Python"后换行
print("程序设计")
```

输出结果如下(分两行输出):

```
Python
程序设计
print("Python",end="\t")           #输出字符串"Python"后光标移到下一个制表符起始位置
print("程序设计")
```

输出结果如下(在同一行输出,中间留有一个制表符的位置):

```
Python      程序设计
print("Python",end=" ")            #输出字符串"Python"后紧接着输出一个空格
print("程序设计")
```

输出结果如下(在同一行输出,中间留有一个空格的位置):

```
Python 程序设计
print("Python",end="")             #输出字符串"Python"后光标不移动
print("程序设计")
```

输出结果如下(两个字符串紧挨着输出):

```
Python程序设计
```

【例 4.4】 输出杨辉三角前 n 行的数据,n 的值由用户输入。杨辉是我国南宋时期数学家。在他所著的《详解九章算法》一书中,辑录了如图 4.2(a)所示的三角形数表,并说明此表引自北宋数学家贾宪的著作,贾宪曾用其进行开方计算。因此,杨辉三角也被称为贾宪三角。杨辉三角数据有很多重要特性,如 $(a+b)^n$ 的展开式中的各项系数依次对应杨辉三角的第 $n+1$ 行中的每一个数据。杨辉三角是中国数学史上的一个伟大成就。

图 4.2 杨辉三角数据(6 行)

分析:6 行的杨辉三角数据如图 4.2(a)所示。为了便于描述和输出,给出如图 4.2(b)的形式。从图 4.2(b)可以看出,每行包含的数据个数是不一样,但各行数据有以下共同特点。第 1 列和最后一列的值全为 1;从第 3 行开始,除第 1 列和最后一列以外,其他位置的值等于其左上方位置的值和正上方位置的值之和(如第 6 行第 3 列的值等于第 5 行第 2 列

的值加上第 5 行第 3 列的值)。可以把整个杨辉三角的数据存入一个列表(yanghui_list),其中的每个元素(代表杨辉三角中每行的数据)也是一个列表(row_list)。在程序中,第 1、2 行的数据直接赋值,从第 3 行开始,逐个生成数据存入列表 row_list,再将列表 row_list 作为元素值存入列表 yanghui_list。

```python
#P0404.py
yanghui_list=[[1],[1,1]]                              #创建杨辉三角列表,并设定前两行的值
n=int(input("n="))                                   #输入要输出的杨辉三角的行数
for i in range(2,n):                                 #生成第 3 行至第 n 行的值
    row_list=[]                                       #创建新的一行,初始值为空
    row_list.append(1)                                #将第一列的值设为 1
    for k in range(1,i):                              #添加本行中第二列至第 i 列的值
        row_list.append(yanghui_list[i-1][k-1]+yanghui_list[i-1][k])
    row_list.append(1)                                #将最后一列的值设为 1
    yanghui_list.append(row_list)                     #把一行数据作为元素追加到杨辉三角列表
for i in range(n):                                   #用二重循环输出杨辉三角列表的值
    for k in range(i+1):
        print(yanghui_list[i][k],end="\t")
    print("\n")
```

说明:如果一个列表中的元素也是列表,其实表示的是二维表或二维数组。在 Python 语言中,可以用元素为列表的列表表示其他高级语言中的二维数组。对于二维表数据,本书中用第 1 行、第 2 行、第 3 行……和第 1 列、第 2 列、第 3 列……表示,但要注意列表的

```
1    2    3    4
5    6    7    8
9   10   11   12
```
图 4.3　二维表数据

正向索引值是从 0 开始的。对于如图 4.3 所示的二维表数据,可以定义为如下列表:

```python
data_list=[[1,2,3,4],[5,6,7,8],[9,10,11,12]]
```

其中,data_list[0][0]表示第 1 行第 1 列数据(其值为 1),data_list[2][3]表示第 3 行第 4 列数据(其值为 12)。

4.1.4　列表程序的测试

在 3.7 节简单介绍了如何通过测试发现程序的错误并改正。本节通过一个使用列表的程序示例进一步介绍测试程序的方法。

【例 4.5】　删除列表中的负数元素。

分析:要实现的功能是,对于一个已经存在的包含若干数值的列表,删除其中的负数。为便于说明,通过键盘输入若干数值并存入列表,输入 Q 或 q 作为结束标志,然后逐一判断列表中的元素,如果是负数则从列表中删除。

```python
#P0405_1.py
data_list=[]                                         #定义一个用于存放数据的列表,初值为空
data=input("data=")                                  #从键盘输入数据(字符串形式)
while data.lower()!="q":                             #如果输入的数据不是字符 Q 或 q
    data_list.append(eval(data))                      #转换为数值后追加到列表中
    data=input("data=")                               #再输入一个数据
for i in range(len(data_list)):
```

```
        if data_list[i]<0:                      #如果列表中的某个元素为负数
            data_list.remove(data_list[i])       #则从列表中删除该元素
    print(data_list)
```

执行此程序,依次输入 2、3、−5、9、6,程序报错并显示异常提示信息。从异常信息可知,执行程序时出现了"IndexError: list index out of range"(索引错误:列表索引超出范围)的错误,并且错误发生在第 8 行代码:

```
    if data_list[i]<0:
```

分析代码可知,存放索引值的变量 i 的取值范围为 0～len(data_list)−1,即 i 的取值范围为 0～4。执行该程序,当访问到列表元素−5 时,因为它是负数,所以会从列表中删除这个值;当 i 取值为 4 时,访问 data_list[4] 时就会出现列表索引超出范围的错误,因为此时的列表中只剩 4 个元素,最大索引值为 3。所以,只要列表中有负数(一个或多个),都会出现此类错误。

由于错误的原因在于使用索引值访问列表元素,所以改为直接访问列表元素,程序代码如下:

```
#P0405_2.py
data_list=[]                           #定义一个用于存放数据的列表,初值为空
data=input("data=")                    #从键盘输入数据(字符串形式)
while data.lower()!="q":               #如果输入的数据不是字符 Q 或 q
    data_list.append(eval(data))       #转换为数值后追加到列表中
    data=input("data=")                #再输入一个数据
for data in data_list:
    if data<0:                         #如果列表中的某个元素为负数
        data_list.remove(data)         #则从列表中删除该元素
print(data_list)
```

执行该程序,继续进行测试,依次输入 2、3、−5、9、6,程序输出结果如下:

```
[2, 3, 9, 6]
```

与预期结果相同,从列表中删除了−5。

再次执行该程序,依次输入 2、−3、−5、9、6,程序输出结果如下:

```
[2, -5, 9, 6]
```

结果不符合预期,−5 没有从列表中删除。

再次执行该程序,依次输入 2、−3、−5、−9、−6,程序输出结果如下:

```
[2, -5, -6]
```

结果不符合预期,−5 和−6 没有从列表中删除。对照输入数据观察到,−5 和−3 相邻,删除了−3,没有删除−5;−6 和−9 相邻,删除了−9,没有删除−6。

深入分析发现,列表中如果包含两个相邻的负数元素,当删除前一个负数元素后,后一个负数元素会自动前移,但循环变量自动取下一个值,这样相邻两个负数中的第二个负数就被略过了。以第三组列表数据[2,−3,−5,−9,−6]为例,列表中索引值为 1～4 的元素都是负数,当删除索引值为 1 的元素(−3)时,后面的元素自动前移,−5 的索引值变为 1,被略

过了，−6 和 −5 的情形类似，从而引起错误。

找到了错误原因，如何修改程序代码呢？

删除列表中的元素后列表自动收缩，而 for 循环语句遍历列表是自动按照索引逐一取值，可以改用 while 循环语句，这样可以根据需要控制列表元素的遍历。程序如下：

```
#P0405_3.py
data_list=[]                          #定义一个用于存放数据的列表,初值为空
data=input("data=")                   #从键盘输入数据(字符串形式)
while data.lower()!="q":              #如果输入的数据不是字符 Q 或 q
    data_list.append(eval(data))      #转换为数值后追加到列表中
    data=input("data=")               #再输入一个数据
length=len(data_list)                 #计算列表长度
i=0                                    #i 为索引变量,初值为 0
while i<length:                        #如果索引变量的值小于列表长度
    if data_list[i]<0:                #如果列表中的某个元素为负数
        data_list.remove(data_list[i])#则从列表中删除该元素
        length-=1                     #列表长度值减 1,索引变量的值不变
    else:
        i+=1                          #索引变量的值加 1
print(data_list)
```

进一步思考，可以改变一下实现这个程序功能的思路，把列表中的非负数找出来存入一个新的列表，这个新的列表就是所要的结果，这就等于把列表中的负数删除了。程序如下：

```
#P0405_4.py
data_list=[]
data=input("data=")
while data.lower()!="q":
    data_list.append(eval(data))
    data=input("data=")
posi_list=[]                          #定义一个存放非负数的列表,初值为空
for data in data_list:
    if data>=0:                       #如果 data_list 中的某个元素为非负数
        posi_list.append(data)        #则将该元素追加到列表 posi_list 中
data_list=posi_list.copy()            #复制 posi_list 的元素到 data_list 中
print(data_list)
```

对于程序 P0405_3.py 和 P0405_4.py，可以用如表 4.2 所示的测试数据进行测试。

表 4.2　用于测试列表程序的数据

输 入 数 据	期望输出结果	输 入 数 据	期望输出结果
2	[2]	2、−3、5、9、6	[2,5,9,6]
−2	[]	2、−3、−5、9、−6	[2,9]
2、3	[2,3]	−2、−3、−5、−9、−6	[]
−2、−3	[]	不输入任何数据,直接输入 q	[]
2、3、5、9、6	[2,3,5,9,6]	不输入任何数据,直接输入 Q	[]

4.2 元组

元组(tuple)可以看作具有固定值的列表。对元组的访问与列表类似,但元组创建后不能修改,既不能修改其元素值,也不能增加和删除元素。元组功能不如列表强大、灵活,但处理数据的效率更高,对于一旦确定就不再变化的批量数据处理更有优势。

4.2.1 创建元组

创建元组的语法格式如下:

元组名 = (值 1, 值 2, …, 值 *n*)

功能:把一组值组合为一个元组,并赋值给一个元组变量。

创建元组与创建列表的相同点:如果有多个元素,元素值之间用逗号分开;元素值既可以是简单类型,也可以是组合类型。创建元组与创建列表的不同点:创建元组时是把一组值放在一对小括号中,在不引起歧义的情形下小括号也可以省略不用;而创建列表时是把一组值放在一对中括号中,而且中括号不能省略。

示例:

```
>>>tup1=(78,62,93,85,68)              #由多个同类型的值构成
>>>tup2=78,62,93,85,68                #可以省略一对小括号,但最好不省略
>>>tup3=("20220601","张三","男",18,"金融学")   #由多个不同类型的值构成
>>>tup4=("20220601","张三",(78,62,93,85,68))   #元素中有元组
>>>tup5=(36,)                         #只有一个元素的元组
>>>tup6=()                            #没有元素的元组
```

对于只有一个元素的元组,元素值后面要有逗号,否则被认为是一个表达式,例如:

```
>>>tup5=(36,)                         #tup5 的类型为元组
>>>tup7=(36)                          #tup7 的类型为整型,等价于 tup7=36
```

和创建列表类似,创建元组除了直接写出各元素值外,还可以利用 tuple()函数和推导式完成,例如:

```
>>>tup8=tuple()                       #等价于 tup8=()
>>>tup9=tuple("程序设计")              #等价于 tup9=("程","序","设","计")
>>>tup10=tuple(i * i for i in range(1,6))   #等价于 tup10=(1,4,9,16,25)
```

4.2.2 访问元组

对元组元素的访问与对列表元素的访问类似,语法格式如下:

元组名[索引值]

示例:

```
>>>tup3=("20220601","张三","男",18,"金融学")
>>>tup3[1]        #值为字符串"张三"
```

```
>>>tup3[-1]                    #值为字符串"金融学"
>>>tup3[0:2]                   #切片操作,值为元组("20220601","张三")
>>>tup3[1:]                    #切片操作,值为元组("张三","男",18,"金融学")
```

4.2.3　元组与列表的异同

元组与列表都是序列型数据,表 4.1 中针对列表的各操作符和函数也都能在元组上进行类似操作(更新操作除外)。

示例:

```
>>>tup1=(2,6,4,8)              #直接创建元组
>>>tup2=(7,5,1,3)              #直接创建元组
>>>tup3=tup1+tup2             #把两个现有元组连接成一个新元组 tup3
>>>tup3                        #显示元组 tup3 的值
(2, 6, 4, 8, 7, 5, 1, 3)
>>>tup4=tup1*2               #tup1 元组自身连接成新元组 tup4
>>>tup4
(2, 6, 4, 8, 2, 6, 4, 8)
>>>tup5=tup3[1:7:2]          #对元组 tup3 进行切片操作,得到新元组 tup5
>>>tup5
(6, 8, 5)
>>>sum(tup1)                  #计算元组 tup1 中各元素的和
20
>>>tup6=tuple(sorted(tup3,reverse=True))  #对 tup3 的元素进行降序排序,得到新元组
>>>tup6
(8, 7, 6, 5, 4, 3, 2, 1)
>>>tup7=tuple(reversed(tup6))  #对 tup6 进行逆序操作,得到新元组
>>>tup7
(1, 2, 3, 4, 5, 6, 7, 8)
```

元组与列表的主要区别在于:元组是不可改变的,元组创建后,既不能修改各元素的值,也不能增加或删除元素;列表是可变的,列表创建后,既可以修改各元素的值,也可以增加新元素或删除已有元素。由于 Python 语言对元组进行了一系列优化工作,使用元组,数据处理效率比较高。

对于可变的批量数据,应该使用列表存储和处理;而对于不变的批量数据,可以选择使用元组存储和处理。对于例 4.4 中杨辉三角的生成,就需要用列表,因为各行的数据是逐渐生成的,有更新操作;而对于向量或矩阵运算,由于某些环境下向量或矩阵的值是不变的,此时可考虑使用元组。

【例 4.6】 计算向量之间的距离。

分析:人工智能领域的一类算法是分类,分类的基础是计算各个样本属性向量之间的距离,距离小的样本相似度高,距离大的样本相似度低。

```
#P0406.py
tup1=(1,0,2,3,1,5)            #样本 1 的属性向量值
tup2=(2,1,1,3,2,4)            #样本 2 的属性向量值
tup3=(3,2,1,1,4,5)            #样本 3 的属性向量值
dis12=dis13=dis23=0          #距离变量初值设定为 0
```

```
for i in range(6):                      #计算向量各对应分量差平方的和
    dis12+=(tup1[i]-tup2[i])**2
    dis13+=(tup1[i]-tup3[i])**2
    dis23+=(tup2[i]-tup3[i])**2
dis12=dis12**0.5                        #求平方根,计算样本 1 与样本 2 之间的距离
dis13=dis13**0.5                        #计算样本 1 与样本 3 之间的距离
dis23=dis23**0.5                        #计算样本 2 与样本 3 之间的距离
if dis12<=dis13 and dis12<=dis23:       #根据样本间的距离值判断样本的相似度
    print("样本 1,2 相似度比较高!")
if dis13<=dis12 and dis13<=dis23:
    print("样本 1,3 相似度比较高!")
if dis23<=dis12 and dis23<=dis13:
    print("样本 2,3 相似度比较高!")
```

说明:

(1) 两个向量之间的距离计算方法为:先计算对应元素(分量)差值平方的和,再开平方。

(2) 求平方和、求平方根都可以用幂运算符(**),求 a 的平方的表达式为 a**2,求 a 的平方根的表达式为 a**0.5 或 a**(1/2)。

4.3 字典

一批数据存入列表或元组,查找或读取、修改(元组元素不能修改)某个数据元素时,需要给出该数据元素的索引值。数据量比较大时(例如数万个数据),记住数据元素的索引值不是一件容易的事情。如果能够按照某个关键字的值(学号、身份证号等)查找或者读取批量数据中的信息,则对数据的操作更为简单方便。以字典方式组织数据就可以实现按关键字查找和读取、修改数据。

4.3.1 创建字典

创建字典的语法格式如下:

字典名={键 1:值 1,键 2:值 2,…,键 n:值 n}

功能:字典也是由若干个元素组成的,用一对大括号括起来,每个元素是一个"键:值"对的形式,元素之间用逗号分隔。如果有多个键相同的"键:值"对,只保留最后一个。每个"键:值"对的键和值用冒号(:)分隔。

示例:

```
>>>dic1={"数学":78,"语文":82,"计算机":91}        #课程名与成绩
>>>dic2={"小明":"数学","小花":"英语","小亮":"化学"}   #学生姓名与专业
>>>dic3={}                                      #创建一个空字典
```

还可以使用 dict()函数和推导式创建字典,例如:

```
>>>dic4=dict([["数学",78],["语文",82],["计算机",91]])   #列表转字典,等同于dic1
>>>dic5=dict((("数学",78),("语文",82),("计算机",91)))   #元组转字典,等同于dic1
>>>dic6=dict()                                        #创建一个空字典,等同于dic3
>>>dic7={5:25,10:100,15:225,20:400,25:625}
>>>dic8={i:i*i for i in range(5,30,5)}               #等同于dic7
>>>dic9={"数学":78,"语文":82,"计算机":91,"数学":86}
>>>dic9     #定义时由于有两个元素的键为"数学",所以只保留最后一个"键:值"对
{'数学':86, '语文':82, '计算机':91}
```

4.3.2　访问字典

和列表、元组不同,字典是一个无序序列,其中的元素没有对应的索引值,元素的存储顺序(以及对应的显示顺序)可能与创建字典时的书写顺序不一致。对字典的访问是根据键查找对应的值,语法格式如下:

字典名[键]

示例:

```
>>>score=dic1["计算机"]        #获取"计算机"课程的考试成绩
>>>specialty=dic2["小亮"]       #获取"小亮"的所学专业
```

对字典进行操作的函数(方法)如表 4.3 所示。

表 4.3　对字典进行操作的函数(方法)

函数(方法)	示例与功能描述
字典名.keys()	dic.keys():返回字典 dic 的所有键
字典名.values()	dic.values():返回字典 dic 的所有值
字典名.items()	dic.items():返回字典 dic 的所有"键:值"对
字典名.get(键,默认值)	dic.get(key,default):若字典 dic 中存在与 key 相同的键,则返回相应的值;否则返回 default 值
字典名.pop(键,默认值)	dic.pop(key,default):若字典 dic 中存在与 key 相同的键,则返回相应的值,同时删除"键:值"对;否则返回 default 值
字典名.popitem()	dic.popitem():随机从字典 dic 中取出一个"键:值"对,以元组"(键,值)"形式返回,并从字典中删除该"键:值"对
字典名.clear()	dic.clear():删除字典 dic 的所有元素,变为空字典
del 字典名[键]	del dic[key]:删除字典 dic 中键为 key 的"键:值"对
键 in 字典名	key in dic:若字典 dic 中存在与 key 相同的键,则返回 True;否则返回 False

注:dic 是已存在的字典的名称。

示例:

```
>>>dic={"数学":78,"语文":82,"英语":67,"计算机":91}
>>>dic.keys()
dict_keys(['计算机','语文','英语','数学'])
>>>dic.items()
```

```
dict_items([('计算机',91),('语文',82),('英语',67),('数学',78)])
>>>dic.get("计算机",60)
91
>>>dic.get("物理",60)
60
>>>"语文" in dic
True
>>>"化学" in dic
False
>>>dic.popitem()
('计算机',91)
>>>dic
{'数学':78,'语文':82,'英语':67}        #已删除键为"计算机"的元素
```

4.3.3 更新字典

1. 增加元素与修改元素值

使用赋值语句可以增加元素或者修改现有元素的值,语法格式如下:

字典名[键]=值

如果在字典中没有找到指定的键,则在字典中增加一个"键:值"对;如果找到,则用指定的值替换现有值。该语句既能增加元素,又能修改元素值。使用此功能要仔细,否则本来要进行修改操作,由于键没写对,实际上增加了元素。

示例:

```
>>>dic1={"数学":78,"语文":82,"英语":67,"计算机":91}
>>>dic1["英语"]=76                #修改"英语"的值为 76
>>>dic1
{'语文':82,'英语':76,'计算机':91,'数学':78}
>>>dic1["法语"]=76               #如果修改时把"英语"误写为"法语"
>>>dic1                          #等同于增加了一个元素("法语":76)
{'法语':76,'语文':82,'英语':67,'计算机':91,'数学':78}
```

还可以使用 setdefault()函数增加元素或读取元素的值,语法格式如下:

setdefault(键,值)

如果在字典中找到指定的键,则读取对应的值;否则,新增一个"键:值"对,即新增一个元素。例如:

```
>>>dic1.setdefault("英语",76)      #读取"英语"的值 67
>>>dic1.setdefault("物理",76)      #新增一个元素("物理":76)
```

还可以使用 update()函数进行字典的合并,语法格式如下:

字典 1.update(字典 2)

如果两个字典的键没有相同的,则把字典 2 的"键:值"对添加到字典 1 中,这等于两个字典的合并;如果有相同的,则用字典 2 中的值修改字典 1 中相同的键对应的值。

示例：

```
>>>dic1={"数学":78,"语文":82,"英语":67,"计算机":91}
>>>dic2={"英语":76,"物理":86}
>>>dic1.update(dic2)
>>>dic1          #合并进一个元素("物理":86)、把"英语"对应的值修改为 76
{'语文':82,'英语':76,'数学':78,'物理':86,'计算机':91}
```

2. 删除元素与删除字典

删除元素与删除字典的语法格式如下：

del 字典名［键］

如果在字典中找到指定的键，则删除键和对应的值；如果没有找到指定的键，则会报错。如果只有字典名，则删除整个字典。

示例：

```
>>>del dic1["物理"]          #删除字典 dic1 中的指定元素
>>>del dic2                  #删除字典 dic2
```

也可以通过 del()函数删除元素，语法格式如下：

del(字典名［键］)

和 del 语句的功能一样，该函数也会删除字典中指定的键和对应的值。例如：

```
del(dic1["物理"])                    #删除字典 dic1 中的指定元素
```

还可以使用 pop()函数删除字典元素，语法格式如下：

字典名.pop(键,值)

如果字典中存在指定的键，则返回对应的值，同时删除该"键:值"对；如果指定的键不存在，返回函数中给出的值。例如：

```
>>>dic1={"数学":78,"语文":82,"英语":67,"计算机":91}
>>>dic1.pop("数学",60)  #由于字典中存在"数学",返回值为 78,删除"键:值"对("数学":78)
>>>dic1.pop("化学",60)  #由于字典中不存在"化学",返回值为 60
```

【例 4.7】　利用字典统计学生修读课程的总成绩和平均成绩。

分析：把某位同学修读课程的课程名及成绩以字典的方式存储，然后通过遍历字典的方式对成绩进行统计计算。

```
#P0407.py
dic1={"数学":78,"语文":82,"英语":67,"计算机":91}
dic2=dic1.copy()              #复制字典 dic1 的值给字典 dic2
num=total=0                   #课程门数计数器和成绩累加器赋初值 0
while dic2:                   #当字典 dic2 不为空时
    name,score=dic2.popitem() #读取一个"键:值"对,并从字典中删除
    num+=1                    #课程门数加 1
    total+=score             #成绩累加
ave=total//num               #计算成绩的平均值
print("总成绩=",total)
print("平均成绩=",ave)
```

【例 4.8】 基于字典实现学生信息管理。

分析：可以把学生信息组织成一个字典，以学号为键，以其他信息为值，但这个值又是一个字典。在这种数据组织方式下，可以方便地实现查找、统计、修改等功能。如下程序实现了按输入的专业名查找某个专业的学生信息的功能。

```python
#P0408.py
stu_dic={
    "20220112":{"姓名":"小明","性别":"男","年龄":19,"专业":"数学"},
    "20220405":{"姓名":"小花","性别":"女","年龄":19,"专业":"英语"},
    "20220116":{"姓名":"小莲","性别":"女","年龄":18,"专业":"数学"},
    "20220209":{"姓名":"小亮","性别":"男","年龄":20,"专业":"化学"}
}
specialty=input("请输入要查找的专业名称:")
for stu_number,stu_info in stu_dic.items():
    if stu_info["专业"]==specialty:           #查找指定专业的所有学生
        print(stu_number,end=" ")
        print(stu_info["姓名"],stu_info["性别"],stu_info["年龄"],stu_info["专业"])
```

采用字典方式存储数据的优点是：如果字典的结构有所变化，增加或减少了"键:值"对，程序仍能执行并得到正确结果。

4.4 集合

4.4.1 创建集合

可以使用赋值语句创建集合，语法格式如下：

集合名={值 1, 值 2, …, 值 *n*}

功能：把一组值放在一对大括号内组织成集合值并将其赋给一个集合变量。集合元素用一对大括号括起来。如果有多个元素，元素之间用逗号分隔。由于集合中不能有相同的元素，所以和创建列表、元组不同，如果创建集合时有重复的元素，则只保留重复值中的一个。

示例：

```
>>>set1={0,2,4,6,8}
>>>set2={2,3,4,5,7,11,3,7}           #等价于 set2={2,3,4,5,7,11}
>>>set3={"星期一","星期二","星期三","星期四","星期五"}           #元素为字符串
>>>set4={("大学计算机",92),("高等数学",86),("大学英语",78)}   #元素为元组
```

创建集合也可以使用 set()函数，语法格式如下：

集合名=set(iter)

参数 iter 可以是列表、元组、字符串、字典等。

示例：

```
>>>set5=set()                    #创建空集合
>>>set6=set([1,2,3,4,5])         #把列表转换为集合
>>>set7=set((1,2,3,4,5))         #把元组转换为集合
>>>set8=set(i for i in range(1,6))
```

后 3 个集合具有相同的元素,集合值均为{1,2,3,4,5}。

注意:set5={}创建的是空字典。创建空集合要用 set5=set()形式,即只能用 set()函数创建空集合。

4.4.2 访问集合

对于集合,既不能像列表和元组那样通过索引值访问,也不能像字典那样通过键访问,只能遍历访问集合中的所有元素。

【例 4.9】 利用集合统计学生修读课程的总成绩和平均成绩。

分析:把一个学生修读的每门课程的课程名和相应的成绩组织成元组,再把这样的若干个元组定义成集合,基于对集合和集合中元组的操作,可以计算出该学生的总成绩和平均成绩。

```
#P0409.py
score_set={("大学计算机",92),("高等数学",86),("大学英语",78)}
total=0                    #总成绩初值为 0
num=0                      #课程门数初值为 0
for item in score_set:
    total+=item[1]         #成绩值累加,item 为元组变量,item[1]为成绩值
    num+=1                 #课程门数加 1
ave=total//num             #计算平均成绩
print("总成绩=",total)
print("平均成绩=",ave)
```

4.4.3 更新集合

由于无法指定集合中的某个元素,所以不能修改现有元素的值,只能增加或删除元素。

1. 增加元素

增加集合元素通过 add()函数实现,语法格式如下:

集合名.add(值)

功能:把指定的值增加到指定的集合中。

示例:

```
>>>set1={2,4,6,8}
>>>set1.add(0)            #为集合 set1 增加元素 0
>>>set4={("大学计算机",92),("高等数学",86),("大学英语",78)}
>>>set4.add(("大学物理",65))
```

上面第 4 个命令为集合 set4 增加元素("大学物理",65),外层一对小括号是调用 add()函数要求的,内层一对小括号用于界定元组,所以需要两层小括号。

也可以使用 update()函数为集合增加元素,语法格式如下:

集合 1.update(集合 2)

功能:把集合 2 的值追加到集合 1 中。集合 2 可以是集合变量名,也可以是集合值。

可以看作把集合2的元素合并到集合1中,相当于集合的并集操作。如果集合2中某个元素与集合1中已有元素相同,则不增加该元素。

示例:

```
>>>set1={0,2,4,6,8}
>>>set2={2,3,4,5,7,11}
>>>set1.update(set2)
```

等价于 set1.update({2,3,4,5,7,11}),结果为{0,2,3,4,5,6,7,8,11}。

2. 删除元素

删除集合元素通过 remove()函数实现,语法格式如下:

集合名.remove(元素值)

功能:从指定集合中删除指定的元素值。如果集合中没有要删除的值,则会报错。

示例:

```
set1={0,2,4,6,8}
set1.remove(0)                #从集合 set1 中删除值 0
```

删除集合元素也可以使用 discard()函数,语法格式如下:

集合名.discard(元素值)

discard()函数与 remove()函数的功能及使用方法基本相同。两者的不同之处是:使用 discard()函数时,若集合中没有要删除的元素值,则系统并不报错,等于什么也不做。

删除集合元素还可以使用 pop()函数,语法格式如下:

集合名.pop()

该函数从集合中随机删除一个元素,删除的元素值作为函数的返回值。

删除集合中所有元素可使用 clear()函数,语法格式如下:

集合名.clear()

该函数删除指定集合中的所有元素,集合成为空集合。

【例 4.10】 统计学生的生源地。

分析:将包括生源地信息在内的学生信息存入字典。一般来说,会有多个学生来自同一个生源地。通过遍历字典的方式找出所有学生的生源地并存入一个集合,由于相同的值在集合中只保留一个,最后集合中的元素值就是要统计的学生生源地。

```
#P0410.py
stu_dic={
    "20220107":{"姓名":"张三","性别":"男","年龄":18,"生源地":"河北"},
    "20220219":{"姓名":"李四","性别":"女","年龄":19,"生源地":"山西"},
    "20220322":{"姓名":"王五","性别":"男","年龄":21,"生源地":"山西"},
    "20220411":{"姓名":"赵六","性别":"女","年龄":20,"生源地":"北京"},
    "20220621":{"姓名":"郑七","性别":"男","年龄":19,"生源地":"河北"},
}
stu_source=set()                        #创建初值为空的生源地集合
for stu_number,stu_info in stu_dic.items():
    stu_source.add(stu_info["生源地"])   #生源地值加入生源地集合
```

```
print("生源分布:",end="")
for source in stu_source:
    print(source,end="  ")                    #生源地之间留两个空格
```

至此,介绍了 Python 语言提供的用于处理批量数据的 4 种组合类型:列表、元组、字典和集合。列表和元组都是序列类型,可以通过索引值和切片操作访问其中的某个元素或某些元素,Python 语言为序列类型数据提供了正向和逆向两种索引方式,使得访问更为灵活和方便。列表和元组都可对应其他高级语言的一维数组和二维数组。列表创建后,元素值和元素的个数都是可以改变的;而元组一旦创建,元素值和元素个数都不能改变。用列表处理数据比较灵活,用元组处理数据效率较高。字典是映射类型,可以通过键查找或处理对应的值。集合是集合型数据,相同元素只能保留一个,集合的元素只能是不可变值,如整数、浮点数、字符串、元组等,列表、字典等可变值不能作为集合的元素。

4.5　字符串

字符串是一种常见的数据形式,也是 Python 语言中一种重要且提供了多种处理方式的数据类型,很多实际问题的解决需要用到字符串。第 2 章对字符串进行了简要介绍,本节进行更为详细的介绍。

4.5.1　字符串变量的定义

在 Python 语言中,字符串常量是由一对引号括起来的字符序列,引号可以是单引号、双引号、三单引号、三双引号,例如,'ABCD'、"ABCD"、'''ABCD'''、"""ABCD"""都是正确的字符串常量书写形式。单引号、双引号比较常用。

在 Python 语言中,为变量赋值就是定义变量。定义字符串变量有两种常用方式:直接赋值方式和 input()函数方式。

1. 直接赋值

直接赋值的字符串变量定义语法格式如下:

字符串变量名=字符串常量

功能:把字符串常量的值赋给字符串变量。

示例:

```
>>>str1='欢迎选修"Python 程序设计"课程'
>>>str2="学好'大学计算机'课程有助于学好编程"
>>>str3='''"数据库技术及应用"是公共基础课程'''
>>>str4=str5="Python 语言程序设计"
>>>str6,str7,str8="Python","语言","程序设计"
```

说明:

(1) 使用一种引号形式界定字符串值时,其他引号形式可以作为该字符串中的字符出现,如分别赋值给变量 str1、str2、str3 的字符串常量值。

(2) 一个赋值语句可以给多个变量赋予相同的字符串常量值,如变量 str4 和 str5。

（3）一个赋值语句也可以给多个变量赋予不同的字符串常量值，如变量 str6、str7 和 str8。

2. 使用 input( )函数

使用 input()函数的字符串变量定义语法格式如下：

字符串变量名=input("提示信息")

功能：等待用户从键盘输入数据，并把输入的数据作为字符串常量赋给字符串变量。

示例：

```
>>>course_name=input("请输入课程名:")
```

执行该语句时，如果用户通过键盘输入"Python 语言程序设计"，则 course_name 的取值为字符串"Python 语言程序设计"，与变量 str4、str5 的值相同。

```
>>>course_score=input("请输入课程成绩:")
```

如果用户输入"86"，则 course_score 的取值为字符串"86"。如果进行算术运算，需要先将其转换为数值。

注意：

（1）用户输入数据时不需要输入引号。

（2）提示信息的作用是给用户以提示，方便用户知道何时输入数据及输入什么数据。可以没有提示信息，但一对小括号不能省略；如果有提示信息，要以字符串的形式出现。

4.5.2　字符串的访问

和列表、元组一样，字符串也是一种序列类型，字符串的元素就是其中的每个字符，每个元素（字符）也都有一个对应的索引值。字符串除了可以整体使用外，还有两种常用的访问方式：索引方式和切片方式。

1. 索引方式

索引访问方式也称为单字符访问方式，语法格式如下：

字符串变量名[索引值]

功能：从字符串中取出与索引值对应的一个字符。字符串中每个字符都对应一个索引值，有两种索引值设置方式：正向递增方式（从 0 开始）和逆向递减方式（从－1 开始）。

示例：

```
>>>str1="Python 语言程序设计"
>>>ch1=str1[2]        #值为字符"t"
>>>ch2=str1[8]        #值为字符"程"
>>>ch3=str1[-1]       #值为字符"计"
>>>ch4=str1[-5]       #值为字符"言"
```

说明：

（1）字符串"Python 语言程序设计"中各字符的索引值如图 4.4 所示。正向索引的开始值为 0(不是 1),逆向索引的开始值为-1。

正向索引值从0开始递增

0	1	2	3	4	5	6	7	8	9	10	11
"P"	"y"	"t"	"h"	"o"	"n"	"语"	"言"	"程"	"序"	"设"	"计"
-12	-11	-10	-9	-8	-7	-6	-5	-4	-3	-2	-1

逆向索引值从-1开始递减

图 4.4　字符串的索引值

(2) 在 Python 语言中,不管是一个英文字符、一个数字字符还是一个汉字(也可称为汉字字符),都看作一个字符,对应一个索引值。

2. 切片方式

切片访问方式也称为子串访问方式,语法格式如下:

字符串变量名[i:j:k]

功能:从字符串中截取多个字符。其中,i 为开始位置,j 为结束位置(但截取的字符中不包括 j 位置上的字符),k 为步长。

参数 i、j、k 都可以省略。在步长 k 的值为正数时,省略 i,其默认值为 0;省略 j,其默认值为最后一个字符的正向索引值加 1。在步长 k 的值为负数时,省略 i,其默认值为-1;省略 j,其默认值为最后一个字符的逆向索引值减 1。省略 k,其默认值为 1,此时其前面的冒号可以省略(当然也可以不省略),省略 i 或 j(或 i 和 j 都省略)时,二者之间的冒号不能省略。

示例:

```
>>>str1="Python 语言程序设计"
>>>str1[8:10]          #值为"程序"
>>>str1[8:-1:2]        #值为"程设"
>>>str1[:6]            #值为"Python"
>>>str1[8:]            #值为"程序设计"
>>>str1[::-1]          #值为"计设序程言语 nohtyP",相当于求 str1 的逆序字符串
>>>str1[::]            #值为"Python 语言程序设计",相当于复制字符串 str1
>>>str1[:]            #值为"Python 语言程序设计",相当于复制字符串 str1
```

说明:切片就是从字符串中截取若干连续或不连续的字符组成一个子串,截取的字符的索引值(位置)由参数 i、j、k 决定。

例 3.14 判断从键盘输入的一个整数是否为回文数,如果利用字符串的切片操作实现更为容易:

```
n=input("n=")          #从键盘输入一个整数(字符串形式)
if n[::-1]==n:         #如果 n 的逆序字符串等于 n
    print(eval(n),"是回文数")
else:
    print(eval(n),"不是回文数")
```

4.5.3　字符串的运算

1. 字符串运算符

Python 语言可以进行字符串的连接、比较以及判断子串等运算。字符串运算符及功能如表 4.4 所示。

表 4.4　字符串运算符及功能

运　算　符	示例与功能描述
＋	str1＋str2：连接字符串 str1 和 str2
＊	str1 ＊ n 或 n ＊ str1：n 个字符串 str1 连接
in	str1 in str2：如果 str1 是 str2 的子串，则返回 True；否则返回 False
not in	str1 not in str2：如果 str1 不是 str2 的子串，则返回 True；否则返回 False
＜，＜＝，＞，＞＝，==，!=	str1＜str2：如果 str1 小于 str2，则返回 True；否则返回 False。 str1＝＝str2：如果 str1 和 str2 相等，则返回 True；否则返回 False。 其他比较运算类似

注：str1 和 str2 可以是字符串变量或字符串常量。

示例：

```
>>>str1="26"
>>>str2="79"
>>>str1+str2          #结果为字符串"2679",不是字符串"105",也不是数值 105
>>>str3="Python"
>>>str4="程序设计"
>>>str3+str4          #结果为字符串"Python 程序设计"
>>>str3 * 2           #结果为字符串"PythonPython"
>>>"程序" in str4      #结果为逻辑值 True,"程序"是"程序设计"的子串
>>>"程设" in str4      #结果为逻辑值 False,"程设"不是"程序设计"的子串
>>>"abf">"abcd"       #结果为逻辑值 True
```

说明：在 Python 语言中，两个字符串 str1 和 str2 比较的依据是各字符的 Unicode 码值（ASCII 码值），具体比较规则说明如下：

（1）如果 str1 和 str2 的长度相等，而且各对应字符也完全相同，则认为两个字符串相等。

（2）如果 str1 和 str2 的对应字符不完全相同，则比较第一对不相同字符的 Unicode 码值（ASCII 码值），编码值小的字符所在的字符串小。

（3）如果 str1 的长度 n1 小于 str2 的长度 n2，而且两个字符串的前 n1 个对应字符都相同，则认为字符串 str1 小。

2. 字符串运算函数

常用的字符串运算函数如表 4.5 所示。

表 4.5　常用的字符串运算函数

函　　数	示例与功能描述
len(字符串)	len(str1)：返回字符串 str1 的长度，即字符串中字符的个数
str(数值)	str(x)：返回数值 x 对应的字符串，可以带正负号、一个 e(或 E)和一个小数点
chr(编码值)	chr(n)：返回整数 n 对应的字符，n 是一个编码值
ord(字符)	ord(c)：返回字符 c 对应的编码值

注：表中的编码值是指 Unicode 编码值(ASCII 码值)。

示例：

```
>>>len("Python程序设计")          #结果为10,英文字母和汉字都按一个字符计算
>>>str(-67.5)                     #结果为字符串"-67.5"
>>>chr(65)                        #结果为字符"A"
>>>ord("A")                       #结果为整数65
```

3. 字符串处理方法

作为一种面向对象程序设计语言,Python 语言把每种数据类型都封装为一个类,类内提供了若干函数,用于对类内数据进行处理,这种函数称为类的方法。内置的字符串类型的常用处理方法如表 4.6 所示。

表 4.6　内置的字符串类型的常用处理方法

方法(函数)	功能描述
str1.lower()	将 str1 中的所有英文字母转换为小写作为返回值,str1 本身不变
str1.upper()	将 str1 中的所有英文字母转换为大写作为返回值,str1 本身不变
str1.capitalize()	将 str1 的首字母转换为大写作为返回值,str1 本身不变
str1.title()	将 str1 中每个单词的首字母转换为大写作为返回值,str1 本身不变
str1.replace(s1,s2,n)	将 str1 中的 s1 子串替换为 s2。如果没有给出 n 选项,则替换所有的 s1 子串;如果有 n 选项,则替换前 n 个。替换结果作为返回值,str1 本身不变
str1.split(sep,n)	将字符串 str1 分解为一个列表,sep 为分解分隔符(默认为空白符,包括空格、\t、\n 等),n 为分解出的子串个数,默认为所有子串
str1.find(str2)	如果 str2 是 str1 的子串,则返回 str2 在 str1 中的开始位置;否则返回-1
str1.count(str2)	返回 str2 在 str1 中出现的次数
str1.isnumeric()	如果 str1 中的字符都是数字字符,则返回 True;否则返回 False
str1.isalpha()	如果 str1 中的字符都是字母或汉字,则返回 True;否则返回 False
str1.isupper()	如果 str1 中的字母都是大写,则返回 True;否则返回 False
str1.islower()	如果 str1 中的字母都是小写,则返回 True;否则返回 False
str1.format()	对字符串 str1 进行格式设置

注：str1 和 str2 是字符串变量或字符串常量。

示例：

```
>>>"Python".lower()
'python'
>>>"Python".upper()
```

```
'PYTHON'
>>>"python language".capitalize()
'Python language'
>>>"python language".title()
'Python Language'
>>>"C language".replace("C","C++")
'C++language'
>>>"Python Language Programming".split()
['Python','Language','Programming']
>>>"Python Language".find("ang")
8
>>>"Python Language".count("a")
2
```

说明:对于函数(方法)的调用,一般要提供参数,即一对小括号中的内容。即使没有参数,函数名后面的一对小括号也要保留。关于函数及参数的详细介绍见第 5 章。

【例 4.11】 从键盘输入账号和密码。按一般规则,账号是可以公开的,而且不区分字母的大小写;而密码是保密的,而且要严格匹配,即区分字母的大小写。

分析:把每个用户的账号和密码设定成元组中的一个元素。用户输入的账号和密码要与系统中的设定相符,才能进入系统。账号可以模糊一致(不区分字母的大小写)。密码要严格一致(区分字母的大小写),如果输入 3 次都不匹配,则退出登录。

```
# P0411.py
acco_tup=(["zhao","aBc"],["qian","deF"],["sun","IJk"],["li","XyZ"])
for i in range(3):
    account=input("账号=")
    keyword=input("密码=")
    for item in acco_tup:
        if item[0]==account.lower() and item[1]==keyword:
            print("欢迎进入考试成绩查询系统!")
                break
    else:
        print("账号或密码错误,请重新输入!")
        continue
    break
else:
    print("已连续 3 次账号或密码错误,退出登录!")
```

说明:多次执行该程序,针对各种可能的输入和对应的输出结果,仔细体会程序中两个 break 语句、一个 continue 语句和不同缩进的作用。

【例 4.12】 从键盘输入一个字符串,把字符串中的数字字符分离出来组成一个整数,再乘以数字字符的个数后输出。例如,如果输入 ah23Tb7Yu8hy,则输出数值 9512(2378 乘以 4)。

分析:该程序的关键点是从字符串中截取数字字符并组合成一个整数,需要用到字符串连接、类型转换等操作。

```
#P0412.py
str1=input("请输入字符串=")
count=0                      #数字字符计数器,初值为 0
str2=""                      #截取的数字字符组成的字符串,初值为空字符串
for ch in str1:              #从 str1 中依次取出各个字符
    if "0"<=ch<="9":         #如果是数字字符
        str2+=ch             #连接到 str2 中
        count+=1             #数字字符计数器的值加 1
num=int(str2) * count        #将数字字符串转换为对应的数字,再乘以数字字符个数
print(num)
```

4.5.4 字符串的格式设置

编写程序的目的是处理数据,处理结果要输出,输出要有一定的格式才能更好地满足实际需要。Python 语言有两种控制数据输出格式的方式:一种是类似于 C 语言的使用百分号(%)的格式设置方式,另一种是使用 format()方法的格式设置方式。相对来说,format()方法更为方便、灵活,不仅可以使用位置进行格式设置,还可以用关键参数进行格式设置,并支持对列表、字典等序列数据的格式控制,因此本节只介绍 format()方法。

使用 format()方法的语法格式如下:

模板字符串.format(参数表)

模板字符串由字符和一系列槽(slot)组成。槽用来控制字符串中嵌入值(参数表中各值)出现的位置和格式,槽用一对大括号({})表示。输出时,参数表中各个参数的值依次替换模板字符串中的槽,并按槽设定的格式输出。

示例:

```
>>>x,y=16,39
>>>print("{}乘以{}的乘积为:{}".format(x,y,x * y))
```

上述两条语句执行后的输出结果如下:

```
16乘以 39 的乘积为:624
```

说明:在模板字符串"{}乘以{}的乘积为:{}"中,共有 3 个槽(用 3 对大括号表示)。输出数据时,format(x,y,x * y)中的 3 个参数 x、y、x * y 的值依次出现在 3 个槽的位置。一般来说,模板字符串中槽的个数要和 format()方法中的参数个数相同。

上面示例中的槽只是规定了输出各参数值时的位置。为了以更精准、严格的格式输出数据,模板字符串的槽中还可以写入格式控制标记,语法格式如下:

{:格式控制标记}

格式控制标记的内容与含义如表 4.7 所示。

表 4.7　格式控制标记的内容与含义

格式控制标记	含　义
填充字符	为满足输出宽度要求需要填充的单个字符
对齐方式	＜控制左对齐,＞控制右对齐,^控制居中对齐
宽度值	设定槽对应的参数值的输出宽度
,	数值的千位分隔符,便于阅读
.精度	浮点数小数部分的保留位数或字符串的最大输出长度
输出形式	对于整数可选用符号 c 和 d,对于浮点数可选用符号 e、E、f、%。 c:输出整数对应的 Unicode 码(ASCII 码)字符 d:输出整数的十进制形式 e:输出浮点数对应的小写字母 e 的指数形式 E:输出浮点数对应的大写字母 E 的指数形式 f:输出浮点数的标准浮点形式 %:输出浮点数的百分比形式

　　格式控制标记可以组合使用。每个标记都是可选项,不用时按默认方式设置。
示例:

```
>>>x=92618392056
>>>print("{:,}".format(x))              #使用千分位分隔符
92,618,392,056
>>>print("{:}".format(x))               #使用默认格式
92618392056
>>>pi=3.1415926
>>>print("{:3f}".format(pi))            #标准浮点形式,设定宽度为 3
3.141593                                #实际宽度多于设定宽度时,按实际宽度输出
>>>print("{:.10f}".format(pi))          #标准浮点形式,设定小数点后面保留 10 位
3.1415926000                            #实际小数位数小于设定位数时用 0 补齐位数
>>>print("{:.3f}".format(pi))           #标准浮点形式,小数点后面保留 3 位(四舍五入)
3.142
>>>print("{:.3e}".format(pi))           #小写 e 的指数形式,小数点后面保留 3 位
3.142e+00
>>>print("{:.3e}".format(pi * 10))      #小写 e 的指数形式,小数点后面保留 3 位
3.142e+01
>>>x,y,z=3.14,1.7182,1.0
>>>print("{:<8}{:<8}{:<8}".format(x,y,z))    #宽度为 8,左对齐
3.14    1.7182  1.0
>>>print("{:>8}{:>8}{:>8}".format(x,y,z))    #宽度为 8,右对齐
    3.14  1.7182     1.0
>>>print("{:^8}{:^8}{:^8}".format(x,y,z))    #宽度为 8,居中对齐
   3.14   1.7182    1.0
```

　　注意:格式控制标记要以冒号(:)开始。

4.5.5　特殊字符与转义字符

　　输出数据时,除了上述格式控制方式外,还可以使用一些特殊字符控制输出格式。使用

这些特殊字符时,前面需要加反斜杠(\),这种加反斜杠的方式称为转义字符(转换为新的含义),例如,\t 代表水平制表符,\n 代表换行符。常用的转义字符如表 4.8 所示。

表 4.8 常用的转义字符

转义字符	含　义	转义字符	含　义
\t	水平制表符(移到下一个制表符的开始位置)	\'	单引号字符
\n	换行符(移到下一行的开始位置)	\"	双引号字符
\\	反斜杠字符	\'''	三引号字符

示例:

```
>>>print("Python\n 程序设计")              #\n 为换行符
Python
程序设计
>>>print("Python\t 程序设计")              #\t 为制表符
Python      程序设计
>>>print("学习编程是培养\"计算思维\"的重要途径")
学习编程是培养"计算思维"的重要途径
```

说明:最后一个示例中,外层的一对双引号是字符串的界定符。字符串中的两个双引号如果不在其前面加反斜杠(\),也被默认为字符串界定符,将导致 print 语句的执行错误;在字符串中的两个双引号前面加上反斜杠(\),这样的双引号不再有字符串界定符的作用,只是一个普通的字符,所以会出现示例中的显示结果。

【例 4.13】 显示输出列表信息。

分析:使用转义字符会使数据的显示格式清晰整齐。

```
#P0413.py
stu_list=[["220105","刘亮","男",18,"数学与应用数学"],
          ["220302","张小明","女",19,"物理学"],
          ["220706","小芳","女",18,"应用心理学"]]
print("学号 姓名 性别 年龄 专业")
for item in stu_list:
    for k in range(5):
        print(item[k],end=" ")
    print()
```

由于没有设置输出格式,所有数据都按默认格式(同一行的各数据之间隔开一个空格的位置)输出如下,看起来有点乱。

```
学号 姓名 性别 年龄 专业
220105 刘亮 男 18 数学与应用数学
220302 张小明 女 19 物理学
220706 小芳 女 18 应用心理学
```

把输出语句加上格式控制,改写如下:

```
print("学号\t姓名\t性别\t年龄\t专业")
for item in stu_list:
    for k in range(5):
        print(item[k],end="\t")
    print()
```

此时的输出内容如下,数据排列变得清晰整齐。

学号	姓名	性别	年龄	专业
220105	刘亮	男	18	数学与应用数学
220302	张小明	女	19	物理学
220706	小芳	女	18	应用心理学

【例 4.14】 编写程序,从键盘输入某人的身份证号。首先判断是否为一个合法的身份证号,如果是合法的身份证号,输出该人的出生日期及性别;如果不是合法的身份证号,提示用户重新输入,若输入 3 次仍不是合法的身份证号,则结束输入,并输出信息"三次输入的身份证号均无法识别!"。

分析:为简化问题的解决,只要输入的身份证号为 18 位就认为合法,不足 18 位或超过 18 位就认为是无法识别。

```
#P0414.py
for i in range(3):
    num=input("请输入身份证号=")
    if len(num)!=18:
        print("身份证号无法识别,请重新输入!")
        continue
    else:
        year=num[6:10]          #截取出生日期中的年
        month=num[10:12]        #截取出生日期中的月
        day=num[12:14]          #截取出生日期中的日
        gender=num[16]          #截取性别对应的数字
        if int(gender) in (1,3,5,7,9):
            gender="男"
        else:
            gender="女"
        print("出生日期:"+year+"年"+month+"月"+day+"日")
        print("性别:"+gender)
        break
else:
    print("三次输入的身份证号均无法识别!")
```

习 题 4

一、填空题

1. 列表和元组都是序列类型,其中的每个元素都有一个唯一的_____。

2. 创建列表和访问列表元素的语法格式分别是_____、_____。

3. Python 解释器为列表元素设置了两套索引值,正向索引值从_____开始_____,逆向索引值从_____开始_____。

4. 对列表可以进行_____、_____、_____等操作。

5. 求列表长度、最大值、累加和的函数分别是_____、_____、_____。

6. 为列表增加元素有两种方式,其语法格式分别是_____、_____。

7. 创建元组和访问元组元素的语法格式分别是_____、_____。

8. 不能对元组进行_____操作。

9. 创建字典和访问字典的语法格式分别是_____、_____。

10. 获取字典的所有键、所有值、所有"键:值"对的语法格式分别是_____、_____、_____。

11. 更新字典元素值、删除字典元素的语法格式分别是_____、_____。

12. 创建集合的语法格式是_____,对集合只能进行_____访问。

13. 增加集合元素、删除集合元素的语法格式分别是_____、_____。

14. 对字符串进行切片访问的语法格式是"字符串[i:j:k]",i、j、k 的含义分别是_____、_____、_____。

15. 求一个字符串 str1 的逆串的切片访问形式是_____。

16. 利用 format()方法进行输出格式设置的语法格式是_____,其中的槽用一对_____表示。

二、编程题

1. 计算某门课程的平均成绩并输出,统计高于和等于平均成绩的人数并输出。成绩从键盘输入并存入列表。

2. 找出矩阵中的最大值和最小值并输出,矩阵元素值存放在列表中。分如下 3 种情形分别编写程序:

(1) 矩阵中只有一个最大值和一个最小值。

(2) 矩阵中只有一个最大值和一个最小值,输出最大值和最小值的同时输出其所在的行、列值(行、列值均从 1 开始)。

(3) 矩阵中有多个最大值和多个最小值,输出最大值和最小值的同时输出其所在的行、列值(行、列值均从 1 开始)。

3. 找出一个矩阵中的鞍点(鞍点是指在其所在行最大且在其所在列最小的元素)。若存在鞍点,则输出其所在的行、列值及鞍点的值(行、列值均从 1 开始);若不存在鞍点,则输出相应的提示信息。矩阵元素值存放在列表中。

4. 计算一个矩阵的对角线(左上到右下)元素之和、反对角线(右上到左下)元素之和并输出。矩阵元素值存放在元组中。

5. 计算两个矩阵的乘积并输出结果。两个作为乘数的矩阵用元组表示,乘积值最后也用元组表示,计算过程中可以使用列表。

6. 一个班有若干学生,每个学生已修读了若干课程并有考试成绩。把学生姓名(假设没有重名学生)和修读的课程名及考试成绩等信息保存在字典中。编写程序实现如下功能(可针对每一个功能编写一个程序):

(1) 根据输入的姓名,输出该学生修读的所有课程的课程名及成绩。

(2) 根据输入的课程名,输出修读了该课程的学生姓名及该门课程的成绩。

(3) 输出所有有不及格成绩的学生姓名及不及格的门数。

（4）输出所有学生已修读课程的课程名,重复的只输出一次。

（5）按平均成绩的高低输出学生姓名及平均成绩。

7. 从键盘输入一个字符串,编写程序,找出其中的整数和浮点数并输出。例如,如果输入"小张的年龄是 26,体重是 72.5kg,身高是 1.82m",则输出"26,72.5,1.82"。

8. 两个乒乓球队进行比赛,各出三人。甲队三人为 A、B、C,乙队三人为 X、Y、Z,已经抽签决定比赛的对阵名单。有人向甲队队员询问比赛名单,A 说他不和 X 比,C 说他不和 X、Z 比,编写程序输出比赛的对阵名单。

9. 编写程序实现简单的文本加密功能。程序运行时接收用户输入的原文(只能为大小写英文字母和阿拉伯数字),并转换为密文输出。以下是原文和密文的字符对应关系。

原文：abc…xyzABC…XYZ012…789

密文：cde…zabCDE…ZAB123…890

即字母 a～x、A～X 对应的密文字符为该字符按英文字母顺序的下数第二个,数字 0 到 8 对应的密文字符为按阿拉伯数字顺序的下一个。例如,原文为 a,密文为 c;原文为 C,密文为 E;原文为 5,密文为 6。字母 y、z、Y、Z 和数字 9 对应的密文分别为 a、b、A、B 和 0。

10. 继续完善例 4.14 程序,细化身份证号合法性判断功能：

（1）除最后一位可以为字母 x 或数字外,其他 17 位必须都为数字。

（2）出生日期是否符合历法约束,即要考虑每年的 1 月、3 月、5 月、7 月、8 月、10 月、12 月有 31 天,4 月、6 月、9 月、11 月有 30 天,闰年的 2 月有 29 天,非闰年的 2 月有 28 天。

（3）最后一位(校验码)是否正确。校验码是根据前面各位的取值计算出来的,自行查阅校验码生成规则。

三、思考题

1. 举例说明列表与元组的异同。

2. 举例说明列表、元组、字典和集合的各自应用场景。

3. Python 对序列型数据设置了两套索引,举例说明其优点。

第5章 函数与模块

按照结构化程序设计思想,对于一个规模比较大的程序,先按功能划分成若干模块,每一个模块可以再划分成更小的模块,直至每一个模块完成一个比较单一的功能,然后分别编写对应于每一个模块的程序,最后再把这些模块组织成一个完整的程序。这样一种程序设计模式可使程序结构清晰,易于阅读和理解,易于修改和维护,也便于多人合作编写程序,从而保证程序的质量和开发效率。

在 Python 语言中,一个模块的功能可由一个或多个函数实现。一个 Python 源程序可由若干函数组成,函数之间通过调用关系形成一个完整的程序。

5.1 函数定义

在 Python 语言中,函数要先定义后调用。函数定义的语法格式如下:

```
def 函数名(形式参数表):
    函数体
    return 返回值
```

示例:定义一个函数,求 3 个数的平均值。

```
def average(num1,num2,num3):
    ave=(num1+num2+num3)/3
    return ave
```

结合该示例,对函数定义解释如下:

(1) def 是用于定义函数的关键字。

(2) 函数名用于标识函数。函数定义后,一般要通过函数调用的方式使用这个函数,函数调用时要用到函数名。函数名要符合标识符的命名规则。当函数名由多个单词组成时,本书采用非首单词首字母大写的形式,如 averageScore。

(3) 形式参数表用于给函数运算提供需要的数据。如果有多个形式参数,形式参数之间用逗号分开。参数名也要符合标识符的命名规则。函数也可以没有形式参数,此时形式参数表为空,但一对小括号不能省略。上面示例函数的功能是计算 3 个数的平均值,形式参数 num1、num2、num3 用于提供参与计算的 3 个数值。

(4) 函数定义的第一行以冒号(:)结束。该行称为函数首部。

(5) 函数体由实现函数功能的一条或多条语句组成。相对于函数首部,函数体要有缩进。

(6) 如果函数的功能是计算出一个或多个结果值,则需要用 return 语句把函数的结果带回调用该函数的调用函数(调用程序)。return 后面可以跟一个值,也可以跟由逗号分开的多个值。如果函数的功能只是完成一些动作,没有值需要带回调用程序,可以不写 return 语句。

5.2　函数调用

如果只有函数定义,并不能发挥实际的作用。一个函数只有被其他函数(或程序)调用才能被执行,才能实现其定义的功能。调用其他函数的函数(或程序)称为调用函数(或调用程序),被其他函数调用的函数称为被调用函数。

函数调用的语法格式如下:

函数名(实际参数表)

函数调用时的实际参数(简称实参)个数应与函数定义时的形式参数(简称形参)个数一致,把每个实参的值传递给对应的形参。每个实参是一个表达式,但函数的各个形参必须是变量,接收来自实参的值。实参表达式可以是简单表达式,如一个常量或一个变量等;也可以是比较复杂的表达式,如由常量和变量组成的表达式。

函数调用可以以一个语句的形式出现,这时函数的执行结果不是得到一个或多个返回值,而是实现特定的功能,如交换两个变量的取值、对一组数据排序、显示多行字符串等。函数调用也可以出现在表达式中,作为运算对象出现,这时的函数必须有返回值。实际编程时,定义和调用有返回值的函数的情况比较多。

调用一个函数时,首先计算实参表中各表达式的值,然后调用函数所在的程序暂停执行,转去执行被调用函数,被调用函数中各形参的初值就是调用函数中各对应实参的值。被调用函数执行完函数体语句后,返回调用函数继续执行函数调用所在语句后面的语句。

【例 5.1】　通过函数计算 3 个成绩的平均值。

```
#P0501.py
def average(num1,num2,num3):          #定义计算平均值的函数
    ave=(num1+num2+num3)//3
    return ave
#主程序,程序执行时从主程序开始
print("请输入 3 个成绩:")
score1=int(input("score1="))
score2=int(input("score2="))
score3=int(input("score3="))
ave_score=average(score1,score2,score3)    #调用函数计算平均成绩
print("平均成绩=",ave_score)
```

该程序包括两部分:函数定义和函数调用。程序的执行过程如下:
(1) 程序的执行从主程序开始,先执行主程序中的如下语句:

```
print("请输入 3 个成绩:")
score1=int(input("score1="))
score2=int(input("score2="))
score3=int(input("score3="))
```

(2) 执行函数调用所在的语句:

```
ave_score=average(score1,score2,score3)
```

（3）暂停主程序的执行，转去执行被调用函数 average()中的函数体：

```
ave=(num1+num2+num3)//3
return ave
```

其中，3 个形参 num1、num2、num3 的初值分别来自调用函数中实参 score1、score2、score3 的值。

（4）当执行完 return ave 语句后，返回主程序，继续执行如下语句：

```
ave_score=average(score1,score2,score3)
print("平均成绩=",ave_score)
```

其中，被调用函数 average(score1,score2,score3)的值就是通过 return 语句返回的 ave 的值。

【例 5.2】　定义函数将 3 个数按由小到大的顺序排序。

```
#P0502.py
def reorder(num1,num2,num3):        #定义函数
    if num1>num2:
        num1,num2=num2,num1         #交换变量 num1 和 num2 中的数据
    if num1>num3:
        num1,num3=num3,num1         #交换变量 num1 和 num3 中的数据
    if num2>num3:
        num2,num3=num3,num2         #交换变量 num2 和 num3 中的数据
    return num1,num2,num3           #返回排序后的 3 个值
#主程序
print("请输入 3 个数: ")
a=eval(input("a="))
b=eval(input("b="))
c=eval(input("c="))
x,y,z=reorder(a,b,c)                #调用函数对 3 个数排序
print("排序前 3 个数的顺序是:",a,b,c)
print("排序后 3 个数的顺序是:",x,y,z)
```

该程序调用的 reorder()函数有 3 个返回值，在 x,y,z＝reorder(a,b,c)的调用模式中，把 3 个返回值直接依次赋给变量 x、y、z；也可以用 t＝reorder(a,b,c)模式调用，由于赋值号（＝）左边只有一个变量名，所以要把 3 个返回值组织成一个元组赋给变量 t，此时的变量 t 被看作元组变量。

说明：

（1）上面的程序代码由两部分组成，前面是函数定义，后面是主程序。程序的执行从主程序开始，主程序调用函数时，转去执行函数，函数执行结束返回主程序继续执行。

（2）在由主程序和被调用函数组成的程序结构中，数据的输入与输出一般在主程序中完成，被调用函数通过实参和形参接收来自主程序的数据并进行处理，然后用 return 语句将处理结果返回给主程序。有返回值的被调用函数中尽量不要出现输入与输出语句。

【例 5.3】　定义函数输出指定行数的星号串。

```
# P0503.py
def display(n):                    #定义函数
    for i in range(n):
        print("************* * ")        # 函数没有返回值
#主程序
m=int(input("请输人要输出星号串的行数="))
display(m)
```

由于定义函数 display()时没有 return 语句,即该函数没有返回值,只是完成输出指定行数的星号串的动作,所以对该函数的调用要以语句形式出现,即 display(m)的形式。

5.3 函数的参数传递

调用函数(调用程序)与被调用函数之间的联系是通过参数传递实现的。定义函数时,系统并不给函数的形参分配内存单元,函数被调用执行时,系统才为各形参分配内存单元,并把对应的实参的值传递给形参。在 Python 语言中,实参值传递给形参有两种方式:一是不改变实参值的传递方式,二是改变实参值的传递方式。

5.3.1 不改变实参值的参数传递

Python 语言中的变量(对应的内存单元)并不直接存储某个值,而是存储了值所在内存单元的地址,这也是在同一个程序中变量类型可以改变的原因,详细介绍见 2.5 节。在调用函数时,实参值传递给形参,实际上是将实参对象的地址传递给形参(为便于表述,这里仍简单地称之为把实参值传递给形参)。如果实参对象是不可变对象(如数值、字符串、元组等),则有新值就分配新的内存单元,所以执行被调用函数时形参值的改变不会影响实参。

【例 5.4】 不改变实参值的参数传递方式。

```
# P0504.py
def fun(x,y):           #定义函数
    print("x={},y={}".format(x,y))
    x=int(x * 1.1)
    y=int(y * 1.2)
    print("x={},y={}".format(x,y))
#主程序
a=20
b=50
print("a={},b={}".format(a,b))
fun(a,b)
print("a={},b={}".format(a,b))
```

程序执行时的参数传递过程如下。

执行程序时,首先为 a 和 b 两个变量赋初值:

a=20	b=50

调用执行 fun()函数后,把 a 和 b 的值分别传递给 x、y:

x=20	y=50

被调用函数执行完,返回主程序之前,各变量的值如下：

```
x=22          y=60
a=20          b=50
```

返回主程序后,各变量的值如下(被调用函数中的变量被撤销)：

```
a=20          b=50
```

所以,程序执行结果如下：

```
a=20,b=50          #进入被调用函数前主程序中变量 a 和 b 的值
x=20,y=50          #刚进入被调用函数时变量 x 和 y 的值
x=22,y=60          #退出被调用函数前变量 x 和 y 的值
a=20,b=50          #返回主程序后变量 a 和 b 的值
```

说明：由于数值是不可变对象,函数中的 x＝int(x＊1.1)语句产生了新值 22,所以 x 指向新的对象 22,同样 y 指向新的对象 60,因此就有了上面的程序执行结果。

5.3.2　改变实参值的参数传递

如果实参对象是可变对象(如列表、字典、集合等),运算可在原数据上进行,所以在被调用函数执行后,形参值的改变会影响到对应的实参值。

【例 5.5】　改变实参值的参数传递方式。

```
#P0505.py
def fun(list2,n):               #定义函数
    print("list2=",list2)
    for i in range(n):
        list2[i]=int(list2[i]*1.2)
    print("list2=",list2)
#主程序
list1=[10,20,30,40,50]
print("list1=",list1)
fun(list1,5)
print("list1=",list1)
```

程序执行结果如下：

```
list1=[10, 20, 30, 40, 50]
list2=[10, 20, 30, 40, 50]
list2=[12, 24, 36, 48, 60]
list1=[12, 24, 36, 48, 60]
```

说明：由于列表是可变对象,所以函数中对列表 list2 的运算可在原值上进行,也就是在列表 list1 上进行。

5.3.3　位置参数

默认情况下,调用函数时实参的个数、位置要与定义函数时形参的个数、位置一致,即实

参是按出现的位置与形参对应的,与参数的名称无关,此时的参数称为位置参数。

【例 5.6】 基于位置的参数传递方式。

```
#P0506.py
def fun(x,y):            #定义函数
    print("x={},y={}".format(x,y))
#主程序
a=x=20
b=y=30
fun(a,b)                 #实参 a、b 的值分别传递给形参 x、y
fun(x,y)                 #实参 x、y 的值分别传递给形参 x、y
fun(y,x)                 #实参 y、x 的值分别传递给形参 x、y
fun(x,x)                 #实参 x、x 的值分别传递给形参 x、y
```

程序执行结果如下:

```
x=20,y=30                #fun(a,b)的结果
x=20,y=30                #fun(x,y)的结果
x=30,y=20                #fun(y,x)的结果
x=20,y=20                #fun(x,x)的结果
```

从程序执行结果可以看出,实参到形参的对应只是依据参数的位置而定,第一个实参对应第一个形参,第二个实参对应第二个形参,与参数的名字无关。在示例中,不管实参用的是与形参不同名的 a、b 还是与形参同名的 x、y 或交叉对应的 y、x 以及两个实参均为 x,都是把第一个实参的值传递给第一个形参,把第二个实参的值传递给第二个形参。

说明:实参和形参可以同名,也可以不同名,即使同名也分别对应不同的内存单元。

5.3.4 关键字参数

在调用函数时,可以明确指定把某个实参值传递给某个形参,此时的参数称为关键字参数,关键字参数不再按位置进行对应。

【例 5.7】 基于关键字的参数传递方式。

```
#P0507.py
def totalScore(math,lang,puter):            #定义函数
    total=math+lang+puter
    average=total//3
    return total,average
#主程序
print("请输入三门课的成绩: ")
math1=int(input("数学="))
lang1=int(input("语文="))
puter1=int(input("计算机="))
total,average=totalScore(math=math1,puter=puter1,lang=lang1)
print("总成绩={},平均成绩={}".format(total,average))
```

关键字参数的优点是:不需要记住形参的顺序,只需指定哪个实参传递给哪个形参即可,而且指定顺序也可以和定义函数时的形参顺序不一致,这对于形参个数较多的情形是很

方便的(形参较多时,不容易准确记住形参的顺序),而且能够更好地保证参数传递正确。

5.3.5　默认值参数

一般来说,函数中形参的值是通过实参传递的。如果需要,则可以在定义函数时直接对形参赋值,此时的参数称为带默认值的参数。在 Python 语言中,对于带默认值的形参,在函数调用时,如果没有对应的实参,就使用该默认值;如果有对应的实参,则仍用实参值,覆盖形参默认值。

【例 5.8】　有默认值的参数传递方式。

```
#P0508.py
def area(r=1.0,pi=3.14):                              #定义函数
    return r * r * pi
#主程序
print("面积={:.2f}".format(area()))                   #两个参数都用默认值
print("面积={:.2f}".format(area(2.6)))                #一个参数用默认值
print("面积={:.2f}".format(area(2.6,3.1415926)))      #两个参数都不用默认值
```

程序执行结果如下:

```
面积=3.14
面积=21.23
面积=21.24
```

第一次调用 area()函数时,由于没有实参,所以程序执行进入 area()函数后,两个形参都取默认值(分别为 1.0 和 3.14);第二次调用时,有一个实参,所以进入 area()函数后,形参 r 取实参值(2.6),形参 pi 取默认值(3.14);第三次调用时,由于有两个实参的值,所以进入 area()函数后,两个形参都取实参传过来的值(分别为 2.6 和 3.1415926)。

说明:

(1) 形参的默认值在定义函数时设定。

(2) 由于函数调用时实参和形参是按照从左至右的顺序对应的,所以设定默认值的形参必须出现在形参表的右端,即在有默认值的形参右面不能有无默认值的形参出现。

如下定义函数时的默认值设定是正确的:

```
def fun1(x,y=5,z=10):
    ...
```

调用函数时,如果只提供一个实参,如 fun1(2),将会把实参值 2 传递给形参 x,形参 y 和 z 取默认值。

如下定义函数时的默认值设定是错误的:

```
def fun2(x=3,y,z=10):
    ...
```

调用函数时,如果只提供一个实参,如 fun2(6),将会把实参值 6 传递给形参 x(覆盖 x 的默认值),而形参 y 得不到相应的取值,会引起错误。

5.3.6 可变长度参数

在 Python 语言中,除了可以定义固定长度参数(参数个数固定)的函数外,还可以定义可变长度参数的函数。调用此类函数时,可以提供不同个数的参数以满足实际需要,进一步增强了函数的通用性和灵活性。在定义函数时,可变长度参数主要有两种形式:单星号参数和双星号参数。单星号参数是在形参名前加一个星号(＊),把接收的多个实参值组合在一个元组内,以形参名为元组名;双星号参数是在形参名前加两个星号(＊＊),把接收的多个实参值组合在一个字典内,以形参名为字典名。

【例 5.9】 单星号可变长度参数。

```
#P0509.py
def totalScore(＊score):       #定义函数,单星号形参用于把接收的实参值组合为元组
    total=0
    for i in score:
        total+=i
    ave=total//len(score)
    return total,ave
#主程序
total1,ave1=totalScore(78,62,81)          #第一次调用,接收 3 个实参
print("总成绩={},平均成绩={}".format(total1,ave1))
total2,ave2=totalScore(95,61,72,87)         #第二次调用,接收 4 个实参
print("总成绩={},平均成绩={}".format(total2,ave2))
```

程序执行结果如下:

```
总成绩=221,平均成绩=73
总成绩=315,平均成绩=78
```

说明:

(1) 参数 score 前面有一个星号(＊),Python 解释器会把形参 score 看作可变长度参数,可以接收多个实参,并把接收的多个实参值组合为一个名字为 score 的元组。

(2) 第一次调用 totalScore()函数时,将 3 个数值传递给可变长度形参 score,并组合为包含 3 个元素、名字为 score 的元组。

(3) 第二次调用 totalScore()函数时,将 4 个数值传递给可变长度形参 score,并组合为包含 4 个元素、名字为 score 的元组。

【例 5.10】 双星号可变长度参数。

```
#P05010.py
def student(＊＊stu):                    #定义函数,双星号形参用于把接收的实参值组合为字典
    num=0
    for item in stu.values():
        if item=="河北省":
            num+=1
    return num
#主程序
count=student(小明="河北省",小亮="北京市",小莲="河北省")
print("有{}个学生来自河北省".format(count))
```

说明：

（1）参数 stu 前面有两个星号（**），Python 解释器会把形参 stu 看作可变长度参数，可以接收多个实参，并把接收的多个实参值组合为一个名字为 stu 的字典。

（2）调用 student() 函数时，将 3 个实参值传递给可变长度形参 stu，并组合为包含 3 个元素、名字为 stu 的字典。

（3）每个实参值应以"键＝值"的形式提供，键不需要加引号，值若是字符串则需要加引号，如示例中的"小明＝"河北省""。

在定义函数与调用函数时，实参与形参可以如下对应关系出现：

（1）实参与形参都是对应的简单类型，如整型、浮点型、字符串等。

（2）实参和形参都是对应的组合类型，如列表、元组、字典、集合等。

（3）实参是简单类型，形参是组合类型，此时需在形参名前加单星号（＊）或双星号（**），前者把接收的实参值组合为元组，后者把接收的实参值组合为字典，此时对实参值有格式要求。

5.4　函数的嵌套与递归

在 Python 语言中，函数 f1 可以调用函数 f2，函数 f2 还可以再调用函数 f3，如此下去，便可形成函数的多级调用。函数的多级调用有两种形式：一是嵌套调用，二是递归调用。

5.4.1　函数嵌套

在函数的多级调用中，如果函数 f1、f2…fn 各不相同，则称为嵌套调用。

【例 5.11】　计算 1000～2000 的素数之和，用函数的嵌套调用实现。

分析：要实现题目要求的功能，可以设计两个函数。一个是 total()，用于求若干个素数之和；另一个是 prime()，用于判定一个数是否为素数。主程序调用 total() 函数，total() 函数再调用 prime() 函数，这样使整个程序的结构更为清晰，也降低了每个函数的编写难度。

```python
#P0511.py
def prime(n):                          #定义函数,判断 n 是否是素数
    for i in range(2,n):
        if n%i==0:
            return False               #如果不是素数,则返回 False
        else:
            return True                #如果是素数,则返回 True
def total(n1,n2):                      #定义函数,计算 n1～n2 的素数之和
    total=0
    for i in range(n1,n2+1):          #i 的取值范围为 n1～n2
        if (prime(i)):                 #调用函数 prime()判断 i 是否是素数
            total+=i                   #如果是素数,则进行累加
    return total                       #返回累加和
#主程序
print(total(1000,2000))               #调用函数计算 1000～2000 的素数之和
```

程序执行结果如下：

```
200923
```

说明：

（1）定义 prime()函数和 total()函数时都用到了变量 i，这是允许的，两个变量 i 在各自的函数内起作用，互不影响。

（2）定义 total()函数时，函数名和其中的变量都用到了标识符 total，这也是允许的。

5.4.2 函数递归

所谓递归，就是将一个较大的问题归约为一个或多个子问题的求解方法。这些子问题比原问题简单，且在结构上与原问题相同。递归在 Python 语言中的含义是：在函数的多级调用中，如果函数 f1、f2…fn 中有相同的函数，即存在某个函数直接或间接地调用自己，则称为递归调用。递归调用可以看作嵌套调用的特例。

递归过程包括递推和回归两部分。

例如，求 5 的阶乘就可以用递归方法，过程如下：

递推过程：$5!=5\times4!\rightarrow4!=4\times3!\rightarrow3!=3\times2!\rightarrow2!=2\times1!\rightarrow1!=1$。

回归过程：$1!=1\rightarrow2!=2\times1=2\rightarrow3!=3\times2=6\rightarrow4!=4\times6=24\rightarrow5!=5\times24=120$。

一个问题能够用递归方法解决的关键在于递推有结束点，如阶乘问题的 $1!=1$。如果递推没有结束点，就无法回归，问题将得不到有效的解决，表现在程序中就是程序的执行永远也不能结束，这可以称为无效递归。

【例 5.12】 用递归方法求 n!。

```
# P0512.py
def fact(n):                    #定义递归函数
    if (n==0 or n==1):
        fac=1
    else:
        fac=n * fact(n-1)       #调用 fact()函数
    return fac
#主程序
m=int(input("请输入求阶乘的数 m="))
print("{}!={}".format(m,fact(m)))
```

【例 5.13】 用递归方法求解汉诺塔问题。

传说在古代印度的贝拿勒斯神庙里安放了一个黄铜座，座上竖有三根宝石柱子。在第一根柱子上，自上而下按照从小到大的顺序放有 64 个直径不同的金盘子，形成一座金塔，如图 5.1 所示，即所谓的汉诺塔(Hanoi)，又称梵天塔。天神让庙里的僧侣们将第一根柱子上的 64 个盘子借助第二根柱子全部移到第三根柱子上，即将整个金塔搬迁，同时定下如下 3 条规则：

（1）每次只能移动一个盘子。

（2）盘子只能在 3 根柱子上来回移动，不能放在别处。

64个盘子　　　　　　　　63个盘子　　　　1个盘子

图 5.1　汉诺塔问题

（3）在移动过程中，3 根柱子上的盘子必须始终保持大盘在下、小盘在上。

这就是著名的汉诺塔问题。

汉诺塔问题的实质就是如何把 64 个盘子按规则由第一根柱子移到第三根柱子上。为便于叙述，把 64 个盘子的汉诺塔问题一般化为 n 个盘子的移动问题，并把 3 根柱子分别标记为 a、b、c。根据递归方法，可以将求解 n 个盘子的移动问题转换为求解 $n-1$ 个盘子的移动问题，如果 $n-1$ 个盘子的移动问题能够解决，则可以先将 $n-1$ 个盘子移动到第二根柱子上，再将最后一个盘子直接移动到第 3 根柱子上，最后又一次将 $n-1$ 个盘子从第二根柱子移动到第 3 根柱子上，则可以解决 n 个盘子的移动问题。以此类推，$n-1$ 个盘子的移动问题可以转换为 $n-2$ 个盘子的移动问题，$n-2$ 个盘子的移动问题又可以转换为 $n-3$ 个盘子的移动问题……直到 1 个盘子的移动问题（这时是可以直接求解的）。再由移动 1 个盘子的解求出移动 2 个盘子的解，由移动 2 个盘子的解求出移动 3 个盘子的解……直到求出移动 n 个盘子的解。

```
#P0513.py
def hanoi(n,p1,p2,p3):              #定义递归函数
    if (n==1):
        print("{}-->{}".format(p1,p3))   #将 p1 柱子上的一个盘子移到 p3 上
    else:
        hanoi(n-1,p1,p3,p2)              #借助 p3 柱子将 n-1 个盘子由 p1 移到 p2 上
        print("{}-->{}".format(p1,p3))   #将一个盘子由 p1 柱子移到 p3 上
        hanoi(n-1,p2,p1,p3)              #借助 p1 柱子将 n-1 个盘子由 p2 移到 p3 上
#主程序
m=int(input("请输入盘子个数 m="))
print("盘子的移动顺序为: ")
hanoi(m,"a","b","c")
```

这个程序的输出结果是移动盘子的顺序，然后人可以根据计算机给出的顺序移动，最终把 n 个盘子按规则由 a 柱子移动到 c 柱子上。

程序虽然写起来简单，但由于用到递归及形式参数，理解起来并不是很容易，需要认真思考和仔细体会。

$n=1$ 时的移动步骤是：a→c。

$n=2$ 时的移动步骤是：a→b，a→c，b→c。

$n=3$ 时的移动步骤是：a→c，a→b，c→b，a→c，b→a，b→c，a→c。

$n=4$ 时的移动步骤是：a→b，a→c，b→c，a→b，c→a，c→b，a→b，a→c，b→c，b→a，c→a，b→c，a→b，a→c，b→c。

那么，对于一般的 n 需要移动多少次呢？即算法的时间复杂度是多少呢？

按照上面的算法，n 个盘子的移动问题需要移动盘子的次数是 $n-1$ 个盘子移动问题需要移动盘子次数的 2 倍加 1，$n-1$ 个盘子的移动问题需要移动盘子的次数是 $n-2$ 个盘子的移动问题需要移动盘子次数的 2 倍加 1……于是有

$$
\begin{aligned}
h(n) &= 2h(n-1)+1 \\
&= 2(2h(n-2)+1)+1 \\
&= 2^2 h(n-2)+2+1 \\
&= 2^3 h(n-3)+2^2+2+1 \\
&\quad \vdots \\
&= 2^n h(0)+2^{n-1}+\cdots+2^2+2+1 \\
&= 2^{n-1}+\cdots+2^2+2+1 \\
&= 2^n-1
\end{aligned}
$$

因此，移动汉诺塔算法的时间复杂度为 $O(2^n)$。要完成 64 个盘子的汉诺塔的搬迁，需要移动盘子的次数为

$$
2^{64}-1 = 18\ 446\ 744\ 073\ 709\ 551\ 615
$$

如果每秒移动一次，一年有 31 536 000 秒，则僧侣们一刻不停地来回移动盘子，也需要花费大约 5849 亿年的时间。

5.5　内置函数

内置函数指 Python 解释器自带的一类函数，随着 Python 解释器的启动而自动进入内存，所以内置函数在 Python 编辑环境下可以直接使用。前面已经用过的 int()、float()、eval()等函数都是 Python 内置函数。

利用 dir()函数可以查看 Python 的所有内置函数和内置对象：

```
>>>dir(__builtins__)
```

使用 help()函数可以查看某个内置函数的用法，例如查看 abs()函数的用法：

```
>>>help(abs)
```

Python 常用的内置函数如表 5.1 所示。

表 5.1　Python 常用的内置函数

函　　数	简　要　说　明
abs(x)	返回数值 x 的绝对值
ascii(obj)	返回 obj 的字符串表示形式，该字符串中只包含 ASCII 编码的字符，非 ASCII 编码的字符使用以反斜杠(\)开始的转义字符表示
chr(x)	返回 x 对应的字符，x 为 Unicode 码值(ASCII 码值)
dir(obj)	返回 obj 的成员列表
divmod(x,y)	返回包含整数商和余数的元组(x//y,x%y)
eval(s)	返回字符串 s 中表达式的值

函　　数	简　要　说　明
exit()	退出当前解释器
float(x)	把整数或字符串 x 转换为浮点数,字符串只包含数字字符、最多一个 e(或 E)和最多一个小数点,整数和字符串都可以以正负号(＋、－)开始
help(obj)	返回 obj 的帮助信息
id(obj)	返回 obj 的标识(内存地址)
input("提示信息")	接收键盘输入,得到的值为字符串
int(x)	把浮点数或字符串转换为整数,字符串只包含数字字符,浮点数和字符串都可以以正负号(＋、－)开始,把浮点数转换为整数是舍掉小数部分(不是四舍五入)
len(x)	返回组合类型值(包括字符串)的元素个数
list(x)	把 x 转换为列表
tuple(x)	把 x 转换为元组
dict(x)	把 x 转换为字典
set(x)	把 x 转换为集合
max(x1,x2,…,xn)	返回多个数中的最大值
min(x1,x2,…,xn)	返回多个数中的最小值
ord(ch)	返回 ch 中字符的 Unicode 码值(ASCII 码值)
pow(x,y)	返回 x 的 y 次方
range(i,j,k)	取值区间的开始为 i,结束为 j−1(不包括 j),步长为 k。当省略 i 时,从 0 开始。当省略 k 时,步长为 1
reversed(seq)	返回序列的逆序
round(x,n)	四舍五入后对 x 保留 n 位小数
sorted(x)	返回排序后的结果
str(obj)	把 obj 转换为字符串
sum(seq)	返回序列 seq 中的元素之和
type(obj)	返回对象 obj 的类型

示例:

```
>>>ord("A")              #返回大写字母 A 的编码值
65
>>>chr(65)               #返回数值 65 对应的字符
'A'
>>>eval("78")            #把字符串"78"转换为对应的数值
78
>>>pi=3.14
>>>r=3
>>>eval("pi＊r＊r")      #返回表达式 pi＊r＊r 的值
28.259999999999998
>>>eval("7＊8")          #返回表达式 7＊8 的值
56
>>>int(78.67)            #把浮点数 78.67 转换为整数,去掉小数部分
```

```
78
>>>round(78.67)                    #把浮点数 78.67 转换为整数,四舍五入
79
>>>max(56,67,29)                   #求 3 个数中的最大值
67
>>>lst=[10,20,30]
>>>sum(lst)                        #计算列表 lst 各元素的累加和
60
>>>type(lst)                       #返回变量 lst 的类型
<class 'list'>                     #类型为列表(list)
>>>type(r)                         #返回变量 r 的类型
<class 'int'>                      #类型为整型(int)
>>>tup=(1,6,3,8,2,7)
>>>sorted(tup)                     #对元组 tup 排序
[1, 2, 3, 6, 7, 8]                 #排序后的结果是列表
>>>dic1=dict(小明="新闻学专业",小亮="金融学专业")        #定义字典变量
>>>dic1
{'小明': '新闻学专业', '小亮': '金融学专业'}
```

5.6　标准库与第三方库

用 Python 语言编写程序,除了可以使用自定义函数和内置函数外,还有 Python 标准库和第三方库中的大量函数可用,这是 Python 语言的一大优势,大大简化和方便了 Python程序的编写,这也是 Python 语言得到广泛应用的重要因素之一。这里所说的库也称为模块。

5.6.1　标准库函数

标准库函数存在于 Python 标准库中。常用的标准库有用于数学计算的 math 库、用于随机数生成和计算的 random 库、用于日期和时间处理的 datetime 库、用于绘图的 turtle库、用于设计图形用户界面的 tkinter 库等。

标准库中的函数不能直接使用,需要使用 import 关键字导入(也称引入、引用)后才能使用。导入方式有两种。

标准库导入方式一:

import 标准库名

这种方式也称为导入库方式。导入标准库后,其中的所有函数都可调用,调用格式如下:

标准库名.函数名()

标准库导入方式二:

from 标准库名 import 函数名

或

from 标准库名 import *

这种方式也称为导入成员(函数)方式,前者是导入指定库中的指定函数,后者是导入指定库中的所有函数。然后可以直接调用已经导入的函数,格式如下:

函数名()

1. math 库

math 库是一个数学函数库,支持整型和浮点型数据的计算,包括 gcd()、fsum()、sqrt() 等 44 个函数。导入 math 库后,使用 dir(math)可以查看 math 库中有哪些函数,使用 help (math.函数名)可以查看某个函数的功能及使用方法。

示例:

```
>>>import math                      #导入标准库 math
>>>math.gcd(786,642)                #求两个数的最大公约数
6
>>>math.fsum([6.2,5.1,12.9])        #计算列表中各元素的累加和
24.2
>>>math.fsum((82,76,85,91,68))      #计算元组中各元素的累加和,结果是浮点数
402.0
```

注意:计算元组中各元素的累加和时,两对小括号都不能省略。外层一对小括号是函数调用格式要求的,实参要书写在一对小括号内;内层一对小括号是元组要求的,表示把 5 个数据组织为一个元组。

示例:

```
>>>from math import sqrt            #导入 math 库中的 sqrt()函数
>>>sqrt(16)                         #求一个数的平方根
4.0
>>>from math import gcd             #导入 math 库中的 gcd()函数
>>>gcd(786,642)                     #求两个数的最大公约数
6
>>>from math import fsum            #导入 math 库中的 fsum()函数
>>>fsum([6.2,5.1,12.9])            #计算各元素的累加和
24.2
>>>from math import ceil            #导入 math 库中的 ceil()函数
>>>ceil(7.62)                       #得到不小于给定值的最小整数
8
>>>ceil(7.21)                       #得到不小于给定值的最小整数
8
>>>ceil(-7.62)                      #得到不小于给定值的最小整数
-7
>>>from math import trunc           #导入 math 库中的 trunc()函数
>>>trunc(7.62)                      #舍掉小数部分
7
>>>trunc(-7.21)                     #舍掉小数部分
-7
>>>from math import *               #导入 math 库中的所有函数
>>>sqrt(16)                         #求一个数的平方根
4.0
```

```
>>>gcd(786,642)                #求两个数的最大公约数
6
>>>fsum([6.2,5.1,12.9])        #计算各元素的累加和
24.2
```

注意:采用导入模块成员的方法,使用成员时不用输入模块名,可以减少输入工作量。但这种方法也有其不足,如果不同模块中存在同名函数(这是允许的),则容易造成函数名的混淆,且在代码中难以区别。

2. random 库

random 库的主要作用是生成随机数(严格意义上说应该是伪随机数),包括 random()、uniform()、randint()、randrange()等 9 个函数。

示例:

```
>>>from random import *      #引入 random 库中的所有函数
>>>random()                  #生成 [0.0,1.0)的一个随机小数
0.2164546543957655
>>>random()                  #每次生成的结果一般是不一样的
0.36524857297693414
>>>uniform(100,200)          #生成[100.0,200.0]的一个随机小数
151.60818456731016
>>>randint(100,200)          #生成[100,200]的一个随机整数
106
>>>randint(100,200)          #每次生成的结果一般是不一样的
159
>>>seed(10)                  #初始化随机数种子
>>>randint(100,200)          #生成[100,200]的一个随机整数
173
>>>seed(10)                  #用相同的值初始化随机数种子
>>>randint(100,200)          #生成一个相同的随机整数
173
>>>randrange(100,200,5)      #生成[100,105,110,…,195]的一个随机整数
115
```

【例 5.14】 随机生成 n 个大写英文字母(n 值由键盘输入),统计每个字母的出现次数,并观察 n 分别为 50、500、50 000 时的字母分布概率。

分析:由于可以把 ASCII 码值转换为字符,所以可通过随机生成数值实现随机生成字符。随机生成[0,25]区间的一个整数,再加上字母"A"的 ASCII 码值,就随机得到 A~Z 的一个字母。

```
#P0514.py
import random                    #导入 random 库
str1=""                         #定义一个空字符串
n=int(input("设定要生成的字符个数 n="))
for i in range(n):
    k=random.randint(0,25)       #生成[0,25]的一个随机整数
    str1+=chr(ord("A")+k)        #随机得到 A~Z 的一个字符并拼接到 str1 中
chars_dict={}                    #定义一个空字典
```

```
for ch in str1:                    #逐一处理字符串中的每一个字符
    if ch in chars_dict:           #字典的元素为"字母:计数"的形式
        chars_dict[ch]+=1          #如果字典中已有 ch 中的字母,则其计数值加 1
    else:
        chars_dict[ch]=1           #否则,在字典中新增一个元素且计数初值为 1
chars_list=list(chars_dict.items())#把字典转换为列表
chars_list.sort(key=lambda x:x[1]) #对列表元素按元素的第二个值升序排序
num=0
for i in range(len(chars_list)):
    ch,count=chars_list[i]         #取出列表中的一个元素
    print("{:<5}{:>10}".format(ch,count)) #输出字典中的每个字符及其计数
    num+=count
print("字符总数={}".format(num))
```

针对该程序的两点解释如下:

(1) 程序中用到了通过列表变量调用的排序方法 sort( ),其调用格式如下:

lst.sort(key=None,reverse=False)

功能:对列表变量 lst 按 key 指定的关键字和 reverse 指定的升降序方式排序,排序后的结果存回列表变量 lst。参数 key 一般为一个 lambda 函数(有些情形下可以省略),程序中的 key=lambda x:x[1]表明是把列表 chars_list 中元素的第二个值(字母的计数值)作为排序关键字。参数 reverse 指定按升序还是降序排序。若取值为 True,则按降序排序;否则按升序排序,按升序排序时可以省略不写。

(2) 所谓 lambda 函数又称匿名函数。有些函数如果只是临时用一下,而且其功能也很简单时,就可以定义为 lambda 函数。例如,计算两个数之和的 lambda 函数定义如下:

```
lambda x,y : x+y
```

当然,也可以给 lambda 函数规定一个名字,形式如下:

```
add=lambda x,y : x+y
```

这样就可以正常调用了,例如:

```
total=add(78,92)
```

但 lambda 函数更多的时候还是作为函数的参数使用。

3. datetime 库

datetime 库的主要作用是处理日期和时间。与 math 库、random 库有所不同的是,datetime 库需要以类的方式使用,常用的类是 datetime 类,使用时先建立一个 datetime 类的对象,然后通过对象调用方法和属性,实现相应的日期和时间处理。

示例:

```
>>>from datetime import datetime      #引入 datetime 库的 datetime 类
>>>current_time=datetime.now()        #定义值为当前时间的 datetime 类对象
>>>print(current_time)                #输出当前时间
2022-12-09 11:51:09.155797            #年-月-日 时:分:秒:微秒
>>>meeting_time=datetime(2022,12,30,8,30) #定义 datetime 类对象
>>>print(meeting_time.year)           #输出年
```

```
2022
>>>print(meeting_time.month)                         #输出月
12
>>>print(meeting_time.day)                           #输出日
30
>>>print(meeting_time.strftime("%y-%m-%d"))          #y为小写字母,年只输出后2位
22-12-30
>>>print(meeting_time.strftime("%Y-%m-%d"))          #Y为大写字母,输出年的4位
2022-12-30
>>>print(meeting_time.strftime("Y%-%m"))             #只输出年和月
2022-12
>>>print("{0:%Y}年{0:%m}月{0:%d}日{0:%H}时{0:%M}分".format(meeting_time))
2022年12月30日08时30分
```

说明:

(1) strftime()是一个规定 datetime 类对象值输出格式的函数。

(2) 可以使用 datetime()函数定义 datetime 类对象,格式如下:

datetime(year,month,day,hour=0,minute=0,second=0,microsecond=0)

其中,参数 year、month、day 不能省略,后面几个参数可以省略。给定的各参数值要符合历法和时间值的规定,否则将会报错。

4. turtle 库

turtle 库的主要作用是绘制图形,turtle 的中文含义是海龟。基于 turtle 的绘图过程就是模拟小海龟的爬行,爬行的轨迹就是绘制的图形。turtle 库提供了多个用于绘图的画笔控制函数和图形绘制函数。

1) setup()函数

setup()函数的功能是设置绘图窗口的大小和位置,语法格式如下:

setup(width, height, startx=None, starty=None)

其中,width 和 height 分别用于设置绘图窗口的宽度和高度。如果是整数,则看作像素值;如果是实数,则看作与屏幕的比例。startx 和 starty 分别为绘图窗口距离屏幕左边界和上边界的像素距离,如果取值为 None,则窗口位于屏幕中央。

2) penup()函数和 pendown()函数

penup()函数和 pendown()函数分别是抬起画笔和落下画笔。抬起画笔后,画笔的移动不绘图;落下画笔后,画笔的移动绘图。

3) pensize()函数

pensize(width)函数用于设置画笔尺寸,即绘图笔的粗细,可以为参数 width 设置一个合适的整数值。如果省略参数 width 或为其设置的值为 None,则返回当前画笔尺寸。

4) pencolor()函数和 fillcolor()函数

pencolor()函数用于设置画笔颜色,语法格式如下:

pencolor(colorstring)

其中,参数 colorstring 以字符串形式设置颜色值,如"red""yellow""blue"分别表示红色、黄色、蓝色等。

fillcolor(colorstring)函数只用于设置填充颜色,开始填充要使用 begin_fill()函数,结束填充要使用 end_fill()函数。

5)goto()函数和 home()函数

goto(x,y)函数用于移动画笔到指定的坐标位置。窗口的中心点是坐标原点,其坐标为(0,0),向上、向右是正值,向下、向左是负值。

home()函数回到坐标原点位置。

6)forward()函数

forward(distance)函数用于控制画笔沿当前方向前进 distance 个像素位置。如果 distance 的值为负值,则沿当前方向的反方向前进。

7)right()函数和 left()函数

right(angle)函数和 left(angle)函数的作用分别是在当前方向的基础上向右或向左转 angle 度。

8)setheading()函数

setheading(to_angle)函数的作用是按参数 to_angle 的值设置画笔的绝对角度方向。正东(向右)方向为 0,正北(向上)方向为 90°,正西(向左)方向为 180°,正南(向下)方向为 270°。

(9)circle()函数

circle(radius,extent=None)函数的作用是绘制圆形或弧形。参数 radius 用于设定半径值。参数 extent 用于设定弧形的角度值,省略 extent 或其取值为 None 时,则绘制圆形。

10)speed()函数

speed(speed=None)函数用于设置画笔的移动速度,可在[0,10]内取值。

【例 5.15】 画 18 个套在一起的正方形。

```
#P0515.py
def draw(x,y,fd):                    #定义一个绘制正方形的函数
    turtle.goto(x,y)                 #确定画笔的初始位置
    turtle.pendown()                 #落下画笔
    for i in range(4):               #通过循环画出 4 条边
        turtle.forward(fd)           #画笔向前移动 fd 个像素位置
        turtle.right(90)             #画笔右转 90°
    turtle.penup()                   #抬起画笔
#主程序
import turtle                        #导入 turtle 库
turtle.setup(500,350,325,175)        #设置绘图窗口的大小和位置
turtle.pencolor("red")               #设置画笔颜色为红色
turtle.pensize(1)                    #设置画笔尺寸
square_x=-2                          #第一个正方形开始位置的 x 坐标值
square_y=2                           #第一个正方形开始位置的 y 坐标值
length=5                             #第一个正方形的边长(像素值)
```

```
for k in range(18):                    #共画 18 个正方形
    draw(square_x,square_y,length)      #画出一个正方形
    square_x-=5                         #画下一个正方形前,x 坐标值减 5
    square_y+=5                         #y 坐标值加 5
    length+=10                          #边长值加 10
```

程序执行结果如图 5.2 所示。

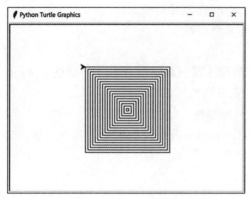

图 5.2　画 18 个套在一起的正方形

5.6.2　第三方库函数

顾名思义,第三方库(也称扩展库)不是由 Python 解释器提供的,而是由第三方提供的,所以需要安装并导入后才能使用。可以使用 pip 命令安装第三方库。

pip 是 Python 内置命令,不能在 IDLE 环境下运行,需要在 Windows 的命令行界面执行。pip 命令支持安装(install)、下载(download)、卸载(uninstall)、列表(list)、查看(show)、查找(search)等多个安装和维护子命令。

以 Windows 10 为例,右击屏幕左下角的 Windows 图标,打开"运行"界面,在界面的"打开"对话框中输入 cmd,进入 Windows 命令行界面,在命令行界面中输入以下命令:

```
pip install jieba
```

就可以进入第三方库 jieba 的安装过程。当屏幕上出现"Successfully installed jieba …"信息后,说明 jieba 库安装成功。回到 IDLE 环境,就可以像使用 Python 标准库一样使用 jieba 库了。

pip 命令的常用格式及相应的功能如下:

pip install 库名:安装第三方库。

pip install -U 库名:对已安装的库进行更新安装。

pip download 库名:下载库的安装包,但并不安装。

pip uninstall 库名:卸载已安装的第三方库。

pip list:列出已安装的第三方库。

pip show 库名:显示指定的已安装的第三方库的详细信息。

pip search 库名或关键字:在网络上搜索库名或摘要中的关键字。

示例：

```
>>>import jieba
>>>jieba.lcut("Python是一种易学易用的程序设计语言")
['Python', '是', '一种', '易学', '易用', '的', '程序设计', '语言']
>>>jieba.lcut("随着人工智能的快速发展")
['随着', '人工智能', '的', '快速', '发展']
```

说明：lcut()是 jieba 库中的一个具有中文分词功能的函数。正确的分词是进行中文文本分析的重要基础。

第三方库的安装还有自定义安装方式和文件安装方式，但更常用的还是 pip 命令方式。

【例 5.16】　对文本进行分析并生成词云图。

```
#P0516.py
#引入第三方库 jieba、matplotlib 和 WordCloud
import jieba
import matplotlib.pyplot as plt
from wordcloud import WordCloud, STOPWORDS, ImageColorGenerator
text=""                                      #用于存储分词结果
fin=open("data.txt","r")                     #从文本文件中读取数据
for line in fin.readlines():
    line=line.strip("\n")
    text+=" ".join(jieba.cut(line))          #将文本数据分词后存入 text 中
backgroud_Image=plt.imread(r"background.jpg")  #设置词云背景
#设置词云样式
wc=WordCloud(
    background_color="white",                #设置背景颜色
    mask=backgroud_Image,                    #设置背景图片
    font_path="C:\\Windows\\Fonts\\SimHei.ttf",  #设置中文字体
    max_words=100,                           #设置最多显示的字数
    stopwords=STOPWORDS,                     #设置停用词
    max_font_size=400,                       #设置字体最大值
    random_state=15                          #设置配色数
)
wc.generate_from_text(text)                  #生成词云
#字的颜色来自背景图片的颜色
wc.recolor(color_func=ImageColorGenerator(backgroud_Image))
plt.imshow(wc)                               #绘出词云图
plt.axis("off")                              #是否显示 x 轴、y 轴
plt.show()                                   #显示词云图
```

程序执行结果如图 5.3 所示。

Python 提供了大量的内置函数和标准库函数，还有很多第三方库函数，可用于解决各个领域的实际问题。本章只作简要介绍，在后续章节还会结合实际编程介绍一些标准库函数和第三方库函数的使用，更多及更深入的介绍可查阅 Python 文档。

图 5.3　词云图

5.7　tkinter 库与图形用户界面

图形用户界面(Graphical User Interface,GUI)也称图形用户接口,指通过图形方式实现人与计算机的交互。早期计算机主要采用命令行界面,通过输入字符命令操作计算机,用户需要记忆大量命令。图形用户界面提供了图标和图形,用户通过点击鼠标等方式就能轻松完成很多操作。

图形用户界面大大降低了用户操作计算机的难度,得到了广泛应用,现在大多数操作系统和应用软件采用了这种方式。Python 语言提供了丰富的图形用户界面开发库,例如tkinter、PyQt、wxPython、kivy 等。tkinter 是 Python 语言的标准界面开发库,在安装Python 解释器时会自动安装,能够运行在 Windows、Macintosh、UNIX 等平台上,使用该库能够很容易开发出标准的图形用户界面应用程序。Python 自带的集成开发环境 IDLE 就是采用 tkinter 库开发的。

tkinter 库具有丰富的图形用户界面设计功能,本节只介绍最基本的功能和方法,详细内容可查看 Python 文档。

5.7.1　创建窗口

图形用户界面一般由一个作为容器的根窗口和其上的若干控件或上层窗口构成。使用tkinter 库的 Tk()方法可以创建根窗口,然后可以在根窗口中创建各种控件以及上层窗口。

【例 5.17】 创建根窗口并设置窗口的相应属性。

```
#P0517.py
from tkinter import *          #导入 tkinter 库及函数
root=Tk()                      #调用 tkinter 库的 Tk()方法创建根窗口
root.title("示例窗口")          #设置窗口标题
```

```
root.geometry("400x200+400+300")      #设置窗口大小和位置
root.mainloop()                        #监听事件,等待与处理事件
```

该程序中,首先导入 tkinter 库;然后创建根窗口,一般将其命名为 root,也可以用其他名称。然后设置窗口属性,其中,title()方法用于设置窗口标题;geometry("widthxheight＋x＋y")方法用于设置窗口的大小和位置,包含 4 个参数,分别为窗口的宽度(width)、高度(height)以及与屏幕左侧的距离(x)、与屏幕上侧的距离(y),width 和 height 之间的符号为小写字母 x。最后调用 mainloop()方法监听事件。程序执行结果如图 5.4 所示。

图 5.4　根窗口

5.7.2　为窗口添加控件

创建根窗口后,可在其上添加控件。控件也称组件,是构成图形用户界面的核心,在 tkinter 模块以及子模块 ttk 中,主要包含 Button(按钮)、Checkbutton(复选框)、Entry(文本框)、Frame(框架)、Label(标签)、Menu(菜单)、PaneWindows(窗口布局管理组件)、Combobox(组合框)、Notebook(选项卡)等 18 个控件。

1. 创建标签控件

标签是较常用的控件,通常用来显示文字或图片。创建标签控件的语法格式如下:

Label(父对象,options,…)

其中的父对象为标签控件的容器,一般为窗口或容器控件;options 用来设置标签的各种属性。

【例 5.18】　创建根窗口并在其上创建标签控件,用于显示图片和文字。

```
#P0518.py
from tkinter import *                          #导入 tkinter 库
root=Tk()                                       #调用 tkinter 库的 Tk()方法创建根窗口
root.title("带标签控件窗口")                      #设置窗口标题
root.geometry("750x300+400+300")                 #设置窗口大小和位置
img=PhotoImage(file="Python 官网界面.png")        #创建图片对象
Label(root,image=img).pack(side="left")          #创建标签控件以显示图片
txt="Python 官网界面"
lb=Label(root,text=txt,font=("FangSong",15,"bold"),justify="right")
lb.pack(side="left")
root.mainloop()
```

该程序以根窗口为父对象创建两个标签控件,第一个标签控件显示图像,第二个标签控件显示文字。使用 Label()方法创建标签控件可以直接引用属性和方法,也可以赋值给变量,然后再通过变量引用控件属性和方法,本例中两个标签控件分别采用了这两种用法。程序执行结果如图 5.5 所示。

图 5.5　带标签控件的窗口

在该程序中,image 属性设置为 PhotoImage 对象,可以使标签控件显示图像;通过 side 属性设置控件的排列方式;text 属性设置标签的文本内容;justify 属性设置控件内文字的对齐方式;font 属性设置控件内文字的字形、字号以及是否加粗等。

2. 创建命令按钮控件

命令按钮常用于绑定事件,以执行某些操作。创建命令按钮控件的语法格式如下:

```
Button(父对象,options,…)
```

其中的父对象是按钮控件的容器,一般是窗口或者其他控件;options 用来设置按钮控件的属性。

【例 5.19】　在窗口上设置一个单击按钮,用于记录点击次数。

```
#P0519.py
def show():                          #定义函数,获取标签控件的当前数值并加 1
    temp=x.get()
    x.set(temp+1)
#主程序
from tkinter import *                #导入 tkinter 库
root=Tk()                            #创建窗口
root.title("带按钮窗口")              #设置窗口标题
root.geometry("400x200+400+300")     #设置窗口大小和位置
x=IntVar()                           #设置变量
lb=Label(root,textvariable=x,font=("Simsun",40,"bold"))    #创建标签并绑定变量
lb.pack()
btn=Button(root,text="请点击!",command=show)              #创建按钮
btn.pack(side="bottom",pady=20)
root.mainloop()
```

该程序中创建的标签控件用于显示点击的次数,标签控件的属性 textvariable 可以绑定变量,从而实现通过变量获取和设置标签控件的内容。命令按钮的属性 command 设置为函数 show(),实现单击后数字自动加 1。程序执行结果如图 5.6 所示。

图 5.6　带按钮控件的窗口

3.创建单选按钮控件

常常将若干单选按钮组织成选项,实现在一组选项中仅能选择一个选项的功能。创建单选按钮控件的语法格式如下:

Radiobutton(父对象,options,…)

其中的父对象是单选按钮控件的容器,一般是窗口或者其他控件。options 用来设置单选按钮控件的属性。各属性中,variable 用于绑定变量,value 用于设置单选按钮的值,text 用于设置单选按钮的标签文字。

【例 5.20】　使用单选按钮控件实现单选功能。

```
#P0520.py
def judge():                          #定义函数,判断选择是否正确
    if x.get()=="A":
        result.config(text='结果:正确答案是"苏轼",你选对了! ')
    else:
        result.config(text='结果:正确答案是"苏轼",你选错了! ')
#主程序
from tkinter import *                 #导入 tkinter 库
root=Tk()                             #创建窗口
root.title("使用单选按钮")             #设置窗口标题
root.geometry("500x300+400+300")      #设置窗口大小和位置
x=StringVar()                         #定义变量
x.set(None)                           #变量初始化
#显示题目信息
txt='''诗词赏析 \n
    细雨斜风作晓寒,淡烟疏柳媚晴滩。入淮清洛渐漫漫。\n
    雪沫乳花浮午盏,蓼茸蒿笋试春盘。人间有味是清欢。\n
    这首宋词的作者是()。'''
subject=Label(root,text=txt,font=("FangSong",10))
subject.pack()
#创建单选按钮组,并设置相关属性
optA=Radiobutton(root,variable=x,value="A",text="苏　轼",command=judge)
optA.pack()
optB=Radiobutton(root,variable=x,value="B",text="欧阳修",command=judge)
optB.pack()
optC=Radiobutton(root,variable=x,value="C",text="晏　殊",command=judge)
optC.pack()
```

```
optD=Radiobutton(root,variable=x,value="D",text="王安石",command=judge)
optD.pack()
#输出结果
result=Label(root,font=("FangSong",12,"bold"))
result.pack()
root.mainloop()
```

程序中创建了 4 个单选按钮控件,用于给出 4 个选项。设置单选按钮控件的 variable 属性为同一个变量,则 4 个单选按钮称为一组控件,只能选择其中的一个;value 属性是单选按钮被选中时候的值;text 属性是单选按钮的文字标示;command 属性用来设置单选按钮被选中后要执行的函数。程序执行结果如图 5.7 所示。

图 5.7　带单选按钮控件的窗口

tkinter 库提供了变量对象,包括 4 类:IntVar()、DoubleVar()、StringVar()和 BooleanVar(),用于创建可绑定控件的对象。例如:

```
a=IntVar()
b=DoubleVar()
c=StringVar()
d=BooleanVar()
```

变量对象提供了 get()方法和 set()方法,用于获取和设置变量的值。常用的方法是将变量对象和控件绑定,实现通过变量获取和设置控件的效果。

4. 创建复选框控件

复选框显示为方框。若干复选框常常放在一起,实现选择多个选项的功能。创建复选框控件的语法格式如下:

Checkbutton(父对象,options,…)

其中的父对象是复选框控件的容器,一般是窗口或者其他控件。options 用来设置复选框控件的属性。各属性中,variable 用于绑定变量,text 用于设置复选框的标签文字。

【例 5.21】　使用复选框控件实现多项选择功能。

```
#P0521.py
from tkinter import *                    #导入 tkinter 库
def judge():                            #判断选择正误
```

```
    temp=set()
    for i in choice:
        if choice[i].get()==True:
            temp.add(rivers[i])
    if temp==answer:
        result.config(text="正确答案是{},你选对了!".format(answer))
    else:
        result.config(text="正确答案是{},你选错了!".format(answer))
root=Tk()                               #创建窗口
root.title("使用复选框控件")               #设置窗口标题
root.geometry("600x280+400+300")        #设置窗口大小和位置
#显示题目
txt="多项选择:世界最长的 3 条河流是()。"
subject=Label(root,text=txt,font=("FangSong",12,"bold"))
subject.pack()
rivers=["亚马逊河","长江","尼罗河","密西西比河"]
answer={"尼罗河","亚马逊河","长江"}
choice={}
frm=Frame(root)
frm.pack()
#创建复选框组,并设置相关属性
for i in range(len(rivers)):
    choice[i]=BooleanVar()
    Checkbutton(frm,variable=choice[i],text=rivers[i]).pack(anchor=W)
#输出结果
Button(root,text="确定",command=judge).pack()
result=Label(root,font=("FangSong",12,"bold"))
result.pack()
root.mainloop()
```

　　因为要将多个复选框组织起来,可以使用列表存储复选框的 text 属性。每个复选框都需要绑定一个变量,可以使用字典存储复选框的 variable 属性。然后通过循环创建复选框。复选框选中和未被选中的对应取值分别为 True 和 False,由此构成的字典需要转化为集合才能和答案对比。

　　程序执行结果如图 5.8 所示。

图 5.8　带复选框控件的窗口

5. 创建菜单控件

菜单用来组织各种功能操作,是用户界面的重要组成部分。tkinter 库提供了菜单控件。创建菜单控件的语法格式如下:

Menu(父对象,options,…)

其中的父对象是用于放置菜单控件的窗口,options 用来设置菜单的各种属性。其中,tearoff 用于设置菜单是否可以从窗口分离。取值为 True 则显示一条虚线,菜单可以从窗口分离;取值为 False 则不显示虚线,菜单固定在窗口中。

菜单是一个容器。有多种方法可以创建菜单中的元素,常见的有以下 3 种方法。

(1) add_cascade():创建子菜单,同时建立与父菜单的链接。

(2) add_command():创建菜单中的命令列表。

(3) add_separator():创建菜单中的分隔线。

【例 5.22】 为窗口创建菜单。

```
#P0522.py
def openfile():                              #定义函数,通过对话框选择要打开的文件
    f=askopenfilename(title="打开文件")
#主程序
from tkinter import *                        #导入 tkinter 库
from tkinter.filedialog import *             #导入文件对话框模块
root=Tk()                                    #创建窗口
root.title("创建菜单")                        #设置窗口标题
root.geometry("400x200+400+300")             #设置窗口大小和位置
menu1=Menu(root)                             #创建顶层菜单
menu2_1=Menu(menu1,tearoff=False)            #创建子菜单
menu2_1.add_command(label="打开文件",command=openfile)    #添加命令列表
menu2_1.add_command(label="新建文件")
menu2_1.add_command(label="保存文件")
menu2_1.add_command(label="关闭文件")
menu2_1.add_separator()                                   #添加分隔线
menu2_1.add_command(label="退出")
menu1.add_cascade(label="文件",menu=menu2_1)              #将子菜单添加到父菜单中
menu1.add_command(label="查看帮助")
root.config(menu=menu1)
root.mainloop()
```

窗口中的菜单是分层次的,首先创建顶层菜单,即父对象为窗体;然后创建子菜单和命令列表,其中子菜单的父对象为上一层菜单;对于菜单中的列表命令可以使用分隔线进行划分。菜单中的命令列表要实现的功能可以设置 command 参数,和命令按钮控件使用方式相同,本例只给出打开对话框的函数。

程序执行结果如图 5.9 所示。

图 5.9　带菜单控件的窗口

5.7.3　控件布局管理

应用程序界面往往包含多个控件,设置控件的位置以构建整齐美观的界面称为控件布局。控件布局常用 tkinter 库提供的 pack()方法和 grid()方法实现。

1. pack()方法

控件的 pack()方法基于布局空间的相对位置安排控件,是常用的控件布局方式。该方法的语法格式如下:

> **Widget.pack(options,…)**

pack()方法部分参数的含义如表 5.2 所示。

表 5.2　pack()方法部分参数的含义

参　　数	含　　义
side	设置控件水平或垂直显示
padx、pady	设置控件距离窗口的水平距离和垂直距离
fill	设置控件填充所在空间的方式
expand	设置控件是否完全填充空间
anchor	设置控件在空间中的位置
before	设置控件在指定控件的前面
after	设置控件在指定控件的后面

【例 5.23】　在窗口中用标签控件显示"人工智能""大数据""云计算""区块链"这 4 个计算机领域热门词汇。

```
#P0523_1.py
from tkinter import *
root=Tk()
root.title("pack 布局")
root.geometry("400x150+400+300")
```

```
lb1=Label(root,text="人工智能",font=("SimHei",15),\
        relief="ridge",width=8,bg="white")
lb1.pack(side=LEFT)
lb2=Label(root,text="大数据",font=("SimHei",15),\
        relief="ridge",width=8,bg="white")
lb2.pack(side=LEFT)
lb3=Label(root,text="云计算",font=("SimHei",15),\
        relief="ridge",width=8,bg="white")
lb3.pack(side=BOTTOM)
lb4=Label(root,text="区块链",font=("SimHei",15),\
        relief="ridge",width=8,bg="white")
lb4.pack()
root.mainloop()
```

第一个标签控件(显示"人工智能")对窗体进行水平占位,并显示在最左侧;第二个标签控件(显示"大数据")对剩余空间进行水平占位,显示在剩余空间的最左侧;第三个标签控件(显示"云计算")对剩余空间进行垂直占位,显示在剩余空间的最下端;第四个标签控件(显示"区块链")占据剩余空间。

程序执行结果如图 5.10 所示。

图 5.10   pack()方法示例一

如果需要改变布局,可以修改代码如下:

```
# P0523_2.py
from tkinter import *
root=Tk()
root.title("调整控件布局")
root.geometry("400x150+400+300")
lb1=Label(root,text="人工智能",font=("SimHei",15),\
        relief="ridge",width=8,bg="white")
lb1.pack(side=TOP)
lb2=Label(root,text="大数据",font=("SimHei",15),\
        relief="ridge",width=8,bg="white")
lb2.pack(side=LEFT)
lb3=Label(root,text="云计算",font=("SimHei",15),\
        relief="ridge",width=8,bg="white")
lb3.pack(side=RIGHT)
lb4=Label(root,text="区块链",font=("SimHei",15),\
        relief="ridge",width=8,bg="white")
lb4.pack(side=BOTTOM)
root.mainloop()
```

程序执行结果如图 5.11 所示。

图 5.11 pack( )方法示例二

2. grid( )方法

grid( )方法采用网格方式布局,把容器看作类似 Excel 工作表,按照行列方式定位单元格作为控件的位置,如下所示:

row＝0,column＝0　　row＝0,column＝1　　…　　row＝0,column＝n

row＝1,column＝0　　row＝1,column＝1　　…　　row＝1,column＝n

$\vdots$　　　　　　　　　$\vdots$　　　　　　$\vdots$　　　　　　$\vdots$

row＝n,column＝0　　row＝n,column＝1　　…　　row＝n,column＝n

grid( )方法的语法格式如下:

grid(options,…)

grid( )方法部分参数的含义如表 5.3 所示。

表 5.3　grid( )方法部分参数的含义

参 数	含 义	参 数	含 义
row	控件所在行	columnspan	列方向合并单元格数量
column	控件所在列	sticky	控件所在空间填充方式
rowspan	行方向合并单元格数量		

【例 5.24】 按照表格形式在窗口中显示"人工智能""大数据""云计算""区块链"这 4 个计算机领域热门词汇。

```
#P0524_1.py
from tkinter import *
root=Tk()
root.title("grid 布局")
root.geometry("400x150+400+300")
lb1=Label(root,text="人工智能",font=("SimHei",15),\
        relief="ridge",width=8,bg="white")
lb1.grid(row=0,column=0)
lb2=Label(root,text="大数据",font=("SimHei",15),\
        relief="ridge",width=8,bg="white")
lb2.grid(row=0,column=1)
lb3=Label(root,text="云计算",font=("SimHei",15),\
        relief="ridge",width=8,bg="white")
lb3.grid(row=1,column=0)
```

```
lb4=Label(root,text="区块链",font=("SimHei",15),\
        relief="ridge",width=8,bg="white")
lb4.grid(row=1,column=1)
root.mainloop()
```

每个标签控件占一个单元格,连续分布。程序执行结果如图 5.12 所示。

图 5.12　grid( )方法示例一

利用合并单元格,可以改变控件占位方式,代码如下:

```
# P0524_2.py
from tkinter import *
root=Tk()
root.title("grid 布局")
root.geometry("400x150+400+300")
lb1=Label(root,text="人工智能",font=("SimHei",15),\
        relief="ridge",width=8,bg="white")
lb1.grid(row=0,column=0,rowspan=2)
lb2=Label(root,text="大数据",font=("SimHei",15),\
        relief="ridge",width=8,bg="white")
lb2.grid(row=0,column=1)
lb3=Label(root,text="云计算",font=("SimHei",15),\
        relief="ridge",width=8,bg="white")
lb3.grid(row=1,column=1)
lb4=Label(root,text="区块链",font=("SimHei",15),\
        relief="ridge",width=8,bg="white")
lb4.grid(row=2,column=0,columnspan=2)
root.mainloop()
```

程序执行结果如图 5.13 所示。

图 5.13　grid( )方法示例二

5.7.4　事件处理

图形用户界面通过事件触发执行代码,实现人机交互。tkinter 库提供了鼠标事件和键

盘事件,可以把事件绑定到窗口或控件,再编写事件处理程序,完成相应的功能。窗口或控件绑定事件的语法格式如下:

Widget.bind(event,handle)

Widget 可以是窗体或控件,event 为具体的事件,handle 设置事件处理程序。例如,按钮控件 btn 绑定单击事件处理程序 btnclick 的代码如下:

```
btn.bind(<Button-1>,btnclick)
```

1. 鼠标事件

鼠标一般有 3 个键:左键、右键和中键,常见的鼠标事件包括单击、双击、进入、移出等,常见鼠标事件如表 5.4 所示。

表 5.4　常见鼠标事件

鼠 标 事 件	含　　义	鼠 标 事 件	含　　义
<Button-1>	单击鼠标左键	<Double-Button-2>	双击鼠标中键
<Button-2>	单击鼠标中键	<Double-Button-3>	双击鼠标右键
<Button-3>	单击鼠标右键	<Enter>	鼠标进入控件
<Double-Button-1>	双击鼠标左键	<Leave>	鼠标移出控件

【例 5.25】　鼠标进入控件,显示"欢迎学习 Python 语言程序设计!";鼠标离开控件,文字消失。

```
#P0525.py
def display(event):                  #鼠标进入控件时的事件处理函数
    x,y=event.x,event.y
    lbl.config(text="欢迎学习 Python 语言程序设计!",bg="red")
def disappear(event):                #鼠标移出控件时的事件处理函数
    lbl.config(text="",bg="white")
#主程序
from tkinter import *
root=Tk()
root.title("鼠标事件")
root.geometry("400x200+400+300")
lbl=Label(root,width=30,height=5,bg="white")
lbl.pack()
lbl.bind("<Enter>",display)          #鼠标进入控件绑定事件
lbl.bind("<Leave>",disappear)        #鼠标移出控件绑定事件
root.mainloop()
```

程序中设置了标签控件的鼠标事件,当鼠标进入控件时触发事件<Enter>,当鼠标移出控件时触发事件<Leave>。事件处理程序接收参数 event,可以获取当前鼠标的状态信息,例如相对于窗口的位置(event.x,event.y)等。

程序执行结果如图 5.14 所示。

2. 键盘事件

键盘包括打字键和功能键,按下按键触发键盘事件。常用键盘事件如表 5.5 所示。

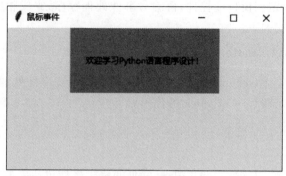

图 5.14 鼠标事件

表 5.5 常用键盘事件

键盘事件	含 义	键盘事件	含 义
<Key>	按下某个键	<Escape>	按下 Esc 键
<Alt-Up>	按下 Alt 键和上方向键	<Return>	按下回车键
<Ctrl-Up>	按下 Ctrl 键和上方向键	<BackSpace>	按下空格键
<Shift-Up>	按下 Shift 键和上方向键		

【例 5.26】 使用键盘事件编写一个小游戏程序,随机生成某个小写字母并显示在屏幕上,然后判断用户按键是否和显示的字母相同。如果相同,继续随机生成字母并显示;如果不同,用红色文字提示,直到用户按键正确再继续生成新的字母。

```python
# P0526.py
def display():                              #定义函数,随机生成小写字母
    i=randint(0,25)
    c=chr(ord("a")+i)
    return c
def type(event):                            #定义函数,处理键盘事件
    global ch
    if eval(repr(event.char))==ch:          #判断按键和显示的字母是否相同
        ch=display()                        #如果相同,生成一个新字母
        lbl.config(text=ch,fg="black")      #以黑色显示新字母
    else:
        lbl.config(fg="red")                #如果不同,以红色显示当前字母
#主程序
from tkinter import *
from random import *
root=Tk()
root.title("鼠标事件")
root.geometry("400x200+400+300")
lbl=Label(root,fg="black",font=("FangSong",40,"bold"))
lbl.pack(fill=BOTH,expand=True)
ch=display()                                #初始化
lbl.config(text=ch)
root.bind("<Key>",type)                     #窗口绑定键盘事件
root.mainloop()
```

程序执行结果如图 5.15 所示。

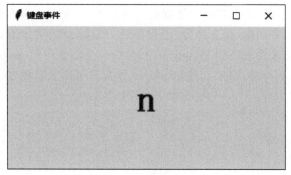

图 5.15　键盘事件

5.8　pillow 库与图像处理

图是重要的信息载体,且具有形象直观的特点。在计算机领域,图可以分为图形和图像。图形是由计算机绘制的几何形状,例如直线、圆、矩形、曲线和图表等。图像是由输入设备捕捉的实际场景画面,或者以数字化形式存储的任意画面,如数码照片等。本节主要介绍使用 Python 程序处理图像。

5.8.1　图像处理概述

图像又称位图,是由大量像素构成的点阵图。像素是构成图像的基本单位,像素包括颜色和坐标两个属性。

记录图像颜色的方式称为颜色模式,包括 RGB 模式、CMYK 模式、HSB 模式等。其中,RGB 模式基于三原色原理,通过对红(R)、绿(G)、蓝(B)3 种颜色(颜色通道)的变化以及叠加得到各种颜色,应用最为广泛。例如,24 位彩色图像采用 RGB 模式,每个颜色通道分配 8 个二进制位,有 2^8(256) 种色阶,共组合产生 16 777 216 种颜色,几乎包括了人类视觉所能感知的所有颜色,所以称为真彩色。RGBA 颜色值是 RGB 颜色值的扩展,A 表示指定颜色不透明度的 alpha 通道,例如常见的 32 位真彩色。

像素坐标是一对值,表示像素点在图像中的水平和垂直位置,例如(3,5)表示该像素点距离原点(图像左上角)的像素值。图像的矩形区域由左上角像素和右下角像素确定,即由这两点的坐标组成一个四元组表示图像的矩形区域,例如(3,5,10,32)。

有大量的第三方库支持 Python 语言进行图像处理,例如 pillow、scikit Image、OpenCV、SimpleCV 等。pillow 库功能丰富,支持常用的图像处理功能,例如调整图像大小、图像格式转换、图像缩放、图像旋转和图像裁剪等。

5.8.2　pillow 库的使用

由于 pillow 库是第三方库,所以需要先安装才能使用。安装 pillow 库需要在 Windows 的命令行界面输入如下命令:

```
pip install pillow
```

pillow 库(模块)包含 21 个与图像处理有关的子库(子模块),具有强大和丰富的图像处理功能,本节只介绍打开图像、保存图像、图像缩放、图像旋转、图像翻转、图像裁剪、图像滤镜等功能。其中,前几个功能用到 Image 子库,最后一个功能用到 ImageFilter 子库。

在成功安装 pillow 库的基础上,使用 pillow 库及其子库之前要先导入。导入 pillow 库及其子库的语法格式如下:

```
import PIL                      #导入 pillow 库
from PIL import Image           #导入 Image 子库
from PIL import ImageFilter     #导入 ImageFilter 子库
```

注意:导入 pillow 库及其子库时,pillow 要写为 PIL。

1. 打开图像

Image 子库提供了 open()方法,用于打开计算机中的图像,语法格式如下:

```
Imageobject=Image.open(filename)
```

其中的参数 filename 指定要打开的图像文件名(包括路径),可以使用相对路径或者绝对路径,该方法返回 Image 对象。

示例:打开存放在路径 d:\py\pillow 下的图像文件 pic1.jpg,读取包括格式、颜色、大小等图像信息。

```
>>>import os,PIL
>>>os.chdir("d:\\py\\pillow")              #把 d:\py\pillow 设为当前路径
```

说明:在 Python 语言中,由于反斜杠(\)具有转义的作用,所以在语句中,路径 d:\py\pillow 中的反斜杠要写两个,写成 d:\\py\\pillow,也可以写成 r"d:\py\pillow"形式(用字符 r 取消后续字符中反斜杠的转义作用)或"d:/py/pillow" 形式(用正斜杠代替反斜杠)。

```
>>>from PIL import Image
>>>img=Image.open("pic1.jpg")
>>>img.size
(4000, 3000)
>>>img.height
3000
>>>img.width
4000
>>>img.format
'JPEG'
>>>img.filename
'pic1.jpg'
>>>img.show()
```

打开的图像如图 5.16 所示。

2. 保存图像

打开图像后,可以对图像进行编辑,并保存编辑结果到指定文件,语法格式如下:

图 5.16　打开的图像

Imageobject.save(filename)

示例：将打开的文件换一个名字保存到当前文件夹。

```
>>>img=Image.open("pic1.jpg")
>>>img.save("pic1_1.jpg")
```

保存图像文件时，还可以改变文件类型（改变扩展名）和改变存储路径。改变文件类型等同于实现了图像的格式转换。

```
>>>img=Image.open("d:\\py\\pillow\\pic1.jpg")    #打开 jpg 格式图像
>>>img.save("d:\\py\\pillow\\pic1.bmp")          #保存为 bmp 格式
>>>img.save("d:\\py\\pic1.png")                  #保存为 png 格式，并改变存储位置
```

3. 图像缩放

图像大小包括宽度（width）和高度（height），使用 resize()方法可以调整这两个参数，实现图像的缩放。需要说明的是，resize()方法并不改变原图像的大小，而是返回新的 Image 对象。

示例：将图像宽度变为原来的两倍。

```
>>>img=Image.open("pic2.jpg")
>>>img.size
(1706, 1280)
>>>imga=img.resize((img.width * 2,img.height))
>>>imga.size
(3412, 1280)
>>>imga.show()
```

原图像和宽度放大后的图像如图 5.17 所示。

　　　　　原图像　　　　　　　　　　　　　　　　宽度放大后的图像

图 5.17　图像放大

图像缩放只是改变了图像显示时的大小,并没有改变图像的像素数,因此图像文件所占存储空间的大小不变。图像放大后像素容易产生锯齿,图像变得模糊。可以利用插值算法生成新的像素,补充在增大了间隙的像素之间,能够在一定程度上保持图像的清晰度,由于增加了像素数,图像文件所占存储空间也会增加。

4. 图像旋转

Image 对象的 rotate()方法返回旋转后的新 Image 对象,而原图像不变。该方法的参数为数值,表示图像逆时针旋转度数。

示例:

```
>>>img=Image.open("pic3.jpg")
>>>imga=img.rotate(90)                    #逆时针旋转90°
>>>imga.show()                            #显示旋转后的图像
>>>imgb=img.rotate(180)                   #逆时针旋转180°
>>>imgb.show()
```

旋转前后的图像如图 5.18 所示。需要指出的是,如果图像逆时针旋转 90°或者 270°,宽度和高度会变化,Windows 系统中会使用黑色背景填充旋转产生的画面空缺。

原图像　　　　　　　　图像逆时针旋转90°　　　　　　图像逆时针旋转180°

图 5.18　图像旋转

5. 图像翻转

Image 对象的 transpose()方法用于实现图像的翻转,其中可选参数值 Transpose.FLIP_LEFT_RIGHT 和 Transpose.FLIP_TOP_BOTTOM 分别用于设定水平翻转和垂直翻转。

示例:

```
>>>img=Image.open("pic4.jpg")
>>>imga=img.transpose(Image.Transpose.FLIP_LEFT_RIGHT)
>>>imga.show()
>>>imgb=img.transpose(Image.Transpose.FLIP_TOP_BOTTOM)
>>>imgb.show()
```

翻转前后的图像如图 5.19 所示。

6. 图像裁剪

Image 对象的 crop()方法可以复制用参数表示的矩形区域,语法格式如下:

原图像

水平翻转

垂直翻转

图 5.19　图像翻转

Imageobject.crop((a,b,c,d))

参数为一个元组,包含 4 个元素,即矩形区域的左上角和右下角的坐标。该方法返回一个新 Image 对象。该方法也不改变原图像。

示例: 截取原图像右上部的建筑物,即原图像右部的 2/3、上部的 3/4。

```
>>>img=Image.open("pic5.jpg")
>>>img.show()
>>>img.size
(2736, 3648)
>>>imga=img.crop((img.width * 1//3,0,img.width,img.height * 3//4))
>>>img.size
(1824, 2736)
>>>imga.show()
```

裁剪前后的图像如图 5.20 所示。

原图像

剪裁后的图像

图 5.20　图像裁剪

7. 图像滤镜

PIL 库的 ImageFilter 模块提供了滤镜功能,语法格式如下:

Image.filter(ImageFilter.function)

其中的参数 ImageFilter.function 用来指定具体滤镜效果,其值如表 5.6 所示。

表 5.6　ImageFilter.function 参数值

参数值的方法表示	描　　述
ImageFilter.BLUR	图像的模糊效果
ImageFilter.CONTOUR	图像的轮廓效果
ImageFilter.DETAIL	图像的细节效果
ImageFilter.EDGE_ENHANCE	图像的边界加强效果
ImageFilter.EDGE_ENHANCE_MORE	图像的阈值边界加强效果
ImageFilter.EMBOSS	图像的浮雕效果
ImageFilter.FIND_EDGES	图像的边界效果
ImageFilter.SMOOTH	图像的平滑效果
ImageFilter.SMOOTH_MORE	图像的阈值平滑效果
ImageFilter.SHARPEN	图像的锐化效果

示例:

```
>>>img=Image.open("pic5.jpg")
>>>imga=img.crop((0,0,img.width,img.height * 4//5))
>>>imga.save("pic6.jpg")
>>>img=Image.open("pic6.jpg")
>>>from PIL import ImageFilter
>>>imgc=img.filter(ImageFilter.EMBOSS)            #浮雕效果
>>>imga.show()
>>>imgd=img.filter(ImageFilter.CONTOUR)           #轮廓效果
>>>imgb.show()
```

原图像和浮雕效果、轮廓效果如图 5.21 所示。

原图像　　　　　　　　　　浮雕效果　　　　　　　　　　轮廓效果

图 5.21　原图像和浮雕效果、轮廓效果

　　PIL 库包含大量图像处理方面的模块,限于篇幅,本节仅做初步介绍,感兴趣的读者可以查阅帮助文档。

5.8.3　图像处理综合示例

【例 5.27】　设计一个简易图像处理系统,通过图形用户界面中的菜单、图标等选项实现

图像的打开、保存、旋转、翻转、滤镜等图像处理功能。

分析：程序功能可以分为用户界面和图像处理两大部分，用户界面的窗口包括 3 部分，即菜单栏、工具栏和图像显示区。菜单栏包含程序的所有功能，工具栏包含常见的功能，图像显示区用于显示图像处理的效果。用户界面如图 5.22 所示。

图 5.22 简易图像处理系统用户界面

```
#P0527.py
#定义各种功能函数
'''display()函数用于显示处理后的图像。Image 对象不支持 jpg 格式,使用 ImageTk 库的
PhotoImage()函数把 jpg 文件转换为 Image 对象支持的格式,从而使标签控件能够显示 jpg 格
式的图像'''
def display(imgD):
    imgT=ImageTk.PhotoImage(imgD)
    lbl.config(image=imgT)
    lbl.image=imgT
'''openFile()函数用于打开要处理的图像文件,函数返回 Image 对象,其他函数实现图像的具
体处理功能时把这个 Image 对象作为参数使用,因此这个 Image 对象需要设置为全局变量。为适
应窗口的大小,对打开的图像进行适当缩放,显示为与窗口对应的固定大小'''
def openFile():
    global img
    f=askopenfilename(title="打开图像",\
        filetypes=[("图像文件",".jpg"),("图像文件",".png")])
    imgF=Image.open(f)
    if imgF.height<=imgF.width:
        img=imgF.resize((480,imgF.height * 480//imgF.width))
    else:
        img=imgF.resize((imgF.width * 400//imgF.height,400))
    display(img)
def saveFile():                  #保存图像文件
    global img
    f=asksaveasfilename(title="打开图像",\
```

```
            filetypes=[("图像文件",".jpg"),("图像文件",".png")])
        img.save(f)
    def fdRotate():                #图像前向旋转
        global img,angle
        angle+=10
        imgR=img.rotate(angle,expand=True)
        display(imgR)
    def bkRotate():                #图像后向旋转
        global img,angle
        angle-=10
        imgR=img.rotate(angle,expand=True)
        display(imgR)
    def horTranspose():            #图像水平翻转
        global img
        img=img.transpose(Image.Transpose.FLIP_LEFT_RIGHT)
        display(img)
    def verTranspose():            #图像上下翻转
        global img
        img=img.transpose(Image.Transpose.FLIP_TOP_BOTTOM)
        display(img)
    def filter(s):                 #图像滤镜效果
        global img
        dct={"1":ImageFilter.BLUR,"2":ImageFilter.CONTOUR,"3":ImageFilter.\
            EMBOSS, "4":ImageFilter.SMOOTH,"5":ImageFilter.SHARPEN}
        imgFt=img.filter(dct[s])
        display(imgFt)
    def winRotate():               #打开对话框,设置图像旋转参数
        tl=Toplevel(root)
        tl.title("图像旋转")
        tl.geometry("300x120+500+400")
        v=StringVar()
        v.set("0")
        frm=Frame(tl)
        frm.pack()
                            #选择旋转方向
        tA=Radiobutton(frm,variable=v,value="0",text="逆时针旋转")
        tA.pack(side=LEFT)
        tB=Radiobutton(frm,variable=v,value="1",text="顺时针旋转")
        tB.pack(side=LEFT)
                            #设置旋转度数
        lblTxt=Label(tl,text="旋转角度:")
        lblTxt.pack()
        spD=Spinbox(tl,from_=0,to=360,increment=10)
        spD.pack()
        Button(tl,text="确定",command=lambda:imgRotate(v.get(),spD.get())).pack()
        tl.mainloop()
    def imgRotate(d,n):            #图像前向或者后向旋转
        global img
        if d=="0":
```

```
            imgR=img.rotate(int(n),expand=True)
        else:
            imgR=img.rotate(-int(n),expand=True)
        display(imgR)
def syshelp():                  #小程序文字说明
        sh=Toplevel(root)
        sh.title("说明")
        sh.geometry("300x120+540+600")
        helpTxt=Label(sh,text="简易图像处理小程序!")
        helpTxt.pack()
        Button(sh,text="确定",command=sh.destroy).pack()
        sh.mainloop()
def tbFilter():                 #图像滤镜效果
        fl=Toplevel(root)
        fl.title("图像滤镜")
        fl.geometry("160x200+300+500")
        f=StringVar()
        f.set("1")
        frm=Frame(fl)
        frm.pack()
        #选择滤镜效果
        fA=Radiobutton(frm,variable=f,value="1",text="模糊效果")
        fA.pack()
        fB=Radiobutton(frm,variable=f,value="2",text="轮廓效果")
        fB.pack()
        fC=Radiobutton(frm,variable=f,value="3",text="浮雕效果")
        fC.pack()
        fD=Radiobutton(frm,variable=f,value="4",text="平滑效果")
        fD.pack()
        fE=Radiobutton(frm,variable=f,value="5",text="锐化效果")
        fE.pack()
        bn1=Button(frm,text="确定",command=lambda:filter(f.get()))
        bn1.pack(side=LEFT)
        bn2=Button(frm,text="关闭",command=fl.destroy)
        bn2.pack(side=LEFT)
        fl.mainloop()
#主程序
from tkinter import *                       #导入 tkinter 库
from tkinter.filedialog import *            #导入文件对话框模块
from PIL import Image,ImageTk,ImageFilter
root=Tk()                                   #创建根窗口
root.title("简易图像处理")                    #设置窗口标题
root.geometry("800x600+400+300")            #设置窗口大小和位置
menu1=Menu(root)                            #创建顶层菜单
#创建"文件"二级子菜单
menu2_1=Menu(menu1,tearoff=False)
menu2_1.add_command(label="打开",command=openFile)      #添加命令列表
menu2_1.add_command(label="保存",command=saveFile)
menu2_1.add_separator()                     #添加分隔线
```

```
menu2_1.add_command(label="退出",command=root.destroy)
menu1.add_cascade(label="文件",menu=menu2_1)              #将子菜单添加到父菜单中
#创建"编辑"二级子菜单
menu2_2=Menu(menu1,tearoff=False)
menu2_2.add_command(label="图像旋转",command=winRotate) #添加命令列表
menu2_2.add_separator()                                    #添加分隔线
menu2_2.add_command(label="水平翻转",command=horTranspose)
menu2_2.add_command(label="垂直翻转",command=verTranspose)
menu2_2.add_separator()
#创建"图像滤镜"三级子菜单
menu3_1=Menu(menu2_2,tearoff=False)
menu3_1.add_command(label="模糊效果",command=lambda:filter("1"))
menu3_1.add_command(label="轮廓效果",command=lambda:filter("2"))
menu3_1.add_command(label="浮雕效果",command=lambda:filter("3"))
menu3_1.add_command(label="平滑效果",command=lambda:filter("4"))
menu3_1.add_command(label="锐化效果",command=lambda:filter("5"))
menu2_2.add_cascade(label="图像滤镜",menu=menu3_1)
menu1.add_cascade(label="编辑",menu=menu2_2)              #将子菜单添加到父菜单中
menu1.add_command(label="帮助",command=syshelp)
root.config(menu=menu1)
#创建工具栏
toolbar=Frame(root,relief="flat",borderwidth=3,bg="white")
toolbar.pack(side=TOP,fill=X)
#添加工具栏控件
img1=PhotoImage(file="open.png")
openfile=Button(toolbar,image=img1,width=40,height=40,command=openFile)
openfile.pack(side=LEFT)
img2=PhotoImage(file="save.png")
save=Button(toolbar,image=img2,width=40,height=40,command=saveFile)
save.pack(side=LEFT)
img3=PhotoImage(file="rotate1.png")
rot1=Button(toolbar,image=img3,width=40,height=40,command=fdRotate)
rot1.pack(side=LEFT)
img4=PhotoImage(file="rotate2.png")
rot2=Button(toolbar,image=img4,width=40,height=40,command=bkRotate)
rot2.pack(side=LEFT)
img5=PhotoImage(file="flip1.png")
flp1=Button(toolbar,image=img5,width=40,height=40,command=verTranspose)
flp1.pack(side=LEFT)
img6=PhotoImage(file="flip2.png")
flp2=Button(toolbar,image=img6,width=40,height=40,command=horTranspose)
flp2.pack(side=LEFT)
img7=PhotoImage(file="filter.png")
flt=Button(toolbar,image=img7,width=40,height=40,command=tbFilter)
flt.pack(side=LEFT)
lbl=Label(root,width=600,height=600)                     #创建标签控件
lbl.pack()                                                #显示图像
angle=0                                                   #初始化图像的角度参数
root.mainloop()
```

5.9　变量的作用域

变量的作用域指变量的作用范围。在 Python 语言中,根据作用域的不同可以将变量分为全局变量和局部变量。

1. 全局变量

全局变量指在函数外部定义的变量,在整个程序(模块)范围内起作用。局部变量指在某个函数内部定义的变量,在该函数范围内起作用;函数执行完,其局部变量被 Python 解释器撤销,不再起作用。

示例:

```
def add(x,y):                                   #定义函数,形参 x 和 y 是函数的局部变量
    c=x+y                                       #变量 c 也是函数的局部变量
    print("函数内:a={},b={}".format(a,b))        #正确,add()函数内部使用全局变量
    print("函数内:c={}".format(c))               #正确,函数内部使用自定义的局部变量
    return c
#主程序
a,b=11,12                                       #定义全局变量 a 和 b
print("函数外:57+62={}".format(add(57,62)))     #调用 add()函数
print("函数外:a={},b={}".format(a,b))            #正确,add()函数外部使用全局变量
print("函数外:c={}".format(c))                   #错误,add()函数外部使用局部变量
```

删除错误语句后,程序执行结果如下:

```
函数内:a=11,b=12
函数内:c=119
函数外:57+62=119
函数外:a=11,b=12
```

说明:

(1) add()函数的形参 x 和 y 以及内部定义的变量 c 都是 add()函数的局部变量,在函数内部起作用;离开 add()函数,3 个局部变量被撤销,不能再使用。

(2) add()函数外部定义的变量 a 和 b 是该程序的全局变量,在 add()函数内部没有同名局部变量的情形下,在函数内部和外部都起作用。

2. 局部变量

如果在函数内部定义了与全局变量同名的局部变量,则全局变量在函数外部起作用,局部变量在函数内部起作用。

示例:

```
def add(x,y):                                   #定义函数,形参 x 和 y 是函数的局部变量
    c=x+y                                       #变量 c 也是函数的局部变量
    a,b=28,29                                   #定义与全局变量同名的局部变量 a 和 b
    print("函数内:a={},b={}".format(a,b))        #正确,函数内部使用局部变量 a 和 b
    print("函数内:c={}".format(c))               #正确,函数内部使用局部变量 c
```

```
    return c
#主程序
a,b=11,12                                    #定义全局变量 a 和 b
print("函数外:57+62={}".format(add(57,62)))    #调用函数
print("函数外:a={},b={}".format(a,b))          #正确,函数外部使用全局变量 a 和 b
```

程序执行结果如下:

```
函数内:a=28,b=29
函数内:c=119
函数外:57+62=119
函数外:a=11,b=12
```

说明:

（1）如果在函数内部定义了与全局变量同名的局部变量,则在函数内部局部变量起作用,在函数外部全局变量起作用。

（2）编写 Python 程序时,定义变量指用赋值号(=)给变量赋值。所以,在 add()函数外,a,b=11,12 是定义全局变量 a 和 b;在 add()函数内,a,b=28,29 是定义局部变量 a 和 b。

3. 全局变量声明

如果在函数外部定义了全局变量,又需要在函数内部通过赋值的方式改变全局变量的值,可以在函数内部进行全局变量声明,格式如下:

global 变量名 1,变量名 2,…,变量名 *n*

示例:

```
def add(x,y):                                 #定义函数,形参 x 和 y 是函数的局部变量
    c=x+y                                     #变量 c 也是函数的局部变量
    global a                                  #声明 a 为全局变量
    a,b=28,29                                 #a 为全局变量,b 为局部变量
    print("函数内:a={},b={}".format(a,b))       #函数内部使用全局变量 a 和局部变量 b
    print("函数内:c={}".format(c))             #函数内部使用局部变量 c
    return c
#主程序
a,b=11,12                                    #定义全局变量 a 和 b
print("函数外:57+62={}".format(add(57,62)))    #调用函数
print("函数外:a={},b={}".format(a,b))          #函数外部使用全局变量 a 和 b
```

程序执行结果如下:

```
函数内:a=28,b=29
函数内:c=119
函数外:57+62=119
函数外:a=28,b=12
```

说明:

（1）如果需要在函数内部对全局变量赋值,又想保留其全局变量性质,可以用 global 关键字进行声明。示例中,由于对变量 a 用 global 进行了声明,a 仍然为全局变量,a=28 为对全局变量的使用;而变量 b 由于没有用 global 进行声明,b=29 为定义一个与全局变量同名

的局部变量 b。

（2）由于变量 a 在函数内部和外部都是以全局变量性质出现的，整个程序中只有一个名为 a 的变量，所以函数内部的赋值语句 a＝28 改变了 a 的原有值 11；变量 b 有局部变量和全局变量之分，整个程序中有两个同名的变量 b，分别在函数内部和外部起作用，所以函数内部的赋值语句 b＝29 对全局变量 b 不起作用，全局变量 b 仍保持原有值 12。

4. 全局列表变量与局部列表变量

全局列表变量示例：

```
def listFun( * tup):          #定义函数,把接收的实参值组合为元组
    for i in tup:
        lst.append(i)         #向已有全局列表中追加元素
#主程序
lst=[]                        #建立一个全局列表变量,初值为空
listFun(76,62,81)             #通过调用函数向列表中追加元素
print("lst=",lst)
```

程序执行结果如下：

```
lst=[76, 62, 81]
```

说明：函数外部的语句 lst＝[] 的作用是建立一个名为 lst 的全局列表变量（初值为空），函数内部的 lst.append(i) 语句向全局列表变量 lst 中追加元素，此时是使用全局列表变量，不是新建列表变量。如果要想在函数内部新建局部列表变量，应该使用类似于 lst＝[] 的赋值语句形式。

局部列表变量示例：

```
def listFun( * tup):          #定义函数,把接收的实参值组合为元组
    lst=[]                    #新建与全局变量同名的局部列表变量 lst
    for i in tup:
        lst.append(i)         #向局部列表变量中追加元素
    print("局部 lst=",lst)     #输出局部列表变量的值
#主程序
lst=[]                        #新建全局列表变量 lst
listFun(76,62,81)            #调用函数
print("全局 lst=",lst)        #输出全局列表变量的值
```

程序执行结果如下：

```
局部 lst=[76, 62, 81]
全局 lst=[]
```

说明：由于在函数内部有赋值语句 lst＝[]，其作用是建立一个与全局列表变量同名的局部列表变量，其后的 lst.append(i) 语句是向局部列表变量 lst 中追加元素，与全局列表变量 lst 无关，所以函数内部、外部输出变量 lst 的值是不同的，分别为局部列表变量和全局列表变量的值。

全局变量与局部变量的作用域总结如下：

（1）在函数内部定义的变量称为该函数的局部变量。局部变量只在定义它的函数内部起作用；退出函数后，该函数的局部变量被撤销，不再起作用。

（2）定义变量要通过为变量赋值的形式实现。

（3）全局变量指在函数外部定义的变量。如果函数内部定义了与全局变量同名的局部变量，则同名的全局变量与局部变量分别在函数外部和内部起作用；如果函数内部没有定义与全局变量同名的局部变量，则全局变量在函数内部、外部都起作用。

（4）如果需要在函数内部为某个全局变量赋值，同时保持该全局变量的性质不变，可以用关键字 global 进行声明，声明之后在函数内部对全局变量的赋值是使用已有的全局变量，不是定义新的局部变量。

【例 5.28】 通过全局变量计算汉诺塔问题中移动盘子的次数。

分析：例 5.13 通过递归程序给出了盘子的移动顺序，可以在此程序的基础上增加一个初值为 0 的计数器，盘子移动一次，计数器的值就加 1。如果计数器定义为函数的局部变量，每次退出函数后就会被撤销；只有将其定义为全局变量，才能在程序运行期间一直起作用，计算出盘子的总移动次数。

```python
#P0528.py
def hanoi(n,p1,p2,p3):              #定义函数
    global count                    #声明已定义的全局变量
    if (n==1):
        print("{}-->{}".format(p1,p3))   #将 p1 柱子上的一个盘子移到 p3 上
        count+=1                    #盘子移动次数加 1
    else:
        hanoi(n-1,p1,p3,p2)         #借助 p3 柱子将 n-1 个盘子由 p1 移到 p2 上
        print("{}-->{}".format(p1,p3))   #将一个盘子由 p1 柱子移到 p3 上
        count+=1                    #盘子移动次数加 1
        hanoi(n-1,p2,p1,p3)         #借助 p1 柱子将 n-1 个盘子由 p2 移到 p3 上
#主程序
count=0                             #定义全局变量,用于存放盘子移动次数
m=int(input("请输入盘子个数 m="))
print("盘子的移动顺序为:")
hanoi(m,"a","b","c")                #调用函数
print("盘子的总移动次数={}".format(count))
```

【例 5.29】 从键盘输入两个字符串，把每个字符串中的数字字符分离出来并组成一个整数，计算两个整数的和并输出。例如，如果输入"a23TY78hy"和"xy58uv395ni"，则输出数值 60773（2378 加上 58395）。

分析：设计一个函数，其功能是从字符串中截取所有数字字符并组合成一个整数，通过调用这个函数实现题目要求的功能。

```python
#P0529_1.py
def extract(string):                #定义函数,截取字符串中的数字字符并组成一个整数
    num_str=""                      #用于存放数字字符的字符串,初值为空
    for ch in string:               #逐一判断 string 中的每个字符
```

```
        if "0"<=ch<="9":            #如果是数字字符
            num_str+=ch             #拼接到数字字符串 num_str 中
    return int(num_str)             #转换为数值后返回主程序
#主程序
str1=input("请输入第一个字符串=")
str2=input("请输入第二个字符串=")
print(extract(str1)+extract(str2))  #调用函数
```

如果不定义函数,程序应写成如下形式:

```
#P0529_2.py
str1=input("请输入第一个字符串=")
str2=input("请输入第二个字符串=")
num_str=""
for ch in str1:                     #逐一判断 str1 中的每个字符
    if "0"<=ch<="9":                #如果是数字字符
        num_str+=ch                 #拼接到数字字符串 num_str 中
a=int(num_str)                      #转换为数值
num_str=""
for ch in str2:                     #逐一判断 str2 中的每个字符
    if "0"<=ch<="9":                #如果是数字字符
        num_str+=ch                 #拼接到数字字符串 num_str 中
b=int(num_str)                      #转换为数值
print(a+b)
```

在程序中,从字符串中截取数字字符并转换为对应整数的代码重复书写了两次,这样程序比较长,而且出错的概率增加。把重复代码定义为函数,使程序变得简洁清晰。如果需要对这部分代码进行修改,修改一次即可,有助于提高编程效率及保证程序的正确性。

【例 5.30】 编写递归程序,输出斐波那契数列的前 n 项,n 的值从键盘输入。斐波那契数列的定义如下:

$$a_1=1, a_2=1, a_n=a_{n-1}+a_{n-2} \quad (n \geqslant 3)$$

分析:由于是在程序运行期间生成若干项的值,所以把每次生成的值存入列表,最后输出整个列表的值。

```
#P0530.py
def fib(n):                         #定义函数,生成数列中的第 n 个值
    if n==1 or n==2:
        fib_value=1
    else:
        fib_value=fib(n-1)+fib(n-2) #递归调用
    return fib_value                #返回主程序
#主程序
fib_list=[]
n=int(input("需要的数列项数="))
for i in range(1,n+1):
    fib_list.append(fib(i))         #调用函数,生成数列中的前 n 个值
print(fib_list)
```

5.10　模块和包

随着问题规模的不断增大,为解决问题编写的程序的代码量也越来越大,对程序代码进行合理组织,建立良好的结构,才能易于理解、维护和升级。前面介绍的函数是一种组织代码的好方式。在函数的基础上,还可以进一步把代码组织成模块和包。

5.10.1　模块化程序设计

面对复杂的问题,在设计好程序结构之前就急于写出大量的程序代码不是一种好的编程模式,这会给日后程序的测试、修改、升级带来困难,甚至无法修改和升级。好的程序设计方法是:应用系统化思维,将复杂的大问题分解为多个相对独立的小问题。首先针对每个小问题编写相应的代码,称为模块,前面定义的函数就可以看作一种模块化的形式。然后再把这些模块通过调用关系拼装起来,形成解决复杂问题的完整程序。这种程序设计方法称为模块化程序设计方法。

划分模块遵循的基本规则是:每个模块功能相对独立,模块内部联系紧密,模块间联系简单。以函数为例,把一个函数或若干函数看作一个模块,一个复杂的程序分成若干模块,每个函数实现一个较为单一的功能,函数之间仅有调用关系,一个函数内部语句的修改不会影响其他函数。

使用 Python 语言编写程序,模块化设计过程大致是这样的:

(1) 把要解决的比较复杂的问题(对应的程序功能也比较复杂)分解为若干相对独立的易于解决的小问题(小问题对应的程序功能也比较简单)。

(2) 把解决每个小问题的代码设计成一个函数,把相关的函数组织在一起构成模块,若干模块可以组织成包。

这样,一个功能比较复杂的程序可以组织成包-模块-函数形式的分层代码结构。

模块化程序设计具有以下优点:

(1) 把复杂问题分解为小问题,这种分而治之的方式降低了解决问题的难度,还可以按模块为项目组成员分配任务,有利于多人分工合作。

(2) 设计好的函数、模块和包都可以被多次调用,实现了代码复用,有利于提高编程效率和程序质量。

(3) 模块功能相对独立,可以分别独立测试、修改和完善,有利于程序的维护和升级。

5.10.2　模块

在 Python 语言中,模块(module)就是 Python 程序文件,文件名就是模块名字,其扩展名一般为.py,其中可以包含一个或多个函数。模块中所包含的函数称为模块的成员,可以通过模块名导入这些成员。

简单的 Python 程序可以只有一个模块。复杂的 Python 程序可以包含多个模块,模块之间通过调用构成完整程序。设置某个模块作为程序的入口,称为主模块,其他模块称为辅助模块。

主模块是程序的开始,可以直接执行,即主模块中包含的函数之外的语句会直接执行;但辅助模块一般通过调用才能执行,因此辅助模块一般不包含外部语句,仅由函数或者类组成。

下面通过示例说明如何划分函数,如何将函数组织为模块和包,以及如何使用模块和包。

【例 5.31】 从键盘输入一个大于 1 的自然数,判断该数是否是偶数、素数、回文数,分解出该数的质因数,并输出结果。

分析:把该题目要实现的功能划分为 4 个功能单元,相应地设计 4 个函数分别实现偶数、素数、回文数判断和质因数分解,把判断偶数的函数 isEven() 和判断回文数的函数 isPal() 组成模块 1(module1.py),把判断素数的函数 isPrime() 和分解质因数函数 primef() 组成模块 2(module2.py),主模块(P0531.py)实现数据输入、函数调用和结果输出等功能。

在 d 盘建立文件夹 python_mod,存储这 3 个模块文件。

```
#module1.py(模块 1)
def isEven(n):                    #定义判断偶数的函数
    if n%2==0:
        return True
    else:
        return False
def isPal(n):                     #定义判断回文数的函数
    temp=str(n)
    if temp==temp[::-1]:
        return True
    else:
        return False
#module2.py(模块 2)
def isPrime(n):                   #定义判断素数的函数
    for i in range(2,n):
        if n%i==0:
            return False
    else:
        return True
def primef(n):                    #定义分解质因数的函数
    lst=[]                        #定义列表用于存放质因数
    for i in range(2,n):
        if n%i==0 and isPrime(i):  #调用本模块定义的函数
            lst.append(i)
    return lst
#0531.py(主程序)
import module1,module2            #导入自定义的两个模块
n=eval(input("请输入一个大于 1 的自然数:"))
if module1.isEven(n):            #调用 module1 中的函数
    print(n,"是偶数")
else:
    print(n,"不是偶数")
if module1.isPal(n):             #调用 module1 中的函数
    print(n,"是回文数")
```

```
    else:
        print(n,"不是回文数")
    if module2.isPrime(n):                  #调用 module2 中的函数
        print(n,"是素数")
    else:
        print(n,"不是素数")
    lst=module2.primef(n)                   #调用 module2 中的函数
    print(n,"的质因数为",lst)
```

说明：所有模块都有一个名字为__all__的属性，可以设置为包含模块中某些成员的列表，这样，当执行"from 模块名 import *"语句时，只会导入列表中的成员。例如，如果在P0530.py 文件中加入__all__=['isPal']语句，则只能导入这一个成员，其他成员不会被导入。

模块既可以被设计者自己使用，也可以供其他编程人员使用，为了让使用者了解模块的作用和功能，可以编写模块说明。模块说明就是说明模块功能的注释，可以写在模块文件的开始，和一般的程序注释一样，可以是井号(♯)开始的单行注释，也可以是用一对三引号括起来的多行注释。

可以在命令行模式下查看模块说明和成员：

（1）首先把模块的路径临时增加到环境变量中，代码如下：

```
>>>import sys
>>>sys.path.append("d:\\python_mod")
```

（2）导入模块后，使用内置函数 help()查看模块说明以及成员：

```
>>>import module1
>>>help(module1)
```

（3）使用模块的特殊属性__doc__查看模块说明：

```
>>>module1.__doc__              #doc 前后都是两个下画线
```

（4）使用 dir()函数查看模块的成员：

```
>>>dir(module1)
```

5.10.3 包

在上面的示例中，所有模块都存放在一个文件夹下。对于规模比较大的程序，可能会有很多个模块，为了方便管理和使用，可以把模块分类存放到不同的文件夹下，每一个文件夹称为一个包(package)，文件夹名就是包名，模块是包的成员。

包是包含一个特殊文件__init__.py 的文件夹，即只要文件夹下包含__init__.py 文件，Python 解释器就把该文件夹看作一个包，当导入包或者包内的模块时，自动执行该文件。

__init__.py 可以为空，也可以包含属于包的代码。__init__.py 文件的模块说明信息就是包的说明信息，查看方法和模块相同。

包的创建过程是：首先创建包名对应的文件夹，然后在文件夹下创建__init.py__文件，最后创建包内的模块文件,编写模块的函数或类对象。

对于例 5.31,可以创建文件夹 python_pck 作为包的名称,在文件夹下创建__init__.py 文件,编写包的说明信息,然后把已经编写好的模块文件 module1.py 和 module2.py 存储到这个文件夹下,文件夹结构如图 5.23 所示,这样就创建了一个名为 python_pck 的包。

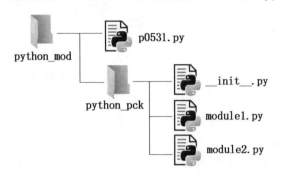

图 5.23　包 python_pck 的文件夹结构

包是模块的集合,模块是函数(或类)的集合。通过 import 语句可以导入包,有两种使用形式:

(1) 直接导入模块,语法格式为

import 包名.模块名

示例:

import python_pck.module1 　　　　　#导入 python_pck 包中的 module1 模块

导入模块后,使用函数的语法格式为

包名.模块名.函数名()

示例:

python_pck.module1.isEven() 　　　　#导入模块 module1 中的 isEven()函数

(2) 通过包导入模块,语法格式为

from 包名 import 模块名

示例:

from python_pck import module1 　　#导入 python_pck 包中的 module1 模块

模块导入后,可以直接使用模块名导入函数,前面不用写包名,例如:

module1.isEven() 　　　　　　　　　#导入模块 module1 中的 isEven()函数

注意:直接导入包(如 import python_pck),只是执行包文件夹下的__init__.py 文件,不会导入包中的模块。同样,"from 包名 import *"也不会导入包中的所有模块成员。

包是模块的管理形式,本质上就是包含了__init__.py 文件的文件夹,文件夹既可以包含文件(模块),也可以包含子文件夹(子包),即文件系统中采用文件夹组织文件,这样可以把大量的模块文件分类组织成多层次的文件夹结构,方便使用。

Python语言中的库借用了其他编程语言的概念,没有特别具体的定义,着重强调其功能性。在Python语言中,具有某些功能的模块和包都可以被称作库(library)。因此,在提到库时,一般指的是包或者模块。

习　题　5

一、填空题

1. 定义函数时第一行的语法格式是_____,调用函数的语法格式是_____。

2. 调用函数时_____的个数要与定义函数时_____的个数一致。

3. 调用函数时参数传递有两种方式,一种是_____实参值的参数传递,另一种是_____实参值的参数传递。

4. 在函数的多级调用中,可以分为_____调用和_____调用。

5. 在用Python语言编写程序时,可以使用的函数包括自定义函数、_____函数、_____函数和_____函数。其中,_____函数可以直接使用,_____函数需要导入后才能使用,_____函数需要安装库并导入后才能使用。

6. turtle库是_____库,jieba库是_____库。

7. tkinter库提供了常见的界面布局方式,分别是_____和_____。

8. 控件的宽度和高度对应的属性分别是_____和_____。

9. 标签控件的_____属性决定其显示内容。

10. 为了执行事件代码,需要设置按钮控件(Button)的_____属性。

11. 将控件的_____属性绑定到变量对象,可以通过变量对象获取和设置控件的值。

12. 设置若干单选按钮的_____属性为同一个变量对象,可以实现多选一的效果。

13. _____控件可以用于选择一个或者多个选项,并显示选项文本或图像。

14. 在主菜单中添加子菜单,需要使用_____方法;添加命令,需要使用_____方法;添加分隔线,需要使用_____方法。

15. pillow库是图像处理的第三方库,安装该库的语句是_____。

16. 使用pillow库的Image子模块,打开图像文件(d:\py\pic8.png)的语句是_____。

17. 使用pillow库的Image子模块转换已经打开的图像文件格式,并存储到d:\py\文件夹,命名为pic9.jpg,语句为_____。

18. img是Image对象,对其进行缩放,高度是原来的1/3,宽度是原来的1/4,语句为_____。

19. img是Image对象,将其顺时针旋转45°的语句为_____。

20. 剪裁Image对象img左上角部分,高度是原图像的2/3,宽度是原图像的3/5,语句为_____。

21. 变量根据作用范围可分为_____变量和_____变量。_____变量在定义它的函数内部起作用,_____变量在程序范围内起作用(函数内部未定义同名变量)。

22. 关键字global的作用是_____。

二、编程题

1. 判断从键盘输入的一个年份是否为闰年，并且输出相应信息。判断是否为闰年设计成函数形式。

2. 根据键盘输入的 3 个边长计算三角形的面积并输出。判断是否能构成三角形及计算三角形的面积分别设计成函数形式。

3. 将一个从键盘输入的十进制数转换为二进制数并输出。整数转换和小数转换分别设计成函数形式。

4. 验证哥德巴赫猜想。哥德巴赫猜想可描述为：任一大于 5 的整数都可写成 3 个素数之和。判断一个数是否为素数定义为函数。

5. 实现多个数相加并输出计算结果。多个数相加设计成函数形式，该函数可以接收任意多个数值型参数（至少一个），返回值为这些参数的和；当只有一个参数时，返回值为该参数的值。

6. 设计图形用户界面，为用户提供球类运动的选择，包括篮球、足球、乒乓球、排球、其他球类，默认没有选择。用户可以选择一项或者多项，提交后输出选择结果。

7. 设计一个窗口，并为窗口制作菜单，要求包含命令项、分隔线和子菜单。

8. 打开任意图像文件，调整该图像文件宽度为 400 像素，高度按宽度变化的比例缩放，以保持原图像的纵横比，并显示结果。

9. 将某文件夹下所有 jpg 格式的图像文件转化为 png 格式，并重命名为 imgk.png，k 为从 1 开始的顺序编号。

10. 设计一个简易计算器，实现加减乘除四则运算。计算器包括数字 0～9、小数点、加（＋）减（－）乘（＊）除（\）运算符、左右小括号、清零（C）、退格（Del）、等号（＝）等按钮以及显示要计算的表达式和结果的显示区域。

三、思考题

1. 使用 tkinter 库创建多级菜单，有哪些工作步骤？

2. 如何使用 pillow 库和 tkinter 库实现图像剪裁，通过鼠标左键画出要剪裁的区域，结果另存为新的图像文件。

3. 一个主程序调用一个函数，实参可以和形参同名，全局变量可以和局部变量同名，如何理解其工作机制？

Python
第6章 文件处理

前面章节中程序处理的数据都存放在变量中,是临时性存储,随着程序执行的结束,这些数据也就消失了。文件可以将数据长期保存下来,供以后分析和使用。本章所说的文件是指为了临时或长期使用的目的,以文本或二进制形式存放于硬盘、U盘、光盘等外部存储器中的数据集合。

6.1 文件的打开与关闭

6.1.1 文件概述

通过编程解决实际问题时,一般数据量较大,并且程序的执行结果往往需要长期保存,因此,编写程序解决实际问题时,多数情况会涉及文件的读写操作。

文件的读取或写入操作一般应用于以下情况:

(1) 程序执行时需要大量的、非实时输入的数据时,需要读取数据文件以获取数据。

(2) 程序执行生成的结果需要长期保存备份或供以后分析和使用时,需要将数据写入文件。

(3) 程序执行的中间结果由于数据量过大或格式不符等原因需要临时保存为文件并等待再次读取使用时,需要将数据写入文件。

(4) 一个程序的输出数据是其他程序的输入数据时,需要将输出数据按要求写入文件存储。

文件按照数据在计算机中存储时的组织形式分为两种:文本文件和二进制文件。

文本文件内部存储的是常规的中西文字符、数字、标点、换行符等符号,此类文件可以使用普通文本编辑工具(如 Windows 平台的"记事本")打开和编辑。

数据以二进制形式存储于文件之中,普通文本编辑工具一般无法打开或编辑,读取此类文件需要解析二进制数据的结构和含义。例如,图片(.jpg)文件、Windows 下的可执行文件(.exe)都是典型的二进制文件。

不论是文本文件还是二进制文件,对文件进行读写操作,一般分为以下 3 个步骤:

(1) 打开文件。对文件进行读写操作前,首先要打开(或创建)文件。

(2) 读写文件。对文件的操作就是向文件中写入数据或从文件中读取数据。

(3) 关闭文件。对文件的读写操作完成后,要关闭文件,否则可能会造成文件中数据的异常。

6.1.2 文件的打开

使用 Python 内置文件操作函数 open()可以将文件以文本形式或二进制形式打开,语法格式如下：

```
open(filename, mode="r",encoding=None)
```

功能：打开指定文件，并返回一个文件对象，通过该对象可以对打开的文件进行读或写操作。

参数 filename 用于指定需要打开的文件名，文件名可以通过绝对路径（如 d:\\py\\file1.txt）或相对路径（..\\file1.txt）的方式提供。考虑到程序的可移植性，一般推荐使用相对路径。如果提供的是不带任何路径的文件名，Python 默认打开当前文件夹下的文件。当前文件夹可以通过如下方式查看：

```
import os                #导入 Python 标准库 os
print(os.getcwd())       #使用 os 库的 getcwd()方法获取当前文件夹
```

参数 mode 是可选项，用于指定打开文件的方式。该参数可以选用的值包括 "r"、"w"、"x"、"a"、"b"、"t"、"＋"之一或相应的组合。若省略不写，将使用默认值 "rt"。open( )函数 mode 参数值的含义见表 6.1。

表 6.1　open( )函数 mode 参数值的含义

取值	含　义
"r"	以只读模式打开文件（默认值）
"w"	以写数据模式打开文件。若该文件已经存在，打开文件后，先清除该文件中的现有内容；若该文件不存在，则创建并打开该文件
"x"	以创建文件写数据模式打开文件。若该文件已经存在，则报 FileExistsError 错误
"a"	以追加写数据模式打开文件。若该文件已经存在，写数据时追加在现有数据之后；若该文件不存在，则创建并打开该文件，然后可以写入数据
"b"	以二进制模式打开文件
"t"	以文本模式打开文件（默认模式）
"＋"	增加读或写模式，与"r"、"w" 或 "a" 组合使用，如"r＋"、"w＋"、"a＋"等

参数 encoding 是可选项，用于指定打开文本文件时采用何种字符编码格式，保留为空时，表示使用当前操作系统默认的编码格式。由于历史发展等原因，不同语言、不同版本、不同类型的操作系统甚至不同的软件采用了不同的字符编码格式。因此，打开他人提供的文本文件时，使用正确的编码格式非常重要。在 Windows 平台下，使用"记事本"工具打开文本文件，选择"查看"菜单中的"状态栏"选项，打开"记事本"下方的"状态栏"，可以从"状态栏"右侧看出当前文本文件使用的编码格式，如图 6.1 所示。从图 6.1 中可以看出，demo.txt 文件采用的是 UTF-8 编码格式。

常见字符编码格式及对应的语言种类见表 6.2。UTF-8 是一种通用字符编码格式，为了文件的通用性，一般情况下，写文本文件时应使用 UTF-8 格式。

图 6.1 查看文本文件编码格式

表 6.2 常见字符编码格式及对应的语言种类

编码格式	语言种类	编码格式	语言种类
ASCII	英文	GB2312	中文
GBK	中文	UTF-8	各种语言

当使用二进制模式打开文件时,不能使用参数 encoding。

由以上内容可知,当直接使用

```
f=open(filename)
```

打开文件 filename 并得到文件对象 f 时,mode 的默认值为"rt",即以文本文件读模式打开,encoding 默认为系统默认编码格式。

open()函数还有其他一些不大常用的可选参数,如 buffering、errors 等,感兴趣的读者可以通过 Python 帮助文档学习了解。

【例 6.1】 已有一个包含物理三班成绩值的数据文件 phyclass3.txt,打开该文件并输出文件中的所有数据。

分析:以只读和文本模式打开 phyclass3.txt 文件,字符编码格式为 UTF-8。

```
#P0601.py
f=open("phyclass3.txt","rt",encoding="utf-8")
txt=f.read()            #以字符串形式返回 phyclass3.txt 文件中的所有数据
print(txt)              #输出 txt 中的数据
f.close()               #关闭文件
```

程序执行结果如下(行数较多,1 行标题数据,45 行成绩数据,中间数据省略):

```
姓名,计算机,普物上,普物下
张三,81,93,90
王苗,97,81,75
冯志,64,84,82
...
邢玮,9,79,92
申雪,84,77,72
李静,60,85,63
```

从本例中可以看出,采用文件方式可以大批量地处理数据,而且数据还能长久保存,避免了每次执行程序都要从键盘输入数据的麻烦。

说明：

（1）本例中的 phyclass3.txt 文件和程序 P0601.py 存放在同一文件夹下，所以不用写路径，直接写文件名即可。

（2）如果 phyclass3.txt 文件存放在 d 盘 py 文件夹下的 py06 文件夹下，打开该文件时需要写出完整的路径（单个反斜杠具有转义作用，需要写两个反斜杠）：

```
f=open("d:\\py\\py06\\phyclass3.txt","rt",encoding="utf-8")
```

如果在路径的开始加写字母 r，可以取消反斜杠的转义作用，此时一个反斜杠即可：

```
f=open(r"d:\py\py06\phyclass3.txt","rt",encoding="utf-8")
```

6.1.3　文件的关闭

打开的文件使用完毕，需要使用文件对象的 close()方法关闭文件，语法格式如下：

```
f.close()
```

功能：关闭已打开的文件。如果文件缓冲区有数据，此操作会先将文件缓冲区中的数据写入文件，然后关闭已打开的文件。f 是要关闭的文件对象。

使用 f.closed 可以查看文件对象是否是关闭状态。如果文件对象 f 已关闭，f.closed 的值为 True；否则为 False。

完成文件的读写操作后，应及时将文件关闭，以保证文件中数据的正确和完整。

6.1.4　使用上下文管理器

使用 Python 语句进行文件操作，一般包括如下 3 个步骤：

（1）使用 open()函数打开文件，并将返回值赋给一个文件对象，如 f。

（2）通过文件对象 f 对文件进行读写操作。

（3）文件操作完成，使用文件对象的 close()方法关闭文件。

但实际执行程序时，往往会有以下两种情况发生，导致第三步的关闭文件未能执行，从而导致文件操作产生异常状况，如有些数据未能写入文件等。

（1）对文件进行读写操作时，产生了执行错误，程序中途退出。

（2）文件读写完成后，忘了书写关闭文件代码 f.close()。

对于第一种情况，可以通过增加 try-except 捕获异常代码的办法解决，但会在一定程度上增加代码的复杂度；对于第二种情况，只能寄希望于良好的代码书写习惯，不要忘记书写 f.close()语句。

为了防止这两种情况导致的文件未能正常关闭，Python 语言提供了一种名为上下文管理器的功能。上下文管理器用于设定某个对象的使用范围，一旦离开这个范围，将会有特定的操作被自动执行。上下文管理器由关键字 with 和 as 联合启动。现将例 6.1 的代码改写为使用上下文管理器的代码：

```
#使用 with 和 as 关键字启动上下文管理器，受上下文管理器影响的代码要缩进
with open("phyclass3.txt","rt",encoding="utf-8") as f:
```

```
        txt=f.read()          #以字符串形式读出 phyclass3.txt 文件中的所有数据
    print(txt)                #输出字符串 txt 中的数据
```

以上代码的执行结果和例 6.1 的结果完全一致,f 为打开文件 phyclass3.txt 的文件对象,但代码中并没有 f.close()语句。将文件对象 f 通过关键字 with … as 的方式置于上下文管理器中,程序执行过程中,一旦离开隶属于 with … as 的缩进代码范围,对文件 f 的关闭操作会自动执行。即使上下文管理器范围内的代码因错误异常退出,文件 f 的关闭操作也会正常执行。

使用上下文管理器,用缩进语句描述文件的打开及操作范围,保证了使用完文件后的自动关闭文件操作,进而能够保证文件操作的正确。

6.2 文件的读写操作

6.2.1 文本文件的读写

1. 使用 readline( )和 readlines( )方法进行读操作

使用 open()函数打开文件时,如果给 mode 参数设定了"r"、"w+" 或"a+"等取值,返回的文件对象便具有从文件中读取数据的能力。

对于文本文件,除了例 6.1 使用的一次读出文件中所有数据的 read()方式,也可以使用 read(n)的方式,一次读取 n 个字符(n 为一个大于或等于 0 的整数);还可以使用 readline() 和 readlines() 方法按行读取数据,一行的结束标志为\n(换行符)。语法格式如下:

```
f.readline()
f.readlines()
```

功能:f.readline()返回 f 文件对象中的一行数据,包括行末结尾标记\n,读出的数据为字符串类型。f.readlines()将 f 文件对象中的所有数据以\n 为分隔符,将分隔后的每个字符串作为一个数据元素加入列表,并返回该列表。

【例 6.2】 已有一个文本文件 sample601.txt,采用 UTF-8 编码,文件内有 3 行文本数据,分别使用文件对象的 readline() 和 readlines() 方法读取并输出该文件中的数据。文件中的 3 行数据如下:

```
Hello,world.
你好,世界。
Hello,世界。
```

使用 readline()方法的程序代码如下:

```
#P0602_1.py
with open("sample601.txt","r",encoding="utf-8") as f:
    print(f.readline())       #输出 f 的第一行数据
    print(f.readline())       #输出 f 的第二行数据
    print(f.readline())       #输出 f 的第三行数据
```

程序执行结果如下:

```
Hello,world.
你好,世界。
Hello,世界。
```

使用 readlines()方法的程序代码如下:

```
#P0602_2.py
with open("sample601.txt","r",encoding="utf-8") as f:
    lines=f.readlines()            #f.readlines()返回一个有 3 个元素的列表
    print("文件中的数据为: ")
    print(lines)
    print("再次尝试读取文件中的数据并输出: ")
    lines=f.readlines()            #本次 f.readlines()返回一个空列表
    print(lines)
```

程序执行结果如下:

```
文件中的数据为:
["Hello,world.\n", "你好,世界。\n", "Hello,世界。"]
再次尝试读取文件中的数据并输出:
[]
```

说明:

(1) 程序第一次执行语句 lines=f.readlines() 时,readlines()方法从 sample601.txt 文件的开头读取到文件的末尾,将文件中的所有文本以\n 为分隔符,将分隔后的每个字符串作为一个数据元素存入列表中,最后返回这个列表,因此 lines 中的数据为["Hello,world.\n","你好,世界。\n","Hello,世界。"]。

(2) 程序第二次执行语句 lines = f.readlines() 时,readlines()却只得到一个空列表,列表中没有任何数据。这是因为,第一次执行 f.readlines() 时,文件对象 f 的指针从文件开头开始依次读取每一个数据,最终移动到了文件末尾,当再次尝试从 f 文件对象中读取数据时,文件指针已经指向了文件末尾,所以不能读取出任何数据。

使用文件对象 f 的tell()方法,可以获取当前文件指针的位置。使用 f 的 seek(position)方法可以移动文件指针到指定位置(0≤position≤文件总字节数)。需要注意的是,不同编码格式在对中文等大字符集字符编码时,一个字符可能占用 2 字节、3 字节甚至 4 字节,故使用 position 值很难预估文件指针希望移动到的精确位置。如果移动到一个汉字的非起始字节位置时,输出会产生乱码。在对文本文件用 seek()方法时,一般使用 f.seek(0)将文件读取指针移动到文件开头,或者使用 f.seek(0,2)将文件指针移动到文件末尾,seek()方法的第二个参数是可选参数,2 表示文件尾。

在 P0602_2.py 程序中增加几行代码(粗体显示),得到如下程序:

```
#P0602_3.py
with open("sample601.txt","r",encoding="utf-8") as f:
    print("文件指针位置:",f.tell())                        #值为 0
    lines=f.readlines()
    print("执行 f.readlines()后,文件指针位置: ",f.tell())    #值为 49
    print("文件中的数据为:")
    print(lines)
    f.seek(0)                                              #文件指针移动至文件头
    print("执行 f.seek(0)后,文件指针位置: ",f.tell())        #值为 0
```

```
        print("再次尝试读取文件中的数据并输出:")
        lines=f.readlines()
        print(lines)
```

程序执行结果如下:

```
文件指针位置:0
执行 readlines 后,文件指针位置:49
文件中的数据为:
["Hello,world.\n", "你好,世界。\n", "Hello,世界。"]
执行 f.seek(0)后,文件指针位置:0
再次尝试读取文件中的数据并输出:
["Hello,world.\n", "你好,世界。\n", "Hello,世界。"]
```

2. 遍历文件内容

open()函数打开文本文件后返回的文件对象是一个可遍历对象,可以用在 for 循环中,每次遍历得到的数据是文件中的一行数据(行之间以\n 分隔)。

示例:

使用遍历文件对象的方式实现例 6.2 的功能,程序代码如下:

```
with open("sample601.txt","r",encoding="utf-8") as f:
    for line in f:          #line 依次取得文件中的每行数据
        print(line)
```

程序执行结果如下:

```
Hello,world.
你好,世界。
Hello,世界。
```

【例 6.3】 读取心电图数据文件 heartRates.txt 中的数据,使用 turtle 库函数绘制近似心电图的图形。

分析:heartRates.txt 中共有 5 行数据,每行数据中有使用逗号(,)分隔的 100 个数值,这些数值是随时间而变化的 y(纵坐标)值,y 值的范围为[−89,93],每行数值绘制一屏。

使用 turtle 库函数创建一个宽 1000 像素、高 400 像素的画布。绘制图形时,每次从画布最左侧中间坐标(−500,0)开始,heartRates.txt 文件提供的每两个数据间相距 10 个像素。画完一屏后,清空屏幕,将画笔再次移至坐标(−500,0)处,重复上面的过程,直至将 5 行数据绘制完毕。

```
#P0603.py
import turtle                          #引用 turtle 库
y_pos=[]                               #保存文件中 5 行数据转换的 5 个列表
with open("heartRates.txt","r",encoding="utf-8") as f:
    for line in f:
        #将行字符串数据 line 使用 strip()去除换行符\n
        #然后使用 split(",")方法以逗号为分隔符生成列表
        line_list=line.strip().split(",")
        y_pos.append(line_list)        #将每行数据生成的列表加入 y_pos 列表中
turtle.setup(1000,400)                 #设置画布大小
```

```
for item in y_pos:            #遍历 y_pos 中的每行数据,每行均为 100 个数值
    turtle.speed(0)           #设定 turtle 绘图速度为最快
    turtle.clear()            #turtle 画布清屏
    turtle.penup()            #抬起画笔
    turtle.goto(-500,0)       #将画笔移至坐标(-500,0)处
    turtle.pendown()          #放下画笔
    turtle.speed(1)           #设置 turtle 绘图速度为最慢
    for y in item:            #遍历一行数据中的每一个数值
        #根据一行中的数值将画笔由前一个点移至下一个点,完成绘图
        turtle.goto(turtle.xcor()+10,int(y))
turtle.done()
```

程序执行结果如图 6.2 所示。

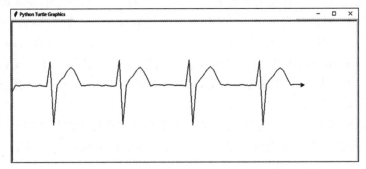

图 6.2　使用 turtle 绘制的心电图式图形

3. 写操作

为了进行文件的写操作,使用 open()函数时,要将 mode 参数设置为"w"、"x"、"a"等值。获取文件对象后,使用文件的 write()方法,将字符串型数据写入文本文件。

示例代码如下:

```
#使用 with…as 启动上下文管理器,确保离开此代码块时文件能自动关闭
#"wt"参数表明以写数据方式打开文本文件
with open("sample602.txt","wt",encoding="utf-8") as f:
    f.write("Hello,world. ")          #将"Hello,world. "写入文件
    f.write("你好,世界。")            #将"你好,世界。"写入文件
```

程序执行后,可在当前文件夹下找到一个名为 sample602.txt 的文本文件。使用任一种文本编辑器打开后,可以看到内容为一行数据:"Hello,world.你好,世界。",如图 6.3 所示。上面的程序使用了两条 f.write()语句,但"Hello,world."和"你好,世界。"两个字符串没有显示在两个不同的行。

图 6.3　sample602.txt 文件内容

向文件中写入数据时,如果需要得到数据换行的效果,应该在行末增加换行符(\n),将代码中的 f.write("Hello,world. ")修改为 f.write("Hello,world.\n")。

再次执行程序后,打开 sample602.txt 文件查看,"Hello,world."和"你好,世界。"将显示在两行上。

语句 f.write(s)的功能是将数据 s 写入文件对象 f 指向的文件中。但实际执行时,数据 s 并没有直接写入文件,而是写入了内存缓冲区中;当关闭文件对象 f 时,才会将内存缓冲区中的数据真正写入文件。在 Python IDLE 的命令行界面执行以下代码:

```
>>>f=open("sample603.txt","wt",encoding="utf-8") as f:
>>>f.write("Hello,world.\n")
>>>f.write("你好,世界。")
```

上述代码执行后,可以在当前文件夹下看到一个新建的文本文件 sample603.txt,使用文本编辑器打开后,里面内容为空。其原因是代码最后缺少了一条 f.close()语句(也没有使用上下文管理器),文件对象 f 打开文件并写入数据后没有关闭文件,写入内存缓冲区中的数据"Hello,world.\n"和"你好,世界。"未能写入文件,导致虽然执行了写文件操作,但文件中却没有数据。为了避免这种情况的发生,只须最后使用 f.close()语句关闭文件即可,内存缓冲区中的数据会强制写入文件中。

为了解决这个问题,也可以采用上下文管理器的方式执行文件打开操作,这样文件对象 f 将由上下文管理器管理。代码执行完,上下文管理器会自动执行文件对象的关闭操作,将内存缓冲区中的数据写入文件。

除了主动关闭文件时 Python 会将内存缓冲区中的数据真正写入文件外,当内存缓冲区中的数据接近或达到内存缓冲区大小时,内存缓冲区中的数据也会真正地写入文件,但由于操作系统及软件设置的不同,内存缓冲区大小往往不同,等内存缓冲区数据填满后主动写入文件,时间和结果往往都是不可预期的。

使用 f.flush()方法,可以在内存缓冲区数据未满、文件也未关闭的情况下,将内存缓冲区中的数据强制写入文件,这对于调试程序时要在未关闭文件对象 f 的情况下实时查看文件中的内容非常有用。

【例 6.4】 打开物理三班成绩文件 phyclass3.txt,并按计算机课程的成绩由高到低排序后输出。

分析:在例 6.1 中,已经实现了读取文件 phyclass3.txt 的数据并输出。本例要求按计算机课程的成绩排序,需要对读取的每行数据进行分隔操作,存为列表,再排序输出。

```python
#P0604.py
score_list=[]                                    #用于保存学生姓名和成绩的列表
with open("phyclass3.txt","rt",encoding="utf-8") as f:
    title=f.readline().strip().split(",")        #第一行数据为标题行
    for line in f:                               #从第二行开始为姓名和成绩数据
        tmp=line.strip().split(",")             #对每行数据用逗号分隔成列表
        score_list.append(tmp)
score_list.sort(key=lambda x:x[1],reverse=True)  #按计算机课程的成绩排序
for item in title:                               #输出标题行
    print(item,end="\t")                        #标题用制表符控制间距
print()                                          #输出标题行后换行
```

```
for item in score_list:                    #遍历 score_list 列表数据
    for tmp in item:                       #遍历每个学生的数据
        print(tmp,end="\t")                #姓名及成绩数据用制表符控制间距
    print()                                #输出一个学生的数据后换行
```

执行程序得到的部分结果如图 6.4 所示。

观察执行结果,发现按计算机成绩排序大体正常,但中间有一个成绩为 9 的数据打乱了排序。其原因是程序从文件中读取的每行数据均为字符串,使用 split(",")拆分后,各个数据仍然是字符串,score_list 列表中的部分数据如图 6.5 所示。

姓名	计算机	普物上	普物下
王苗	97	81	75
刘航	96	75	60
包涛	93	95	70
王宁	90	99	64
邢玮	9	79	92
王英	88	62	86
吴瑶	85	63	55
赵斌	85	78	71

图 6.4　按计算机成绩排序的部分数据

```
[['王苗', '97', '81', '75'],
 ['刘航', '96', '75', '60'],
 ['包涛', '93', '95', '70'],
 ['王宁', '90', '99', '64'],
 ['邢玮', '9', '79', '92'],
 ['王英', '88', '62', '86'],
 ['吴瑶', '85', '63', '55'],
 ['赵斌', '85', '78', '71'],
 ['陈晶', '85', '91', '64'],
 ['曹惠', '85', '95', '90']
```

图 6.5　score_list 列表中的部分数据

上面的程序按计算机课程的成绩排序时,并不是按照数值型数据的比较规则排序,而是按字符串的比较规则排序,因此成绩 9 排在了 88 之前。为解决这个问题,需要在排序前把字符串形式的成绩值转换为数值型数据,修改后的代码如下(粗体显示):

```
score_list=[]
with open("phyclass3.txt","rt",encoding="utf-8") as f:
    title=f.readline().strip().split(",")
    for line in f:
        tmp=line.strip().split(",")
        #将成绩值由字符串转换为整型数据
        tmp=[tmp[0],int(tmp[1]),int(tmp[2]),int(tmp[3])]
        score_list.append(tmp)
score_list.sort(key=lambda x:x[1], reverse=True)
…(后面代码同 P0604.py,略)
```

程序执行结果如图 6.6 所示。

姓名	计算机	普物上	普物下
王苗	97	81	75
刘航	96	75	60
包涛	93	95	70
王宁	90	99	64
王英	88	62	86
吴瑶	85	63	55
赵斌	85	78	71
陈晶	85	91	64
曹惠	85	95	90
⋮	⋮	⋮	⋮
成哲	60	73	63
李静	60	85	63
郭瑞	58	67	64
邢玮	9	79	92

图 6.6　按计算机成绩排序

由本例可以看出,从文本文件中读出的数据是以字符串形式存在的。在使用这些数据进行分析操作前,还需要进行数据格式的转换等数据解析操作,否则可能会导致数据处理的结果不符合预期。

6.2.2 pickle 文件的读写

读写 pickle 文件需要使用 Python 的标准库 pickle,该标准库可以直接使用由 open()函数返回的二进制文件对象,对文件进行二进制数据读写操作,而不使用文件对象内置的 read()和 write()等方法。

1. 读 pickle 文件

从 pickle 文件中读取数据的语法格式如下:

```
pickle.load(f)
```

f 为 open()函数返回的读模式二进制文件对象。pickle.load(f)的返回值由写入 pickle 时的数据类型决定。

【例 6.5】 打开物理三班成绩文件 phyclass3.pkl,按计算机课程的成绩排序后,输出班级所有学生及成绩(phyclass3.pkl 文件中写入的原始数据为列表类型)。

```
#P0605.py
import pickle                              #引用标准库 pickle
with open("phyclass3.pkl","rb") as f:      #以二进制方式打开文件并返回文件对象 f
    score_list=pickle.load(f)              #使用 pickle 库的 load()方法读取文件中的数据
print("从 pickle 文件读取数据的类型为:",type(score_list))
title=score_list.pop(0)                    #弹出第一行数据(标题行)并从列表中将其删除
score_list.sort(key=lambda x:x[1],reverse=True)        #对列表数据进行排序
for item in title:                         #输出标题行数据
    print(item,end="\t")
print()
for item in score_list:                    #输出成绩数据
    for tmp in item:
        print(tmp,end="\t")
    print()
```

程序执行结果如下:

```
从 pickle 文件读取数据的类型为:<class 'list'>
姓名      计算机      普物上      普物下
王苗      97        81         75
刘航      96        75         60
包涛      93        95         70
⋮        ⋮         ⋮          ⋮
李静      60        85         63
郭瑞      58        67         64
邢玮      9         79         92
```

由本例可以看出,使用 pickle 库的 load()方法读出(恢复)的数据为列表类型(存储该文件时的原始数据类型)。读者也可以直接输出 score_list 列表的数据查看,"姓名"一列的数据为字符串型,"计算机""普物上"和"普物下"3 列的数据都为整型,显然 pickle 文件省去了

在程序中编写代码解析数据的麻烦。

本例中用的 phyclass3.pkl 文件是由 pickle 库的写数据方法 dump()创建的。

2. 写 pickle 文件

使用 pickle 库的 dump()方法可以将数据以二进制方式写入文件。当使用 pickle 库的 load()方法读取文件时,可以直接得到原始数据类型的数据。dump()方法的语法格式如下:

pickle.dump(data,f)

功能:将数据以二进制形式写入文件对象 f。

示例:

```
import pickle
i=100
s="Hello,world."
l=[98,99,100]
d={"name":"张三","age":19, "gender":"M"}
with open("pkldemo.pkl","wb") as f:        #以二进制写模式打开文件
    pickle.dump(i,f)                       #将一个整型数据写入文件
    pickle.dump(s,f)                       #将一个字符串写入文件
    pickle.dump(l,f)                       #将一个列表数据写入文件
    pickle.dump(d,f)                       #将一个字典数据写入文件
print("数据已写入文件。")
```

执行上面的代码,共向 pkldemo.pkl 文件中写入了 4 个数据,分别为整型数据 100、字符串"Hello,world."、列表数据[98,99,100]和字典数据{"name":"张三","age":19,"gender":"M"}。

下面的代码用于使用 pickle 库的 load()方法将数据读出,并查看各数据的类型和值:

```
with open("pkldemo.pkl","rb") as f:
    v1=pickle.load(f)
    v2=pickle.load(f)
    v3=pickle.load(f)
    v4=pickle.load(f)
print("v1 类型:{}\n 值:{}".format(type(v1),v1))
print("v2 类型:{}\n 值:{}".format(type(v2),v2))
print("v3 类型:{}\n 值:{}".format(type(v3),v3))
print("v4 类型:{}\n 值:{}".format(type(v4),v4))
```

程序执行结果如下:

```
v1 类型: <class 'int'>
值: 100
v2 类型: <class 'str'>
值: Hello,world.
v3 类型: <class 'list'>
值: [98,99,100]
v4 类型: <class 'dict'>
值: {'name':'张三','age':19,'gender':'M'}
```

由本例可以看出,使用 pickle 库的 dump()方法,可以将不同类型的数据写入文件中;

使用 pickle 库的 load()方法,可以将各数据以原类型读出并使用,用户无须做数据的解析操作。

6.2.3 CSV 文件的读写

CSV(Comma-Separated Values,逗号分隔的值)文件是一种使用英文逗号作为数据分隔符的文本文件。CSV 文件内容由若干行数据组成,每行数据使用英文逗号分隔为若干字段,当一个字段中包含非分隔符用途的英文逗号时,该数据可以使用英文双引号括起来。实际使用 CSV 文件时,一行数据中的字段之间也可以不用英文逗号作为分隔符,而是使用制表符等其他符号。

CSV 文件是一种常见的用于存储数据的文本文件,常常作为不同程序和系统之间进行数据交换的格式化文件。可以对 CSV 文件进行读写的工具很多。例如,微软公司的 Excel 电子表格软件可以直接把 CSV 文件当作电子表格文件打开,如图 6.7 所示。

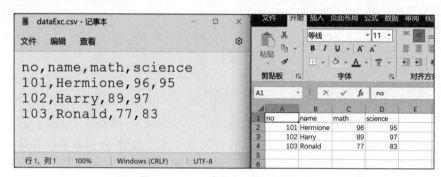

图 6.7　Excel 直接打开 CSV 文件

Python 语言可以按照读写普通文本文件的方式操作 CSV 文件,也可以使用标准库 csv 对 CSV 文件进行读写操作。csv 库方法众多、功能强大,本节简要介绍使用 csv 库进行 CSV 文件读写的基本操作。

使用 csv 库前,首先使用语句 import csv 引用 csv 库。

1. 读 CSV 文件

使用 csv 的 reader()方法,可以读取 CSV 文件中的数据,并自动以英文逗号为分隔符逐行解析数据,每行为一个列表型数据,每个具体数据均为字符串类型。reader()方法的语法格式如下:

```
csvdata=csv.reader(f)
```

其中,f 为已打开的 csv 文件的文件对象,返回结果为按分隔符解析后的 csv 数据,可遍历访问。

示例:

```
with open("dataExc.csv","rt") as f:
    data=csv.reader(f)
    for item in data:
        print(item)
```

显示结果如下:

```
['no','name','math','science']
['101','Hermione','96','95']
['102','Harry','89','97']
['103','Ronald','77','83']
```

如果 CSV 文件中的数据分隔符不是英文逗号,可以在 csv 库的 reader()方法中增加指定数据分隔符号的参数 delimiter。例如:

```
csvdata=csv.reader(f,delimiter=":")
```

这个语句要求 csv 库的 reader()方法在解析 CSV 文件时使用英文冒号(:)作为数据的分隔符。

2. 写 CSV 文件

使用 csv 库写 CSV 文件,一般需要如下几步操作:

(1) 以参数 newline=""的写模式打开文件,并获取文件对象。

(2) 将步骤(1)获取的文件对象作为 csv 库 writer()方法的参数,获取写 CSV 文件数据对象。

(3) 通过写文件数据对象调用 csv 库的 writerow()或 writerows()方法,将数据写入文件。

(4) 关闭已打开的文件。

示例:

```
f=open("dataExc1.csv","wt",newline="")                    #打开文件,获取文件对象
csvwriter=csv.writer(f)                                    #获取写文件数据对象
csvwriter.writerow(["name","math","science"])             #写入一行数据
csvwriter.writerow(["Harry",95,98])                        #写入一行数据
csvwriter.writerow(["Hermione",99,100])                    #写入一行数据
csvwriter.writerows([["Ronald",75,82],["Ginny",99,93]])   #写入两行数据
f.close()                                                  #关闭文件
```

执行上述代码,可以看到文件 dataExc1.csv 中的内容如下:

```
name,math,science
Harry,95,98
Hermione,99,100
Ronald,75,82
Ginny,99,93
```

csv 库在操作过程中会自动完成数据类型的转换以及使用英文逗号作为数据之间的分隔符。如果需要使用其他符号作为数据之间的分隔符,可以在步骤(2)为 csv 库的 writer()方法增加 delimiter 参数,例如:

```
csvwriter=csv.writer(f,delimiter=":")
```

使用如上设置的 csvwriter 对象,写入数据时,数据之间会使用英文冒号(:)作为分隔符。

6.2.4　JSON 文件的读写

JSON(JavaScript Object Notation)是一种当前广泛应用的数据格式,多用于网站数据

交换及不同应用程序之间的数据交换。JSON 数据格式起源于 JavaScript,但现在已经发展成为一种跨语言的通用数据交换格式。

Python 标准库 json 用于对 JSON 数据的解析和编码。使用 json 库的 dump()方法,可以将不同类型的数据写入文件;使用 json 库的 load()方法,可以将数据从文件中读出,恢复成原始数据类型的数据。对 JSON 文件的操作和对 pickle 文件的操作类似,但 JSON 格式更方便和其他应用程序交换数据,是一种通用数据格式,而 pickle 主要针对 Python 使用的数据类型进行处理。

Python 中的 json 库对数据编码存储和解码读取时总是使用字符串类型,因此,写数据或读数据时,文件对象都应该以文本模式打开。

示例:

```
import json
with open("jsondemo.json","w") as f:          #以文本写模式打开文件
    json.dump({"name":"张三","gender":"M","age":19},f)          #将数据写入文件
with open("jsondemo.json","r") as f:          #以文本读模式打开文件
    v=json.load(f)                            #将文件中的数据读出还原后赋值给变量 v
print(type(v),v,sep="\n")                     #输出 v 的类型和值,类型和值之间换行
```

程序执行结果如下:

```
<class 'dict'>
{'name':'张三','gender':'M','age':19}
```

6.3 os 库

Python 标准库 os 提供了大量和文件夹及文件操作相关的方法。使用 import os 语句引入 os 库后,即可使用其相关方法。现对 os 库常用方法进行简要介绍。

1. 获取和设置当前工作路径

获取和设置当前工作路径使用 getcwd()方法和 chdir()方法,其语法格式如下:

os.getcwd()

功能:获取当前工作路径。

os.chdir(path)

功能:修改当前工作路径为 path。例如:

os.chdir("d:\\users")

2. 判断文件夹或文件是否存在

判断文件夹或文件是否存在使用 path.exists()方法,其语法格式如下:

os.path.exists(name)

功能:判断名字为 name 的文件夹或文件是否存在,返回 True 或 False。

3. 文件夹操作

文件夹操作使用 mkdir()、rmdir()和 path.isdir()方法,其语法格式如下:

os.mkdir(pathname)

功能：新建一个名字为 pathname 的文件夹。

os.rmdir(pathname)

功能：删除空文件夹 pathname，文件夹不为空则报错。

os.path.isdir(path)

功能：判断 path 是否是文件夹，返回 True 或 False。

示例：

```
import os
for i in range(1,11):
    pathname="2022"+"{:0>3}".format(i)    #生成字符串"2022001"～"2022010"
    os.mkdir(pathname)
```

该程序段的功能是创建以学号 2022001～2022010 为名字的 10 个文件夹。

4. 文件操作

文件操作使用 path.getsize()、remove() 和 path.isfile() 方法，其语法格式如下：

os.path.getsize(filename)

功能：若文件 filename 存在，返回其大小；否则报错。

os.remove(filename)

功能：删除文件 filename，若文件不存在则报错。

os.path.isfile(filename)

功能：判断 filename 是否是文件，返回 True 或 False。

5. 遍历文件夹

遍历文件夹使用 listdir() 和 walk() 方法，其语法格式如下：

os.listdir(path)

功能：以列表形式返回 path 路径下的所有文件和文件夹的名字，不列出子文件夹下的文件和文件夹的名字。

os.walk(path)

功能：返回类型为生成器，其中的数据为若干包含文件和文件夹名的元组数据。

对于如图 6.8 所示的文件夹结构，os.listdir("a") 返回结果为一个列表，内容为['a.txt', 'b','b.txt','c']，即包括 a 文件夹下所有文件夹和文件的名称。os.walk("a") 返回生成器，使用 list(os.walk("a")) 得到结果为

```
[('a',['b','c'],['a.txt','b.txt']),
 ('a\\b',[],['c.txt','d.txt']),
 ('a\\c',[],['e.txt','f.txt'])]
```

结果中共包括 3 个元组。在每个元组中，第一个元素是文件夹的名称；第二个元素是一个列表数据，是当前文件夹下直接包含的子文件夹的名称集合（无子文件夹则为空列表）；第 3 个

元素是一个列表数据,是当前文件夹下直接包含的文件的名称集合(无直接包含的文件则为空列表)。

图 6.8 文件夹结构

习 题 6

一、填空题

1. 对文件进行读写操作,一般包括_____、_____和_____ 3 个步骤。

2. 打开文件用_____函数,关闭文件用_____方法。

3. 为确保打开的文件在使用完毕后可以自动关闭,可以使用 Python 语句_____ open(filename) as f 启动上下文管理器对文件进行管理。

4. 使用 open()函数打开编码格式为 UTF-8 的文本文件时,open()函数中应包括参数_____。

5. 文件类型分为_____和_____。

6. 读取文本文件中的一行数据用_____函数,读取文本文件中的所有数据用_____方法或_____方法。

7. 向文本文件中写入数据用_____方法。

8. 已有打开的读文件对象 f,将文件指针移动至文件开头的语句是_____,将文件指针移至文件末尾的语句是_____。

9. 读写 pickle 文件时,需要以_____模式打开文件。用于读写 pickle 文件的方法分别是_____和_____。

10. 读写 CSV 文件,需要以_____模式打开文件。向 CSV 文件中写入一行或多行数据的方法分别是_____和_____。

11. 读写 JSON 文件时,需要以_____模式打开文件。用于读写 JSON 文件的方法分别是_____和_____。

12. 获取和设置当前工作路径的函数分别是_____和_____。

二、编程题

1. 读取 data_in.txt 文件,将每行的数据作为一个数值型数据进行累加,并将累加结果写入 data_out.txt 文件。data_in.txt 文件可用记事本事先建立,其中的数据内容如下:

```
15.7
23
14
84
```

2. 按行将下面的古诗逐行写入 poem.txt 文件中,编码要求采用 UTF-8 格式。

八阵图

［唐］杜甫

功盖三分国，

名高八阵图。

江流石不转，

遗恨失吞吴。

3. 使用上下文管理器方式读取第 2 题中的 poem.txt 文件，并逐行输出（注意，输出的行与行之间不要出现空行）。

4. 读取 scores.csv 文件，统计数据行数，并输出各科成绩的最高分、最低分和平均值。

5. 在 d 盘上建立图 6.8 所示的文件夹结构，并在相应的文件夹内建立指定名字的文件，文件内容自定。

三、思考题

1. 使用文件存储数据有什么优点？在什么情况下使用文件？

2. 打开文件并进行写操作后，如果没有关闭文件，可能会出现什么问题？为什么？

3. pickle 文件、CSV 文件、JSON 文件各有什么特点？各自的应用场景是什么？

Python

第7章 异常处理

编写程序,开发软件,不仅要尽可能保证其正确性、安全性和可靠性,还要保证其具有较好的容错能力。也就是说,对于正常的程序执行与数据输入,应该得到预期的处理结果;对于输入数据错误、内存空间不足、文件打不开等异常情况,也应该有适当的处理机制和信息提示,而不是导致系统非正常退出(程序崩溃)甚至死机等一般用户难以处理的情形。Python 语言的异常处理机制比较好地解决了这个问题。

7.1　常见的异常类型

当执行程序时,如果遇到除零运算等问题,程序会非正常结束。这种编译器或解释器无法处理的非正常情况称为异常(exception)。当遇到异常后,程序停止执行,并给出相应的异常提示信息。

示例:

```
>>>a=b=10
>>>(a*a+b*b)/(a-b)
```

如果执行上面的运算(把本来的 a+b 误写为 a−b),则会给出如图 7.1 所示的异常提示信息。

```
Traceback (most recent call last):
  File "<pyshell#6>", line 1, in <module>
异常跟踪标记 (a*a+b*b)/(a-b)          异常代码
ZeroDivisionError: division by zero    异常位置
        异常类型及内容
```

图 7.1　除零错误提示信息

从图 7.1 可以看出,Python 解释器的异常提示信息包括异常跟踪标记、发生异常的位置、异常代码、异常类型及内容等。图 7.1 中显示异常发生在第一行(line 1),具体发生错误的表达式为(a*a+b*b)/(a−b),错误类型为除零错误(ZeroDivisionError:division by zero)。有了这样的提示信息,编程人员就能很容易发现错误的出处并改正错误。

Python 程序中可能出现的异常有多种类型,除了除零错误外,还有以下几种常见的异常。

1) 字符串和数值相加

示例:

```
>>>s="96"
>>>n=78
>>>print(s+n)
```

由于字符串类型和数值类型不能直接相加,所以执行 print(s＋n)语句时引发 TypeError(类型错误)异常,提示信息如图 7.2 所示。

```
Traceback (most recent call last):
  File "<pyshell#7>", line 1, in <module>
    print(s+n)
TypeError: can only concatenate str (not "int") to str
```

图 7.2　类型错误提示信息

2）使用未定义的变量名

示例：

```
>>>str1="Python 语言程序设计"
>>>print(str2)
```

由于没有定义变量 str2,所以执行 print(str2)语句时引发了 NameError(名字错误)异常,提示信息如图 7.3 所示。

```
Traceback (most recent call last):
  File "<pyshell#12>", line 1, in <module>
    print(str2)
NameError: name 'str2' is not defined. Did you mean: 'str1'?
```

图 7.3　名字错误提示信息

3）索引值超出范围

示例：

```
>>>fruit=["苹果","香蕉","梨","西瓜","芒果","桃子"]
>>>print(fruit[6])
```

由于索引值超出有效范围,所以执行 print(fruit[6])语句时引发了 IndexError(索引错误)异常,提示信息如图 7.4 所示。

```
Traceback (most recent call last):
  File "<pyshell#16>", line 1, in <module>
    print(fruit[6])
IndexError: list index out of range
```

图 7.4　索引错误提示信息

该示例中,由于列表 fruit 中只有 6 个元素,索引值的有效范围是 0～5,所以访问 fruit[6] 是错误的,如果要输出列表的最后一个元素值,应写为 print(fruit[5])。

再看如下示例：

```
>>>fruit=["苹果","香蕉","梨","西瓜","芒果","桃子"]
>>>i=int(input("请输入水果编号:"))
>>>print(fruit[i])
```

执行上述语句,如果用户输入 0～5 的整数,则正常执行,并输出索引值对应的水果名; 否则就会引起由索引值错误导致的异常。

如何保证本例对用户输入的数值具有一定的容错性? 简单的处理方式是,先判断该数值是否是有效索引值,然后再输出结果或相应信息,代码修改如下：

```
fruit=["苹果","香蕉","梨","西瓜","芒果","桃子"]
i=int(input("请输入水果编号:"))
if 0<=i<=5:
```

```
        print(fruit[i])
else:
        print("输入的数值不在 0~5 内。")
```

执行上述代码,如果输入非有效索引值(如 6),则提示输入的数值不在 0~5 内;如果输入的是 0~5 的有效值,则输出对应的水果名。采用分支结构避免了异常导致的程序停止,使程序具有一定的容错性,但增加了代码的复杂度,降低了可读性。

7.2 异常处理的基本思路

程序中对错误或异常的处理模式是有一个发展过程的。

在计算机发展的早期,程序的规模较小,程序的编写和使用主体是计算机专业人员,主要是靠编程人员编写程序时的仔细设计和用户使用时的细心操作,避免出现输入错误和执行错误,例如,不能出现除数为 0 的情况,访问列表元素不能越界,等等。程序中没有错误处理机制,这种模式对专业人员编写与使用小程序是可行的。

【例 7.1】 从键盘输入若干考试成绩,统计不及格成绩的平均值。下面是没有异常处理的源程序。

```
# P0701.py
score_list=[]                          #定义空列表
for i in range(5):                     #通过循环程序输入 5 个成绩值
    score=int(input("score="))
    score_list.append(score)           #把输入的成绩值存入列表
total=num=0                            #不及格成绩的总和与个数初值为 0
for i in range(5):
    if score_list[i]<60:
        total+=score_list[i]           #不及格成绩累加
        num+=1                         #不及格成绩个数加 1
ave=total//num                        #计算不及格成绩的平均值
print("不及格成绩的平均值=",ave)
```

通过语法检查的程序有可能存在其他类型的错误,可以进入测试环节发现错误(程序测试介绍见 3.7 节和 4.1.4 节)。本例给出 3 组输入数据进行测试,在命令行方式下执行程序。

(1) 如果输入的 5 个成绩值为 78、38、92、57、46,则输出结果如下:

不及格成绩的平均值=47

(2) 如果输入的 5 个成绩值为 94、65、71、82、69,由于没有不及格成绩,不及格成绩的个数为零,会出现除数为零的错误,程序非正常结束,并给出如图 7.5 所示的异常提示信息。

```
Traceback (most recent call last):
  File "D:/Python程序/P0701.py", line 11, in <module>
    ave=total//num                                      #计算不及格成绩的平均值
ZeroDivisionError: integer division or modulo by zero
```

图 7.5 例 7.1 异常提示信息

(3) 如果输入的 5 个成绩值为 82、-52、65、71、39,则输出结果如下:

不及格成绩的平均值=-7

　　虽然有输出结果,但输出结果显然不符合预期(成绩值不能是负数),这是由于错误地输入了成绩值(把本来的 52 输入为－52)。

　　对于这种没有异常处理的程序,只能靠用户仔细地检查输入数据才能保证程序正确执行,既只能输入 0～100 的成绩值。还要保证有不及格成绩,否则程序执行时会输出错误结果,或出现错误而使程序非正常退出(用户可能由于不知道原因而感到莫名其妙)。

　　随着程序规模的不断变大以及非计算机专业人员逐渐成为程序的主要用户,具有良好的异常处理机制的程序才能适应实际需要。

　　【例 7.2】　直接进行异常判断与处理的源程序。即使用条件语句,对参与运算的数据进行判断,如果不符合运算要求,不执行相应的代码。

　　分析:对例 7.1 的程序代码进行改写。首先,增加对输入成绩值的判断,如果输入的成绩值错误,提示用户重新输入。其次,进行除法操作前,对不及格的成绩个数进行判断,如果不及格的成绩个数为 0,不再进行除法操作,并给出相应的提示信息,避免导致除零错误。

```
# P0702.py
score_list=[]
i=1
while i<=5:
    score=int(input("score="))
    if score<0 or score>100:
        print("输入的成绩值错误,请重新输入!")
        continue
    else:
        score_list.append(score)
        i+=1
total=num=0
for i in range(5):
    if score_list[i]<60:
        total+=score_list[i]
        num+=1
if num==0:
    print("没有不及格的成绩值!")
else:
    ave=total//num
    print("不及格成绩的平均值=",ave)
```

执行该程序时输入 3 组数据进行测试。

(1) 如果输入的 5 个成绩值为 78、38、92、57、46,则输出结果为

不及格成绩的平均值=47

(2) 如果输入的 5 个成绩值为 96、65、71、81、69,则输出结果为如下信息:

没有不及格的成绩值!

(3) 如果在输入 82 后输入－52(输入 52 的误操作),此时会显示提示信息:

输入的成绩值错误,请重新输入!

重新输入 52,再输入 65、71、39 后,程序的输出结果为

不及格成绩的平均值=45

由于有了一定的异常处理机制,执行该程序时,输入合理的成绩数据,就会得到相应的结果;如果输入的成绩不合理(小于 0 或大于 100),则给出重新输入的提示;如果没有不及格的成绩,则给出提示并避免出现除数为零的异常运算。这对一般用户来说是易于理解和可接受的。

在程序中对可能出现的错误或异常直接进行判断,编写对应的处理代码,处理异常的代码与实现功能的代码混合在一起。这种方法的优点是处理直接、执行开销小,对于规模不太大的程序是可行的;缺点是功能实现代码被错误处理代码隔开,程序的可理解性和可维护性降低,而可理解性与可维护性对于规模比较大的程序来说是保证程序质量的重要指标。如果程序规模很大,那么实现程序功能的代码量很大,判断是否出现异常并进行相应处理的代码量也会很大,功能代码和判断代码混合在一起出现,将影响对程序的阅读和理解,程序中出现的错误既不容易发现,也难以改正。Python 语言给出了更好的异常处理机制。

一般的异常处理的策略是:异常发生前,尽量避免异常的出现;异常发生后,捕获异常。即一方面可以在程序中对可能出现异常的代码直接进行判断,编写代码避免异常发生;另一方面可以针对可能发生异常的代码编写捕获异常和处理异常的代码,避免程序因为异常导致中止。

7.3 Python 异常处理机制

Python 语言的异常处理机制是,将异常的检测与处理分离,检测到异常后抛出异常(暂不处理),在功能代码之后再捕获异常进行相应的处理,实际上是将功能代码与异常处理代码分开,提高了程序的可理解性和可维护性,适合编写规模比较大的程序,能够有效保证程序的质量。

7.3.1 try-except 语句

Python 语言程序中抛出的异常是可以被捕获的。根据捕获的异常类型,编写相应的异常处理代码,可以有效避免一般用户不易理解和处理的程序非正常结束。Python 提供了try-except 结构捕获和处理异常,语法格式如下:

```
try:
    语句块
except 异常类型 1:
    异常处理语句块 1
    ⋮
except 异常类型 n:
    异常处理语句块 n
except:
    异常处理语句块 n+1
```

关键字 try 后的语句块是在执行时可能出现异常的程序代码。当发生异常后,Python解释器捕获异常,并逐一和 except 后的异常类型匹配。若匹配某种类型的异常,则执行相应的异常处理语句块;若和所有异常类型都不匹配,则执行异常处理语句块 n+1。

1. 特定异常类型

except 后直接书写单个异常类型,如果能够匹配捕获的异常类型,则会执行相应的异常处理语句块。例如:

```
fruit_list=["苹果","香蕉","梨","西瓜","芒果","桃子"]
i=eval(input("请输入水果编号:"))
try:
    print(fruit_list[i])
except IndexError:
    print("输入的整数不在 0~5 内。")
```

执行上述代码,如果输入数值是非有效索引值(如 6),系统捕获异常,能够匹配 except 语句的异常类型 IndexError(索引值错误),则执行相应的异常处理,输出信息"输入的整数不在 0~5 内。",程序不会异常中止。

2. 多 except 语句

如果捕获的异常类型无法和 except 列出的异常类型匹配,那么不执行相应的异常处理,程序依然会引起异常,非正常退出。例如,执行上面的代码时,如果输入一个浮点数(如 2.8),则会引起列表索引值的 TypeError(类型错误)异常,无法匹配 except 的 IndexError 异常类型。出现这种情形,可以使用多个 except 语句匹配多种异常类型,修改代码如下:

```
fruit_list=["苹果","香蕉","梨","西瓜","芒果","桃子"]
i=eval(input("请输入水果编号: "))
try:
    print(fruit_list[i])
except IndexError:
    print("输入的整数不在 0~5 内。")
except TypeError:
    print("不能输入浮点数。")
```

对于浮点数和超范围的整数引起的异常,上面的代码都进行了处理。但是,用户也许会输入非数字字符串,这将会使 eval()函数产生 NameError(名字错误)异常。再增加一个 except 语句匹配这种异常类型的代码如下:

```
fruit_list=["苹果","香蕉","梨","西瓜","芒果","桃子"]
try:
    i=eval(input("请输入水果编号: "))
    print(fruit_list[i])
except IndexError:
    print("输入的整数不在 0~5 内。")
except TypeError:
    print("不能输入浮点数。")
except NameError:
    print("输入的不是数字字符串。")
```

对于多个 except 语句,按照顺序对比捕获的异常类型,遇到第一个匹配的 except 异常类型,执行相应的异常处理语句块,这个特点和多分支语句相似。

3. 使用元组

如果对多个异常类型采用相同的处理程序,except 后可以用元组的形式包含多个异常类型。上面的代码可以改写为如下形式：

```
fruit_list=["苹果","香蕉","梨","西瓜","芒果","桃子"]
try:
    i=eval(input("请输入水果编号："))
    print(fruit_list[i])
except(IndexError,TypeError,NameError):
    print("请输入 0~5 内的整数。")
```

4. 省略异常类型

如果对于所有不同类型的异常都采用相同的处理策略，except 后的异常类型可以省略，匹配所有异常类型。上面的代码修改如下：

```
fruit_list=["苹果","香蕉","梨","西瓜","芒果","桃子"]
try:
    i=eval(input("请输入水果编号："))
    print(fruit_list[i])
except:
    print("请输入 0~5 内的整数。")
```

7.3.2 else 和 finally 语句

try-except 结构还可以配合 else 和 finally 使用，以增强异常处理功能，语法格式如下：

```
try:
    语句块
except 异常类型 1:
    异常处理语句块 1
      ⋮
except 异常类型 n:
    异常处理语句块 n
else:
    无异常时执行的语句块
finally:
    结果处理语句块
```

else 语句和 except 语句相反。若发生异常，则转向 except 语句；若没有发生异常，则执行 else 后的语句块。无论有无异常发生，finally 后的结果处理语句块都会执行，一般用于善后处理。

【例 7.3】 一个列表中存储了几种水果的名字。如果用户输入合适的编号，则输出对应的水果名；如果用户输入的编号不合理(数值超出范围或者输入了浮点数、字符串等)，则给出相应的提示信息。

分析：几种可能的异常统一采用 except 语句处理，无异常发生时执行 else 对应的语句，最后用 finally 对应的语句输出列表中所有的水果名。

```
#P0703.py
fruit_list=["苹果","香蕉","梨","西瓜","芒果","桃子"]
try:
    i=eval(input("请输入水果编号："))
```

```
        fruit_name=fruit_list[i]
except:
    print("输入的水果编号无效,请输入 0～5 范围内的整数。")
else:
    print("输入的水果编号有效,对应的水果名为: "+fruit_name)
finally:
    print("列表中全部的水果名为: ",fruit_list)
```

except 语句和 else 语句二选一执行,用来判断是否发生异常,分别输出相应的信息。无论是否有异常发生都会执行 finally 语句。

7.3.3　断言和用户抛出异常

1. 断言

断言常用在程序测试阶段,用来检查应该满足的条件是否确实满足,经常和异常处理结构结合使用,语法格式如下:

assert expression, reason

功能:当表达式(expression)的值为真时,什么都不做;否则,抛出 AssertionError(断言错误)异常。reason 参数为异常类型的信息描述,可以省略。

assert 可用于编程人员自行设定异常检测条件。例如,对于百分制的考试成绩,Python解释器没有对应的异常检测标准,用户输入小于 0 的数、大于 100 的数,Python 解释器都不认为是异常,而实际上这样的成绩值是不合理的,这就需要编程人员自己设定相应的异常检测标准。

可以用如下语句对输入的成绩进行异常检测:

```
score=eval(input("请输入学生成绩: "))
assert 0<=score<=100,"输入的成绩无效。"
```

当输入一个有效成绩值时,assert 什么也不做;当输入一个无效成绩值时(例如 720),引发 AssertionError 异常,并给出如图 7.6 所示的异常提示信息。

```
Traceback (most recent call last):
  File "D:/Python程序/断言示例.py", line 2, in <module>
    assert 0<=score<=100,"输入的成绩无效。"
AssertionError: 输入的成绩无效。
```

图 7.6　断言错误提示信息

【例 7.4】　输入 5 个学生的成绩,计算并输出平均值。要求成绩采用百分制,即输入的成绩必须为 0～100,并且为整数。如果输入浮点数,则转换为整数;如果输入的数据不在正确范围内或不是数值,则忽略该成绩,并提示输入的成绩值无效。最后给出状态提示。

分析:使用 input()函数接收的用户输入的数据为字符串类型,可用 eval()函数进行类型转换。如果转换后不是数值型数据,则引发异常(Python 解释器定义的异常);如果转换后是数值型数据,但不是 0～100,则引发断言异常,该断言异常需要编程人员自己创建;如果转换后是浮点数,需要转换为整数,只截取整数部分可用 int()函数,需要四舍五入可用round()函数。

```
#P0704.py
total=num1=num2=ave=0
while True:
    try:
        score=eval(input("请输入一个成绩值："))
        num1+=1
        assert 0<=score<=100,"无效成绩值！"
        total+=round(score,0)
        num2+=1
        ave=total//num2
        if num2==5:
            break
    except:
        print("输入的成绩值无效！")
    else:
        print("输入的该成绩值有效！")
    finally:
        print("当前输入值为第{}个成绩,其中有效成绩{}个,\
                平均值为{}".format(num1,num2,ave))
    if num2==5:
        print("程序结束！")
```

在本例中，不是 0～100 的数据和非数值型数据不是有效成绩值，都被忽略（不参与平均成绩的计算），并引发异常。所有异常都用 except 语句统一处理，也可以指定异常类型，针对不同类型的异常编写相应的异常处理代码。

2. 用户抛出异常

assert 抛出 AssertionError 异常。Python 语言还允许用户使用 raise 语句抛出一个指定异常，再结合 try-except 结构处理该异常，语法格式如下：

raise 异常类型

示例：

```
>>>raise ArithmeticError
```

执行结果给出如图 7.7 所示的异常提示信息。

```
Traceback (most recent call last):
  File "<pyshell#0>", line 1, in <module>
    raise ArithmeticError
ArithmeticError
```

图 7.7　算术错误提示信息

在例 7.4 中，也可以使用 raise 语句主动抛出一个异常，结合 except 语句处理异常，在功能上代替 assert，可以将语句

```
assert 0<=score<=0,"无效成绩值！"
```

替换为

```
if score<0 or score>100:
    raise ArithmeticError
```

说明：ArithmeticError(算术运算错误)是 Python 解释器自定义的异常类型。

习　题　7

一、填空题

1. Python 编程中 4 种常见的异常是_____、_____、_____和_____。

2. Python 语言的异常处理机制是将异常的_____与_____分离,实际上是将_____代码和_____代码分开。

3. 列表 lst 包含 7 个元素,执行语句 print(lst[7])引起的异常类型是_____。

4. 执行语句 print("76"+10)引起的异常类型是_____。

5. 捕获 NameError 和 KeyError 两种异常类型的语句是_____。

6. 捕获所有异常类型的语句是_____。

7. 在 try-except 结构中,不发生异常时要执行的代码关键字是_____,无论有无异常都执行的代码关键字是_____。

8. 断言的语法格式是_____,作用是_____。

9. 用户抛出异常的语法格式是_____。

二、编程题

1. 从键盘输入一个三角形的 3 条边长,计算三角形的面积并输出。可能出现边长为负值、不能构成三角形等异常情况,请在程序中采用异常处理机制处理这些异常。

2. 打开文件 d:\\py\\file1.txt 并显示文件内容。可能出现文件不存在、文件内容为空、文件打不开等异常情况,请在程序中采用异常处理机制处理这些异常。

3. 定义两个具有相同长度的列表,其元素均为数值型数据,计算两个列表对应元素之商的和并输出。可能出现列表索引值超出范围、列表元素值为非数值、除数为 0 的异常,请在程序中采用异常处理机制处理这些异常。

三、思考题

1. 什么是异常? 如何理解 Python 异常处理机制的优点?

2. 对比 try-except 结构和 if 分支结构在异常处理中的优缺点。

3. 异常处理能够避免程序崩溃,那么,是否应该广泛使用异常处理机制? 异常处理的使用原则是什么?

Python

第8章 面向对象程序设计

面向过程程序设计方法需要编程人员直接定义每一个要用到的变量，直接编写每一段需要的程序代码，直接操作所有的数据，具体实现所有的功能。这种程序设计方法难以保证程序的安全性和代码的可重用性，即难以有效保证大型程序的质量和开发效率。保证程序的安全性和代码的可重用性是面向对象程序设计方法的优势。

8.1 面向对象程序设计概述

8.1.1 面向对象的概念

面向对象程序设计方法中有 3 个重要的概念：对象、类和消息。

1. 对象

现实世界中，任何一个可区分的个体都可以视为一个对象。例如，一个学校、一个班级、一名学生、一本书、一个圆、一个长方体等都是一个对象，现实世界就是由这样的一个个对象组成的。

每个对象都有属性和行为，属性用于描述对象各主要方面的基本特征，行为是能够对该对象施加的操作。例如，对于一个学生对象，其属性为学号、姓名、性别、年龄、各门课程的考试成绩等，其行为是显示学生的基本信息、计算平均成绩等；对于一个长方体对象，其属性为长、宽、高，行为是计算表面积和体积。

2. 类

在面向对象程序设计方法中，程序设计(软件开发)是从考查分析限定范围内的对象开始的，并把具有相同属性和行为的对象归为一类，类代表了一批对象的共性。例如，每个长方体对象都有各自不同的长、宽、高等属性值，但其共性是都有长、宽、高等属性，都可以对其计算表面积和体积，可以把所有的长方体对象归为长方体类。同样，每个学生都有学号、姓名、性别、年龄等属性，可以归为学生类。类是对象的抽象，对象是类的具体化或实例化。学生类是一个抽象概念，代表所有学生的共性。一个学生对象是一个具体实例，代表某个学生。

3. 消息

在面向对象程序设计方法中，先定义类再定义对象，在对象中存储数据，然后通过调用成员函数实现数据处理功能，调用对象的成员函数相当于向该对象传送一个消息，要求该对象实现某一行为(完成相应的功能)。

8.1.2　面向对象程序设计的特点

面向对象程序设计有 4 个主要特点：抽象性、封装性、继承性和多态性。

1. 抽象性

在面向对象的程序设计方法中，先定义类，然后定义相应的对象，再通过对对象的操作实现程序功能。定义类主要是规定其属性和行为，而属性和行为是通过对同类对象的抽象分析得到的，这是抽象性的体现。

2. 封装性

通过对同类对象的抽象分析得到类后，对类的定义就是规定该类的属性和行为。所谓属性就是描述该类对象特征的若干变量，行为就是以函数形式能够对该类对象进行的操作。所有对该类对象的操作一般都需要通过调用已定义的行为函数（也称为方法）进行，相当于把数据封装在类/对象内，外界不能直接对其进行操作，增强了程序的安全性和可靠性。

3. 继承性

处理不同的数据需要定义不同的类，学生信息管理需要定义学生类，教师信息管理需要定义教师类。如果要定义的新类的部分属性与行为和已有类的相同，可以不必重新定义新类，而是通过继承已有类的方式得到新类：和已有类相同的部分属性与行为从已有类中继承，再扩充定义新类额外需要的属性和行为即可，这样简化了新类的定义，增强了程序代码的可重用性，能够提高程序的开发效率。

4. 多态性

从一般意义上说，多态是指一个事物有多种形态。在面向对象程序设计中，是指向不同的对象发送同一消息，不同的对象会以不同的行为回应这个消息，此时所谓的消息就是函数调用。函数重载和运算符重载体现的都是 Python 的多态性。

8.1.3　面向对象程序设计与面向过程程序设计的区别

与面向过程程序设计相比，面向对象程序设计中的数据操作更安全，增强了程序的安全性，而且代码重用性好，编程效率更高。

1. 数据操作更安全

在面向过程程序设计中，需要处理的数据存放在简单变量及组合类型变量中，编程人员可以直接编写程序代码对这些变量进行各种可能的运算与处理，这样出现错误处理和非法处理的机会就比较多，从而导致程序的安全性、可靠性比较低。

在面向对象程序设计中，需要处理的数据存放在各种对象中，编程人员对对象的操作不能直接进行，只能通过调用定义类时定义的行为函数（方法）进行，如果这些函数定义没有问题（这些函数可由高级专业编程人员精心设计并测试后提供给其他编程人员使用），那么编程人员通过调用这些函数进行的数据处理是安全可靠的，因此在这种机制下编写的程序安全性、可靠性比较高。

下面以到图书馆借书为例说明两者在这一点的区别：

面向过程程序设计相当于开架借书，读者可以进入各书库自行查找所需图书，在方便读者找到欲借图书的同时，也存在书被撕毁、放错位置等风险，此时的图书馆存在图书安全隐患和摆放混乱的隐患。

面向对象程序设计相当于闭架借书,读者不能进入书库,把要借阅的图书信息填写在索书单上,由图书馆工作人员根据索书单进入书库代为查找,找到后把书交给读者并办理借阅手续。这样就避免了书被撕毁、放错位置的风险,这种管理模式下的图书馆的安全性和规范性都比较好。

2. 代码重用性好

面向过程是一种"就事论事"的解决问题的方法,程序中需要什么功能就编写实现该具体功能的程序代码。这种方法的代码重用性比较差,即使相似的功能也要重新编写程序代码,对于编写解决简单问题的小规模程序比较合适。而面向对象是一种针对某一类问题的通用的解决方法,有了通用的类定义和程序代码,再通过继承、多态等特性实现具体功能,由于具有代码重用等特性(通用的类定义和程序代码具有很好的重用性),比较适合大规模程序的开发。

例如,本科生包括学号、姓名、性别、年龄、专业、班主任等属性,硕士生包括学号、姓名、性别、年龄、专业、研究方向、导师等属性,虽然大部分相同,但并不完全相同。对于包括本科生和硕士生的学生管理程序的编写,两者的区别如下:

在面向过程程序设计中,需要分别定义组合类型变量用于存放本科生数据和硕士生数据,分别编写程序代码实现对本科生数据和硕士生数据的插入、删除、修改、查询、统计、打印等管理功能,变量的定义与程序代码的编写都存在大量的重复性工作。

在面向对象程序设计中,可以先定义一个学生基类,包括学号、姓名、性别、年龄、专业等本科生和硕士生的共有属性,行为函数能够实现对上述属性的插入、删除、修改、查询、统计、打印等管理功能。在这个学生基类的基础上,以继承的方式定义本科生类和硕士生类。在定义本科生类时,只需增加对特有属性——班主任的描述与处理;在定义硕士生类时,只需增加对特有属性——研究方向、导师的描述与处理。定义学生基类时的变量定义与程序代码得到重复使用,从而简化了程序编写,提高了程序开发效率。

8.2 类和对象

8.2.1 类和对象的定义

在面向对象程序设计中,先定义类,再定义对象,通过对象实现对数据的处理。

定义类的语法格式如下:

```
class 类名:
    定义数据成员
    定义成员函数
```

定义一个类就是规定该类的属性及行为,即该类所包含的数据以及对数据的操作,对数据的操作以函数(方法)的形式出现。一个类有两种成员:数据成员和函数成员,函数成员通常称为成员函数。数据成员类似于一般的变量定义,成员函数类似于一般的函数定义。与一般变量和函数不同的是,数据成员和成员函数都有访问权限限制。

定义类实际上是定义了一种新的数据类型。定义了类之后,还要定义相应的变量才能真正实现相关操作,和类对应的变量称为对象。

在定义了类之后,定义该类对象的语法格式如下:

> 对象名=类名(实参表)

定义对象的目的是使用对象,通过对对象的访问实现相关操作和数据处理。除了可以对对象进行整体赋值外,对对象的访问一般是访问其成员。

访问对象成员的语法格式如下:

> 对象名.成员名

其中,圆点(.)是成员运算符,用于指定访问对象的某个成员。对象可访问的成员既包括数据成员(属性),也包括成员函数(方法)。

【例 8.1】 通过定义长方形类计算长方形的面积。

```
#P0801.py
class Rect:                                  #定义名字为 Rect 的类
    def __init__(self,le,wi):                #定义构造函数
        self.__length=le                     #为数据成员赋初值
        self.__width=wi                      #为数据成员赋初值
    def disp(self):                          #定义显示信息的成员函数
        print("长度={}".format(self.__length))
        print("宽度={}".format(self.__width))
    def area(self):                          #定义计算面积的成员函数
        return self.__length * self.__width
rect1=Rect(8,5)                              #定义长方形对象
rect2=Rect(37.8,12.6)                        #定义长方形对象
rect1.disp()                                 #访问成员函数,输出信息
print("面积={}".format(rect1.area()))        #访问成员函数,计算面积
rect2.disp()
print("面积={}".format(rect2.area()))
```

程序执行结果如下:

```
长度=8
宽度=5
面积=40
长度=37.8
宽度=12.6
面积=476.28
```

说明:

(1) 在 Rect 类中包括 3 个成员函数。__init__()函数是一个特殊的成员函数,称为构造函数,其作用是为新创建的对象赋初值。该函数规定了类的数据成员,函数体中的变量名__length 和__width 就是类的数据成员,分别用于存放长方形的长度和宽度值。

(2) 函数 disp()和 area()是类的普通成员函数,其功能分别为显示数据成员的值和计算长方形的面积。由于 disp()函数的功能只是输出数据成员的值,所以函数体中没有return 语句;而 area()函数的功能是计算长方形的面积,所以有 return 语句,用于返回计算

结果。

（3）类名一般用大写字母开头的标识符表示，不是强制规定，只是约定俗成的类名命名习惯。

8.2.2 构造函数与析构函数

在 Python 语言中，通过给变量赋值定义变量。同样，通过给对象赋值定义对象。定义对象时，要先为对象的各数据成员赋予适当的初值。为对象的数据成员赋初值由一个特定的成员函数完成，这个成员函数称为构造函数。

构造函数与一般成员函数的区别是：构造函数的名字固定为__init__（字符的前后各有两个下画线）；构造函数不需要显式调用，而是在定义对象时自动执行。

一般构造函数要带若干个参数。其中，第一个参数固定为 self（也可以用其他合法标识符，但 self 是习惯用法），代表当前对象；其他参数对应类的数据成员，其个数与需要在构造函数中赋初值的数据成员的个数一致，用于给数据成员赋初值。

除第一个参数外，构造函数的其他参数可以带默认值。新建对象时，如果没有给出实参值，就用默认值为相应的数据成员赋初值。

如果例 8.1 中构造函数的定义改为

```
def __init__(self,le=1,wi=1):        #参数 le 和 wi 的默认值均设定为 1
    self.__length=le
    self.__width=wi
```

此时可有如下形式的对象定义：

```
rect3=Rect()                    #没有实参时用默认值,长和宽都为 1
rect4=Rect(9,6)                 #有实参时用实参值,长和宽分别为 9 和 6
```

在定义类时，还可以定义改变数据成员值（属性值）的函数，例如：

```
def setValue(self,le,wi):
    self.__length=le
    self.__width=wi
```

该函数与构造函数类似，但有不同的性质与作用：构造函数在定义对象时自动执行，用于给对象属性赋初值，不能显式调用；setValue()函数需要时可以显式调用，用于改变对象属性的值。

示例：

```
rect5=Rect(8,4)                         #创建对象时的长和宽分别为 8 和 4
print("面积={}".format(rect5.area()))
rect5.setValue(18,12)                   #将对象的长和宽分别改变为 18 和 12
print("面积={}".format(rect5.area()))
```

和构造函数对应的还有一个析构函数，用于对象撤销时释放其所占用的内存空间。虽然定义类时构造函数和析构函数都可以不定义，而用默认的构造函数和析构函数，但一般需要定义构造函数（用于为数据成员赋初值），可以不定义析构函数。

8.2.3　私有成员和公有成员

根据访问限制的不同,类中的成员分为公有成员、私有成员和受保护成员。顾名思义,私有成员在类内进行访问和操作,在类外不能直接访问;公有成员既可供类内访问,也可供类外访问;受保护成员在所在类及派生类中可以直接访问,在非派生类的类外不能直接访问。一般来说,数据成员定义为私有成员或受保护成员,成员函数定义为公有成员。即在类外(对于受保护成员,派生类除外)不能直接操作类内数据,需要通过类的公有成员函数操作类内数据,以保证数据操作的安全性和正确性。

例如,不能直接修改对象的私有数据成员值。如果需要修改,则要通过公有的 setValue()函数进行,不能直接用数据成员计算对象(长方形)的面积,需要通过调用 area()函数进行。由于成员函数可以由专门人员编写并要进行严格的测试,所以可以有效地避免对数据的错误操作。

在 Python 语言中,成员的公有和私有特性体现在命名上:

(1) 以一个下画线开头的是受保护成员名,用于基类和派生类成员的命名,在 8.3 节将用到。

(2) 以两个下画线开头并以两个下画线结束的是特殊成员名,如构造函数名__init__。

(3) 以两个或多个下画线开头但不以两个或多个下画线结束的是私有成员名,如__length 和__width 等。

(4) 其他符合命名规则的标识符可以作为公有成员名,如 area 和 disp 等。

在类外直接访问私有成员会报错。可以通过如下方式在类外直接访问私有成员:

> **对象名._类名__私有成员名**

这种访问方式违背了面向对象程序设计的特性(封装性),不是特殊需要尽量不要采用这种访问方式。在这种访问方式中,类名前是一个下画线,类名后是两个下画线。

示例:

```
rect1=Rect(8,7)                                    #定义长方形对象
print(rect1.__length)                              #直接访问私有成员,报错
print(rect1.__width)                               #直接访问私有成员,报错
rect1.setValue(26,15)                              #访问公有成员函数,正确
print(rect1.__length * rect1.__width)              #直接访问私有成员,报错
print(rect1.area())                                #访问公有成员函数,正确
print(rect1._Rect__length * rect1._Rect__width)    #访问私有成员,正确,但尽量不用
```

8.2.4　数据成员

类是对象的抽象,类有属性和行为。属性是特征描述数据,行为是对数据的操作。类有两种成员:数据成员和成员函数。数据成员分为属于类的成员和属于对象的成员,可以分别简称为类成员和对象成员。在类内但在各成员函数之外定义的数据成员称为类成员,对于类成员,各个对象共享同一段存储区域,可通过类名或对象名访问。在成员函数(包括构造函数)内定义的变量称为对象成员,在类内,每个对象都有自己的对象成员,每个对象有自

已的存储区域,各对象的同名对象成员独立存在,互不影响。对象成员只能通过对象名访问。

【例 8.2】 使用属于类的数据成员统计创建的对象个数。

```
#P0802.py
class Rect:
    __total=0                                      #类成员
    def __init__(self,le,wi):                      #定义构造函数
        self.__length=le                           #对象成员
        self.__width=wi                            #对象成员
        Rect.__total+=1                            #每新建一个对象,该计数加 1
    def disp(self):
        print("长度={}".format(self.__length))
        print("宽度={}".format(self.__width))
    def area(self):
        return self.__length * self.__width
rect1=Rect(8,5)                                    #创建对象 1
rect2=Rect(37.8,12.6)                              #创建对象 2
rect3=Rect(9,6)                                    #创建对象 3
print(Rect._Rect__total)                           #通过类名访问类成员
print(rect1._Rect__total)                          #通过对象名访问类成员
print(rect2._Rect__total)                          #通过对象名访问类成员
print(rect1._Rect__length)                         #通过对象名访问对象成员
print(rect2._Rect__length)                         #通过对象名访问对象成员
print(Rect._Rect__length)                          #通过类名访问对象成员,报错
```

程序执行结果如下:

```
3
3
3
8
37.8
```

其中,前 3 个值是对象个数,分别为 Rect._Rect__total、rect1._Rect__total、rect2._Rect__total 的值;后两个值分别是对象 1 和对象 2 的长度值。

说明:与属于对象的数据成员相比,属于类的数据成员有许多特点,总结如下。

(1) 定义类时分配存储空间。属于对象的数据成员依附于对象,定义类时并不为其分配存储空间,只有在创建对象时才为属于对象的数据成员分配存储空间;而属于类的数据成员不依附于任何特定对象,为所有对象所共享,不是创建对象时才为属于类的数据成员分配存储空间,而是在定义类时就为属于类的数据成员分配存储空间,供各对象共享使用。

(2) 在程序运行期间一直存在。属于对象的数据成员,在创建对象时分配存储空间,对象撤销时则收回为其分配的存储空间;而属于类的数据成员,定义类时分配存储空间,程序结束时才收回为其分配的存储空间,在程序运行期间,属于类的数据成员一直存在。

(3) 可以通过类名访问。属于对象的数据成员只能通过对象名访问;而属于类的数据成员既可以通过对象名访问,也可以通过类名访问。

8.2.5　成员函数

一般来说,类的数据成员要定义为私有成员或受保护成员,在类外,对数据的操作通过调用类的成员函数进行,以保证数据操作的安全性和正确性。成员函数也称为方法,一般定义为公有成员,作为类与外界的接口。

类的成员函数与一般函数的区别在于：成员函数必须至少有一个形参,名字一般为self；当有多个形参时,self 放在第一个形参的位置。self 代表当前参与操作的对象。

示例：

```
from math import sqrt                          #引用 math 库的 sqrt 函数
class Point:                                   #定义 Point 类
    def __init__(self,x,y):                    #定义构造函数
        self.__x=x                             #设定横坐标初值
        self.__y=y                             #设定纵坐标初值
    def disp(self):                            #定义显示信息的成员函数
        print("x=",self.__x)
        print("y=",self.__y)
    def distance(self):                        #定义计算到原点距离的成员函数
        return(sqrt(self.__x**2+self.__y**2))
```

该段代码定义了一个 Point 类(二维坐标中的点),其中,__init__()、disp()和 distance()是成员函数,都带有表示当前对象的参数 self。

成员函数一般定义为公有成员。成员函数有对象函数(对象方法)、类函数(类方法)和静态函数(静态方法)之分。

直接定义的成员函数都是对象方法,既可以直接访问属于类的数据成员,也可以直接访问属于对象的数据成员,还可以通过对象名访问。当用类名访问时,需要以对象名作为参数。

类方法和静态方法的定义要用到修饰器,类方法在修饰器@classmethod 之后定义,静态方法在修饰器@staticmethod 之后定义,也可以分别使用内置函数 classmethod()和 staticmethod()把一个普通函数转换为类方法和静态方法。

类方法和静态方法既可以通过类名调用,也可以通过对象名调用。类方法和静态方法只能访问属于类的数据成员。二者的区别在于：定义类方法时,至少要有一个名为 cls 的参数,表示该类自身；定义静态方法时,可以不带任何参数。

【例 8.3】　使用类方法和静态方法计算职工平均工资。

```
#P0803.py
class Employee:                                #定义 Employee 类
    __empSumSal=0                              #定义类的数据成员
    __empSumEmp=0                              #定义类的数据成员
    def __init__(self,num,name,salary):
        self.__empNum=num                      #对象成员赋值
        self.__empName=name
        self.__empSalary=salary
        Employee.__empSumSal+=self.__empSalary #类成员赋值
        Employee.__empSumEmp+=1
```

```
    @classmethod                                    #定义类方法
    def aveSal(cls):
        cls.__empAveSal=cls.__empSumSal//cls.__empSumEmp
    @staticmethod                                   #定义静态方法
    def disp():
        print("工资总额=",Employee.__empSumSal)
        print("职工总数=",Employee.__empSumEmp)
        print("平均工资=",Employee.__empAveSal)
em1=Employee("1201","小张",6758)
em2=Employee("1208","小李",5879)
em3=Employee("1217","小王",8902)
Employee.aveSal()                                   #调用类方法
Employee.disp()                                     #调用静态方法
```

程序执行结果如下：

```
工资总额=21539
职工总数=3
平均工资=7179
```

说明：

（1）定义数据成员（首次赋值）既可以在构造函数内进行，也可以在其他成员函数内进行，尽可能在构造函数内进行。本例的 empAveSal（员工平均工资）变量赋值如果放在构造函数中，每次创建一个新对象时都会进行一次计算，这样浪费时间；若单独放在一个函数中，需要时才进行计算，那么效率更高。

（2）类方法函数体用 cls 代表类；静态方法没有参数代表类，要写出类名。

（3）给对象成员赋值与给类成员赋值是不同的，前者用代表当前对象的参数 self 进行赋值，后者用类名进行赋值。

8.3 继承与多态

8.3.1 继承与派生

在传统的面向过程程序设计方法中，即使要编写的程序在功能上和现有程序很相似，只要不是完全相同，也需要重新编写程序代码，现有程序的代码不能直接用于新程序的编写，能用的只是现有程序的分析设计思路，所以程序代码的重用性差，限制了程序开发的效率和质量。在面向对象程序设计方法中，利用继承与派生机制，可以在继承已有类的基础上派生出相似的新类，使得新类能够重用已有类的数据成员定义和成员函数定义，即能够重用已有程序代码编写新的功能类似的程序，所以能够有效提高程序的开发效率，由于许多代码已经过现有程序的执行检验，因此也能够保证新开发程序的质量。

定义派生类的语法格式如下：

```
class 派生类类名(基类名)：
    定义派生类新增数据成员
    定义派生类新增成员函数
```

【例 8.4】　使用继承方式计算长方体的体积,数据成员都定义为私有成员。

```
#P0804.py
class Rect:                                    #定义基类
    def __init__(self,le,wi):
        self.__length=le                       #私有成员
        self.__width=wi                        #私有成员
    def rectDisp(self):
        print("长度={}".format(self.__length))
        print("宽度={}".format(self.__width))
    def area(self):
        return self.__length * self.__width
class Cuboid(Rect):                            #定义派生类
    def __init__(self,le,wi,hi):
        Rect.__init__(self,le,wi)              #调用基类的构造函数
        self.__height=hi                       #定义新增数据成员
    def volume(self):                          #定义新增成员函数
        return self.area() * self.__height
    def cuboDisp(self):                        #定义新增成员函数
        self.rectDisp()
        print("高度={}".format(self.__height))
print("长方体 1 信息: ")
cubo1=Cuboid(8,2,6)                            #创建长方体对象
cubo1.cuboDisp()                               #显示对象的基本信息
print("体积={}".format(cubo1.volume()))        #计算体积并输出
print("长方体 2 信息: ")
cubo2=Cuboid(12,5,7)                           #创建长方体对象
cubo2.cuboDisp()                               #显示对象的基本信息
print("体积={}".format(cubo2.volume()))        #计算体积并输出
```

程序执行结果如下:

```
长方体 1 信息:
长度=8
宽度=2
高度=6
体积=96
长方体 2 信息:
长度=12
宽度=5
高度=7
体积=420
```

【例 8.5】　使用继承方式计算长方体的体积,数据成员都定义为受保护成员。

```
#P0805.py
class Rect:                                    #定义基类
    def __init__(self,le,wi):
        self._length=le                        #受保护成员
        self._width=wi                         #受保护成员
    def rectDisp(self):
        print("长度={}".format(self._length))
```

```
            print("宽度={}".format(self._width))
        def area(self):
            return self._length * self._width
    class Cuboid(Rect):                              #定义派生类
        def __init__(self,le,wi,hi):
            Rect.__init__(self,le,wi)
            self._height=hi                          #派生类新增数据成员
        #定义派生类成员函数,可以直接访问基类中的受保护成员
        def volume(self):
            return self._length * self._width * self._height
        def cuboDisp(self):
            print("长度={}".format(self._length))
            print("宽度={}".format(self._width))
            print("高度={}".format(self._height))
print("长方体 1 信息: ")
cubo1=Cuboid(8,2,6)
cubo1.cuboDisp()
print("体积={}".format(cubo1.volume()))
print("长方体 2 信息: ")
cubo2=Cuboid(12,5,7)
cubo2.cuboDisp()
print("体积={}".format(cubo2.volume()))
```

程序执行结果与例 8.4 相同。

8.3.2 多态

在面向对象程序设计中,多态是指基类的同一个成员函数(方法)在不同派生类中具有不同的表现和行为。各派生类从基类继承数据成员和成员函数后,可以对这些继承的成员进行适当的改变,经过这样的改变后,从基类中继承的同名函数在各派生类中可能具有不同的行为(功能),不同的对象在调用这个函数名时会执行不同的功能,产生不同的行为,使程序的编写简单、清晰。

这里所说的多态函数不是泛指一般的函数,而是特指基类中的函数及派生类中的函数。基类中的函数和派生类中的函数功能相似,但不完全相同,主要是函数的总体功能相同,但处理的数据不同。例如,两个函数的功能都是显示数据,但基类中的函数只显示基类数据成员的值,而派生类中的函数既显示基类数据成员的值也显示派生中新增数据成员的值,这里不同的对象指是基类对象还是派生类对象。

多态性是指基类、派生类范畴内的多态。基类中有某个功能的函数,派生类中也有某个功能的函数,多态性是体现在这些函数之间的。

Python 的多态主要体现在函数重载和运算符重载。

【例 8.6】 通过函数重载实现多态。

```
#P0806.py
class Shape:                    #定义基类
    def area(self):             #定义计算面积函数
        pass                    #空语句
```

```
    def volume(self):                    #定义计算体积函数
        pass                             #空语句
class Rect(Shape):                       #定义 Shape 的派生类
    def __init__(self,le,wi):
        self._length=le
        self._width=wi
    def area(self):                      #对基类中的计算面积函数进行重载
        return self._length * self._width
class Cuboid(Rect):                      #定义 Shape 的派生类的派生类
    def __init__(self,le,wi,hi):
        Rect.__init__(self,le,wi)
        self._height=hi
    def volume(self):                    #对基类中的计算体积函数进行重载
        return self.area() * self._height
class Circle(Shape):                     #定义 Shape 的派生类
    def __init__(self,ra):
        self._radius=ra
    def area(self):                      #对基类中的计算面积函数进行重载
        return 3.14 * self._radius * self._radius
class Cylinder(Circle):                  #定义 Shape 的派生类的派生类
    def __init__(self,ra,hi):
        Circle.__init__(self,ra)
        self._height=hi
    def volume(self):                    #对基类中的计算体积函数进行重载
        return self.area() * self._height
rect1=Rect(2,3)
print("长方形面积={}".format(rect1.area()))
cubo1=Cuboid(2,3,6)
print("长方体体积={}".format(cubo1.volume()))
circ1=Circle(2.6)
print("圆形面积={:.3f}".format(circ1.area()))
cyli1=Cylinder(2.6,4.5)
print("圆柱体体积={:.3f}".format(cyli1.volume()))
```

程序执行结果如下：

```
长方形面积=6
长方体体积=36
圆形面积=21.226
圆柱体体积=95.519
```

说明：pass 是 Python 的一个关键字，其作用相当于空语句，即什么也不做，只是占用一个语句的位置。本例中使用 pass 作为基类中 area()函数和 volume()函数的函数体，在各派生类中再具体定义其功能（函数重载），不同对象调用同一函数后实现不同的功能，例如，Rect 对象调用 area()函数完成的是计算长方形面积的功能，Circle 对象调用 area()函数完成的是计算圆面积的功能，实现了多态。

【例8.7】 通过运算符重载实现多态。

```
#P0807.py
class ItemSales:                                    #定义产品销售类
    def __init__(self,nu,un,gr):
        self.__itemNum=nu                           #产品代码
        self.__itemUnits=un                         #销售数量
        self.__itemGrass=gr                         #销售金额
    def disp(self):
        print("产品代码=",self.__itemNum)
        print("销售数量=",self.__itemUnits)
        print("销售金额=",self.__itemGrass)
    def __add__(self,obj):                          #重载加法运算符(+)
        return ItemSales(self.__itemNum,\           #一条语句写在多行,要在断开处
        self.__itemUnits+obj.__itemUnits,\          #加写斜杠(\),表示语句还没结束
        self.__itemGrass+obj.__itemGrass)
item1=ItemSales("TC01",20,600)
item2=ItemSales("TC01",30,900)
item3=item1+item2
item3.disp()
```

程序执行结果如下:

```
产品代码=TC01
销售数量=50
销售金额=1500
```

说明:所谓运算符重载,就是在不改变运算符现有功能的基础上为运算符增加与现有功能类似的新功能,即扩充运算符的功能。例如,对加法运算符(+)重载,就是在保持其整型、浮点型等数据加法功能的基础上,增加其实现两个自定义类型数据(如类对象等)相加的功能。在面向过程程序设计中,主要是对各种基本类型的变量进行处理,现有运算符的功能基本上能够满足编写程序的需要。在面向对象程序设计中,主要是对各种对象进行处理,而各运算符的现有功能是不支持对象运算的,从而限制了对象运算功能的实现,通过对现有运算符的重载,使其不仅可以完成基本类型数据的计算,也能够实现对象间的计算,这将会给面向对象程序设计带来很大的方便。本例中通过运算符重载实现了对象的直接相加。

习　题　8

一、填空题

1. 面向对象程序设计方法中的3个重要概念是_____、_____和_____。

2. 面向对象程序设计的4个主要特点是_____、_____、_____和_____。

3. 相对于面向过程程序设计,面向对象程序设计的主要优点是_____和_____。

4. 定义类的关键字是_____。类有两类成员:_____和_____。

5. 定义对象的语法格式是_____,访问对象成员的语法格式是_____。

6. 为对象的数据成员赋初值一般由_____函数完成,该函数的名字为_____。

7. _____函数用于对象撤销时释放其所占用的内存空间。

8. 根据访问限制的不同,类中的成员分为_____、_____和受保护成员。

9. 定义派生类时,被继承的类称为_____。

10. Python 语言中的空语句是_____。

二、编程题

1. 定义一个三角形类 Triangle,从键盘输入三角形的边长,设计成员函数实现计算三角形面积和周长的功能。

2. 定义学生类 Student,数据成员包括学号、姓名、年龄和 3 门课程的成绩,设计成员函数计算每个学生的平均成绩和最高分。

3. 在已定义的三角形类 Triangle 的基础上,定义其派生类——三棱锥类 Pyramid,并增加数据成员和成员函数,数据成员为三棱锥的高度,成员函数用于计算三棱锥的体积。

4. 在已定义的学生类 Student 的基础上,通过运算符重载实现两个学生对象的直接相加,加法的功能为:若第二个对象的学号、姓名、年龄与第一个对象相同,3 门课程的成绩分别对应相加。

三、思考题

1. 举例说明面向对象程序设计为什么能提高数据操作的安全性和代码的重用性。

2. 定义类时为什么一般要把数据成员定义为私有成员?

3. 举例说明如何实现多态。

第9章 Python 高级编程

由于有大量的标准库和第三方库的支持,相对于其他编程语言,Python 在解决各领域的实际问题方面具有很大的优势,是一种更容易达到"学得会、用得上"目标的程序设计语言,这也是 Python 得到用户青睐并得以广泛应用的主要原因。本章以网站开发、数据库编程、网页爬取、数据可视化等几个领域为例,介绍 Python 在解决实际问题时的基本原理和步骤,以及标准库和第三方库的使用方法,进一步展示综合编程技能和基于计算机技术的复杂问题求解方法。

9.1 网站开发

万维网(World Wide Web,WWW)是互联网最重要、最广泛的应用之一。人们从互联网获取的信息大多来源于 WWW。使用 Python 语言可以方便地开发 Web 网站。不论是创建一个简单的个人展示 Web 网站还是功能完善的商业 Web 网站,都可以使用 Python 开发完成。国内知名的豆瓣网和知乎网后台都使用了 Python 程序设计语言。

9.1.1 Web 服务和 HTML

在 Web 应用中,用户使用浏览器向 Web 服务器发送 Web 服务请求,Web 服务器分析用户请求,然后将相应结果以 HTML 文件的形式发送给用户的浏览器,用户浏览器解析该 HTML 内容并显示。Web 服务请求和响应过程如图 9.1 所示。

①用户浏览器向Web服务器发送Web服务请求

②Web服务器响应Web服务请求,返回HTML文件

客户机　　　　　　　　　　　　　　　　　　Web服务器

图 9.1　Web 服务请求和响应过程

1. HTTP 请求

浏览器向 Web 服务器发送请求时,使用的是超文本传输协议(HyperText Transfer Protocol,HTTP)。HTTP 是网络上传输超文本标记语言(HyperText Markup Language,HTML)数据的协议,用于浏览器和 Web 服务器的数据通信。

2. Web 服务

Web 服务由 Web 服务器提供,用来接收来自用户浏览器的 HTTP 请求,并分析用户的请求,进行适当的响应。用户浏览器向 Web 服务器请求的内容一般分为静态内容和动态内容。

1) 静态内容

如果用户的请求是存在于 Web 服务器上的 HTML 文件、图像、视频等内容,Web 服务器只需找到这些资源,并把它们作为响应数据发送给用户浏览器即可。

这些资源已经存在于 Web 服务器上,Web 服务器的工作只是将这些资源作为响应返回,因此把这些资源称为静态内容。HTML 网页文件也称为静态网页,这些静态网页文件的扩展名一般为.html 或.htm。

2) 动态内容

如果用户的请求内容需要 Web 服务器根据请求动态生成,则这种根据用户请求生成的内容称为动态内容。为了完成这样的功能,Web 服务器端会执行特定程序分析用户请求并据此响应用户的请求。根据用户请求动态生成的网页一般称为动态网页,在 Web 服务器内部通过程序代码实现相应的功能。在本节中,将会使用 Python 开启具有该功能的 Web 服务程序,并介绍如何使用 Python 语言书写动态网页以响应用户的请求。

3. HTML

不论 Web 服务器对于用户的响应是静态内容还是动态内容,返回给用户浏览器的结果均为 HTML 文件。用户浏览器再去解析该 HTML 文件,并获取图像、视频等内容后以合适的方式渲染显示出来。

HTML 是应用于万维网上的一种信息描述语言,用来描述网页的格式以及与其他网页的链接关系。HTML 类似于排版语言,在需要描述或显示特定内容的地方,放上特定的标签(也称为标记),标签用于告诉浏览器如何显示指定的内容或承担其他功能意义,标签置于一对尖括号(＜＞)之内。例如,标签<head>和</head>用来描述 HTML 文件的头部信息。

示例:

```
<html>
    <head>
        <meta charset="utf-8">
        <title>Hello,Python and WWW</title>
    </head>
    <body>
        <h1>Hello, Python and WWW.</h1>
        <img src="pyweb.jpg">
    </body>
</html>
```

将上述内容保存成名为 index.html 的 HTML 文件。在浏览器中显示这个网页文件时,浏览器会解析 HTML 代码,将代码中的<title>标签内的内容显示在网页标题栏,将<body>标签中的<h1>标签内容"Hello,Python and WWW."显示为一号标题,将<img>标签中的 pyweb.jpg 文件作为图片在网页中显示出来,如图 9.2 所示。

9.1.2　使用 Python 语言开发网站

本节使用 Python 标准库启动 Web 服务,并用来解析使用 Python 语言编写的服务器端程序(脚本),为用户提供动态 Web 内容。

1. 执行 Web 服务

首先在计算机的外存上(以 Windows 平台为例)建立一个名为 wwwroot 的文件夹,并在该文件夹下建立两个子文件夹 cgi-bin 和 templates,如图 9.3 所示。

图 9.2　示例 HTML 文件在浏览器中的显示效果　　　图 9.3　网站的结构

说明:顶层文件夹是网站的根文件夹(也称根目录),可以使用不同于 wwwroot 的名字,但子文件夹 cgi-bin 的名字不能改变,用于存放 Python 代码,供 Web 服务调用执行。

Python 通过 http.server 库模块提供 Web 服务器功能,将 9.1.1 节编写的 index.html 文件放置在 wwwroot 文件夹下,并在该文件夹下新建一个 Python 程序文件,命名为 webserver.py。

```
#webserver.py
from http.server import HTTPServer,CGIHTTPRequestHandler
port=8081
httpd=HTTPServer(("",port),CGIHTTPRequestHandler)
print("Web 服务器已启动,端口为: {}".format(httpd.server_port))
httpd.serve_forever()
```

各行代码的功能简要介绍如下:

```
from http.server import HTTPServer,CGIHTTPRequestHandler
```

用于引入 Python 标准 Web 服务器库 http.server 中的 HTTPServer 和 CGIHTTPRequestHandler 类,从而为开启 Web 服务和解析 Python 脚本做好基础设置。

```
port=8081
```

设置 Web 服务器启动的端口号为 8081。

```
httpd=HTTPServer(("",port),CGIHTTPRequestHandler)
```

创建一个 HTTP Web 服务器实例,函数 HTTPServer() 的第一个参数("",port)是一个元组型数据。该元组的第一个元素("")是一个空字符串,表示 Web 服务器启动后,本机的所有 IP 地址都能接收 Web 服务请求；第二个元素 port 即服务开放的 Web 服务端口号，其值为 8081，用户也可以根据实际情况设置为计算机中其他空闲的端口号，如 8000、8080 等。这条语句执行后，本机访问自己已开启的 Web 服务，可以使用的 Web 服务器地址为 http://localhost:8081/。

```
print("Web服务器已启动,端口为: {}".format(httpd.server_port))
```

在显示器上输出文字"Web 服务器已启动，端口为：8081"。httpd 是上一条语句创建的 HTTP Web 服务器实例，其属性 server_port 的值是该 Web 服务开启的端口号，即 8081，与 port 变量的值一致。

```
httpd.serve_forever()
```

开启 Web 服务，并进入等待用户请求状态。

进入 Windows 的命令行界面，并将当前文件夹设置为 wwwroot 根文件夹，输入命令 python webserver.py 后按回车键，执行 webserver.py 程序，开启 Web 服务，如图 9.4 所示。

打开本机任意一个浏览器，在地址栏中输入网址 http://localhost:8081/，即可在浏览器中看到网页 index.html 已被服务器正确地响应并得到浏览器正确的解析，网页显示如图 9.5 所示。在访问 Web 网站时，如果不直接在网址中写明访问哪个具体的网页文件，Web 网站通常会默认访问指定路径下名为 index.html 的网页文件。

图 9.4　开启 Web 服务　　　　　　　　图 9.5　通过 Web 服务访问网站

观察启动 Web 服务器的命令行窗口，可以看到有两条记录，表明了 Web 服务器对于用户 HTTP 请求的响应，如图 9.6 所示。从图 9.6 中可以看到，Web 服务器响应时的 IP 地址为 127.0.0.1。访问本机 Web 服务使用 localhost 作为 URL 地址时，Windows 会自动将其映射为 127.0.0.1。

Web 服务器启动后，用户可以通过输入网址 http://localhost:8081 的方式访问 Web 服务。但现在的 Web 服务响应是静态的 HTML 网页 index.html，其内容不会随着不同的用户或不同的请求而发生改变。

下面的内容将介绍如何通过 Python 脚本让 Web 服务器提供动态内容，将当前的静态

图 9.6　Web 服务对用户 HTML 请求的响应

网站改变成动态网站。

2. CGI 和 Python 脚本

动态网站的特点是 Web 服务器返回的网页内容可以随用户的不同请求而动态生成。为了能够使网站具有动态功能,Web 服务器必须能够根据用户的请求生成不同的内容。通用网关接口(Common Gateway Interface,CGI)是互联网中允许 Web 服务器执行的服务器端程序,也称为 CGI 脚本,网站的动态内容将由 CGI 提供。

在 9.1.1 节的代码

```
from http.server import HTTPServer, CGIHTTPRequestHandler
httpd=HTTPServer(("",port), CGIHTTPRequestHandler)
```

中,CGIHTTPRequestHandler 的作用是说明开启的 Web 服务器使用 http.server 库模块中的 CGIHTTPRequestHandler 处理用户发来的动态 Python 脚本的请求。

CGI 脚本需要放置在服务器根文件夹下名为 cgi-bin 的特定文件夹内,用于保证启动的 Web 服务器能够正确地执行对应的 Python 脚本,并返回正确的响应结果。

为了测试 Web 服务器可以正确地解析 Python 脚本,编写如下文件:

```
#demopage.py
s_webpage='''
<html>
    <head>
        <title>Web Page Demo by Python</title>
    </head>
    <body>
        <h3>Hello, Web world with Python.</h3>
    </body>
</html>
'''
print(s_webpage)
```

这段 Python 代码首先定义了 s_webpage 变量,并为其赋予一个字符串,该字符串作为 HTML 代码的功能是显示一个网页。print(s_webpage)语句将变量 s_webpage 的值输出。由于该 Python 文件放置在网站根文件夹 wwwroot 下的 cgi-bin 文件夹内,当使用浏览器请求该文件时,Web 服务器 CGI 将使用 Python 解析该文件并将 print 语句输出的字符串作为网站响应的 HTML 文件发送给请求的浏览器。

接下来,修改 wwwroot 文件夹下的 index.html 文件,在</h1>标签和<img>标签之间插入一行 HTML 代码,新插入的代码加粗显示:

```
<body>
    <h1>Hello, Python and WWW.</h1>
    <p><a href="cgi-bin/demopage.py">点击此处链接到 demopage.py</a></p>
    <img src="pyweb.jpg">
</body>
```

新插入的代码用于在网页中显示一个超链接。点击此超链接时，将会打开 cgi-bin 文件夹内的 demopage.py 文件。

以上两个文件新建或修改完成并保存后，重新访问网址 http://localhost:8081/，或刷新该网页，可以看到网页中多了一个超链接，如图 9.7 所示。

9.7　增加了超链接的网页

单击该超链接，网页将转向网址 http://localhost:8081/cgi-bin/demopage.py。可以看到，变量 s_webpage 中的 HTML 代码在浏览器中已得到正确的解析和执行，如图 9.8 所示。

图 9.8　Web 服务器响应 demopage.py 脚本

切换到启动 Web 服务器的命令行窗口，可以看到服务器在 Python 环境下执行了 Python 文件 demopage.py，并通过 CGI 将其正确地返回浏览器，如图 9.9 所示。

图 9.9　Python 脚本得到解析

至此，完成了 Web 服务器解析 CGI Python 脚本的功能，下面将使用 Python 脚本完成更多动态内容。

3. 表单数据

动态网站的特点在于可以根据用户的不同请求执行不同的操作,并返回不同的 HTML 网页。前面创建的 Web 服务器借助 CGI 可以解析 Python 脚本,具有了动态网站功能。下面将通过创建包含 HTML 表单的网页和 Web 服务器进行交互。

1) 创建 HTML 表单

网页中的文本框、密码框、按钮等元素一般称为 HTML 表单元素。为了能将表单元素中的数据发送至 Web 服务器用于数据处理,一般需要将表单元素置于 HTML 表单(form)中。下面的 HTML 代码用于创建包含 3 个表单元素(一个文本框、一个密码框和一个提交按钮)的表单,当单击"登录"按钮时,这些表单元素数据将会提交至服务器的 cgi-bin/process.py 脚本进行处理。

```html
<!--login.html-->
<html>
    <head>
        <meta charset="utf-8">
        <title>Login</title>
    </head>
    <body>
        <h1>输入用户名和密码,点击登录</h1>
        <form action="cgi-bin/process.py" method="POST">
        用户名: <input type="text" name="u_name" size=40 /><br />
        密码: <input type="password" name="u_psw" size=40 /><br />
        <input type="submit" value="登录" />
        </form>
    </body>
</html>
```

将该文件保存在 wwwroot 文件夹下,文件名为 login.html。使用网址 http://localhost:8081/login.html 访问时,网页显示如图 9.10 所示。

图 9.10　HTML 表单网页

对 login.html 文件中的主要代码简要解释如下:

```html
<input type="text" name="u_name" size=40 />
```

用于在网页中显示一个名称为 u_name、长度为 40 个字符的表单元素——文本框。用户输入的信息显示在文本框内。

```
<input type="password" name="u_psw" size=40 />
```

用于在网页中显示一个名称为 u_psw、长度为 40 个字符的表单元素——密码框。在密码框内输入的任何字符都显示为星号或圆点，以保密形式接收用户输入的密码。

```
<input type="submit" value="登录" />
```

用于在网页中显示一个表单元素——"登录"按钮。

```
<form action="cgi-bin/process.py" method="POST">
...
</form>
```

这是 HTML 网页中的表单内容，需要把数据提交到服务器的表单元素都应置于<form>和</form>标签内。此表单标签中的 action 参数描述了点击表单中的提交按钮时把表单和其中各元素的数据发送到服务器的哪个文件进行处理，此处是 cgi-bin 文件夹下的 process.py 文件；表单标签中参数 method 的值 POST 用于说明表单数据向服务器的提交方式，如果表单提交的是非敏感数据，method 参数也可以使用值 GET。

2）服务器脚本响应表单数据

在 wwwroot\cgi-bin 文件夹下建立一个名为 process.py 的文件：

```
#process.py
s_header='''
<html>
    <head>
        <title>Web Page Demo by Python</title>
    </head>
    <body>
'''
s_footer='''
    </body>
</html>
'''
import cgi
form=cgi.FieldStorage()
user_name=form["u_name"].value
user_psw=form["u_psw"].value
if user_name=="admin" and user_psw=="123456":
    s_body="<p>用户"+user_name+",,你好。你已成功登录。</p>"
else:
    s_body="<p>你输入的用户名或密码错误。</p>"
s_page=s_header+s_body+s_footer
print(s_page)
```

这段代码用于响应 login.html 文件提交的表单数据，进行简单判断，并返回浏览器不同的 HTML 文件。代码中认为正确的用户名和密码分别为"admin"和"123456"。如果用户输入正确，单击"登录"按钮后，网页上显示登录成功；否则提示输入的用户名或密码错误。服务器脚本对表单数据的响应如图 9.11 所示。

(a) 输入正确的用户名和密码 (b) 登录成功

(c) 输入错误的用户名或密码 (d) 提示用户名或密码错误

图 9.11 服务器脚本对表单数据的响应

对该段 Python 代码简要解释如下。

字符串变量 s_header 和 s_footer 分别是构造的 HTML 网页代码的上半部分和下半部分。s_header 的内容从标签<html>开始到标签<body>结束,s_footer 的内容从标签</body>开始到标签</html>结束。标签<body>和</body>之间在网页中显示的内容由 Python 代码根据用户提交的数据动态生成并存放在变量 s_body 中。

```
import cgi
```

用于引入 Python 标准库模块 cgi。

```
form=cgi.FieldStorage()
```

使用 cgi 的 FieldStorage()方法获得 login.html 等网页中提交至当前 Python 文件的表单中各元素的名称和值,并存入实例对象 form。

```
user_name=form["u_name"].value
user_psw=form["u_psw"].value
```

用于获取表单元素 u_name 和 u_psw 中用户填写的数据,并分别存入变量 user_name 和 user_psw 中。

```
if user_name=="admin" and user_psw=="123456":
    s_body="<p>用户 "+user_name+",你好。你已成功登录。</p>"
else:
    s_body="<p>你输入的用户名或密码错误。</p>"
```

用于判断用户输入的用户名和密码是否分别是"admin"和"123456"。如果是,则把字符串"<p>用户 admin,你好。你已成功登录。</p>"赋予变量 s_body;否则,s_body 的值为字符串"<p>你输入的用户名或密码错误。</p>"。

```
s_page=s_header+s_body+s_footer
```

将 3 个字符串变量 s_header、s_body 和 s_footer 的值连接后赋予变量 s_page。

```
print(s_page)
```

输出变量 s_page 的内容,即 Web 服务器返回给请求端浏览器的 HTML 内容。

如果用户输入了正确的用户名"admin"和密码"123456",则 Web 服务器返回的 s_page 中的 HTML 内容如下:

```
<html>
    <head>
        <title>Web Page Demo by Python</title>
</head>
    <body>
        <p>用户 admin,你好。你已成功登录。</p>
    </body>
</html>
```

否则,返回的 s_page 中的 HTML 内容如下:

```
<html>
    <head>
        <title>Web Page Demo by Python</title>
    </head>
    <body>
        <p>你输入的用户名或密码错误。</p>
    </body>
</html>
```

从上面的示例可以看出,Web 服务器通过 CGI Python 脚本根据用户的不同请求生成了不同的返回结果,实现了网站的动态效果。

4. 使用 MVC 模式开发网站

前面介绍网页制作时,没有过多地考虑网页格式以及数据显示等问题,在实际开发网站时,一般会采用模型-视图-控制器(Model-View-Controller,MVC)模式。

模型用于封装与应用程序的业务逻辑相关的数据以及对数据的处理方法。在 Web 设计中,模型用于存储 Web 应用数据。

视图能够实现数据有目的的显示。在 Web 设计中,视图用于处理 Web 应用用户显示界面。

控制器起到不同层面间的组织作用,用于控制应用程序的流程。在 Web 设计中,控制器用于完成 Web 应用的业务逻辑,并进行模型和视图的关联。

本节使用 MVC 模式开发一个简单的关于物理三班成绩的 Web 网站,用于显示、增加、修改和删除物理三班的成绩。

1)网站结构

将网站文件夹设计成如图 9.12 所示的结构。

2)各文件的功能

(1)网站首页文件。

网站首页文件(index.html)主要提供导航到"浏览班级成绩"的超链接,链接地址为 cgi-bin/viewdata.py。

图 9.12　网站结构

```
<!--index.html-->
<html>
    <head>
        <meta http-equiv="content-type" content="text/html;charset=utf-8">
        <title>欢迎</title>
    </head>
    <body>
        <h3>欢迎来到物理三班的成绩查询、修改页面。</h3>
        <h3>点击下方链接,进入成绩查询浏览页面</h3>
        <p><a href="cgi-bin/viewdata.py">浏览班级成绩</a></p>
    </body>
</html>
```

其中的 meta 标记代码

```
<meta http-equiv="content-type" content="text/html;charset=utf-8">
```

用于通知浏览器应使用 utf-8 编码模式解析本网页。

（2）成绩文件。

成绩文件(scores.txt)位于 data 文件夹内,内容如下:

```
姓名,计算机
张三,98
李斯,89
王英,96
胡颖,78
冯志,85
```

此文件内容为物理三班的初始数据内容,包括姓名和计算机课程的成绩,使用西文逗号分隔。

（3）网页模板文件。

网页模板文件（header.html 和 footer.html）位于 template 文件夹内，其作用是提供网页 HTML 代码的头部和底部内容。

```
<!--header.html-->
<html>
    <head>
        <meta http-equiv="content-type" content="text/html;charset=utf8">
        <title>$title</title>
    </head>
    <body>
        <h2>功能：$title</h2>

<!--footer.html -->
        <p>$urls</p>
    </body>
</html>
```

由上面两个文件的代码可以看出，header.html 和 footer.html 内容按顺序合并后是一个完整的包含<html><head></head><body></body></html>等标记的 HTML 文件。其中的 $ title 和 $ urls 是模板占位符，程序可以根据需要将其替换为实际的文字，实现网页中标题和超链接的动态显示。

（4）业务逻辑处理文件。

业务逻辑处理文件（libs.py，存放于文件夹 cgi-bin 下）的代码及其相应的功能注释如下：

```
#libs.py
#引入标准库 string 中的 Template 模块，用于模板字符串替换
from string import Template
#get_header()函数用于读取模板文件 header.html 的内容
#并用参数 title_txt(字符串数据)替换模板文件中的$title
def get_header(title_txt):
    with open("template/header.html","r",encoding="utf-8") as f:
        txt=f.read()
    txt=Template(txt)         #将字符串 txt 转换为 Template 类型对象
#substitute()的作用是将 txt 中的 $title 替换为变量 title_txt 的值
#并返回 txt 中的整个字符串数据
    return txt.substitute(title=title_txt)
#get_footer()函数的功能与 get_header()类似
def get_footer(urls):
    with open("template/footer.html","r",encoding="utf-8") as f:
        txt=f.read()
    txt_links="|"
        #for 循环用于按 urls 内数据个数生成相应的超链接标签
    for name,url in urls.items():
        txt_links=txt_links+'<a href="'+url+'">'+name+'</a>|'
    txt=Template(txt)
```

```
        return txt.substitute(urls=txt_links)
#show_data()函数的参数为文件名,用于读取成绩数据文件
#并将其置于<table></table>表格标签中,<tr></tr>为表格中的行标签
#<td></td>为行标签中的单元格标签
def show_data(filename):
    print(filename)
    txt_table='<table border="1" cellpadding="10" width="200px">'
    with open(filename,"r",encoding="utf-8") as f:
        for line in f:
            data=line.split(",")
            txt_table+="<tr>"
            for item in data:
                txt_table=txt_table+'<td align="center">'+item+'</td>'
            txt_table+="</tr>"
    txt_table+="</table>"
    return txt_table
#start_form()用于生成网页表单前半部分
#并将表单提交地址设置为参数 act_url 的值
def start_form(act_url):
    txt_form='<form action="'+act_url+'"method="POST">'
    return txt_form
#form_inputboxs()的参数 data 为字典类型,其功能是将 data 的数据设置为
#文本框的提示文字和 name 属性,键为提示文字,值为 name 属性
def form_inputboxs(data):
    txt="<p>"
    for name, text in data.items():
        txt=txt+text+': <input type="text" name="'+name +'" size=20 /><br />'
    txt=txt+"</p>"
    return txt
#end_form()用于产生表单后半部分,并提供一个提交按钮,该按钮的显示文字
#由参数 txt 决定,txt 的默认值为"提交"
def end_form(txt='提交'):
    txt_form='<input type="submit" value="'+txt+'"><hr width="250px"\
    align="left" /></form>'
    return txt_form
#para()用于为数据的字符串 txt 增加 html 段落标签<p>和</p>
def para(txt):
    return "<p>"+txt+"</p>"
#add_stu_score()用于将学生姓名(stuname)和学生分数(stuscore)值
#追加进 filename 提供的文件中
def add_stu_score(filename, stuname, stuscore):
    with open(filename,"a+",encoding="utf-8") as f:
        f.write(stuname+","+stuscore+"\n")
#del_stu()用于将学生姓名和成绩值从 filename 提供的文件中删除
def del_stu(filename,stuname):
    stu_dict={}
    with open(filename,"r",encoding="utf-8") as f:
        for item in f:
```

```
                name,score=item.strip().split(",")
                stu_dict[name]=score
        if stu_dict.get(stuname)!=None:
            stu_dict.pop(stuname)
        with open(filename,"w",encoding="utf-8") as f:
            for name,score in stu_dict.items():
                f.write(name+","+score+"\n")
#update_stu()用于更新 filename 中的学生姓名和成绩
def update_stu(filename,stuname,stuscore):
    stu_dict={}
    with open(filename,"r",encoding="utf-8") as f:
        for item in f:
            name,score=item.strip().split(",")
            stu_dict[name]=score
        if stu_dict.get(stuname)!=None:
            stu_dict[stuname]=stuscore
        with open(filename,"w",encoding="utf-8") as f:
            for name,score in stu_dict.items():
                f.write(name+","+score+"\n")
```

（5）显示成绩文件。

显示成绩文件(viewdata.py,存放于文件夹 cgi-bin 下)用于显示班级成绩,并提供成绩的增加、修改和删除功能。网站主页文件(index.html)链接的文件就是该文件。

```
#viewdata.py
import libs                                    #引入标准库 libs
import codecs,sys                              #引入标准库 codecs 和 sys
sys.stdout=codecs.getwriter("utf8")(sys.stdout.buffer)        #按 utf-8 格式显示
#获取模板 header.html 内容并将$title 替换为文字"数据查询"
header=libs.get_header("数据查询")
table=libs.show_data("data\\scores.txt")       #使用 scores.txt 内容产生数据表
urls={"返回首页":"../index.html"}              #设置 urls 字典的值
#获取模板 footer.html 内容,并将 $url 替换为 urls 字典生成的超链接标签
footer=libs.get_footer(urls)
#以下 5 行代码用于生成增加学生成绩的表单 HTML 代码
start_add_form=libs.start_form("addstu.py")
add_text=libs.para("增加学生成绩")
add_items=libs.form_inputboxs({"u_name":"姓名","u_score":"成绩"})
end_add_form=libs.end_form("增加")
txt_add=start_add_form+add_text+add_items+end_add_form
#以下 5 行代码用于生成修改学生成绩的 HTML 代码
start_update_form=libs.start_form("update.py")
update_text=libs.para("修改学生成绩")
update_items=libs.form_inputboxs({"u_name":"姓名","u_score":"成绩"})
end_update_form=libs.end_form("修改")
```

```
txt_update =start_update_form+update_text+update_items+end_update_form
#以下 5 行代码用于生成删除学生记录的 HTML 代码
start_del_form=libs.start_form("delstu.py")
del_text=libs.para("删除学生记录")
del_items=libs.form_inputboxs({"u_name":"姓名"})
end_del_form=libs.end_form("删除")
txt_del=start_del_form+del_text+del_items+end_del_form
#以下代码用于将如上 HTML 代码组合并输出至浏览器
print(header+table+txt_add+txt_update+txt_del+footer)
```

以上代码执行后,print()中的字符串内容如下:

```
<html>
<head>
<meta http-equiv="content-type" content="text/html;charset=utf8">
<title>数据查询</title>
</head>
<body>
<h2>功能:数据查询</h2>
<table border="1" cellpadding="10" width="200px"><tr>
<td align="center">姓名</td><td align="center">计算机</td>
</tr><tr><td align="center">张三</td><td align="center">98
</td></tr><tr><td align="center">李斯</td><td align="center">89
</td></tr><tr><td align="center">王英</td><td align="center">96
</td></tr><tr><td align="center">胡颖</td><td align="center">78
</td></tr><tr><td align="center">冯志</td><td align="center">85
</td></tr></table>
<form action="addstu.py" method="POST"><p>
增加学生成绩</p><p>姓名: <input type="text" name="u_name" size=20 />
<br />
成绩: <input type="text" name="u_score" size=20 /><br /></p>
<input type="submit" value="增加"><hr width="250px" align="left"/>
</form>
<form action="update.py" method="POST"><p>
修改学生成绩</p><p>姓名: <input type="text" name="u_name" size=20/>
<br/>
成绩: <input type="text" name="u_score" size=20 /><br /></p>
<input type="submit" value="修改"><hr width="250px" align="left"/>
</form>
<form action="delstu.py" method="POST"><p>删除学生记录</p>
<p>姓名: <input type="text" name="u_name" size=20 /><br /></p>
<input type="submit" value="删除"><hr width="250px" align="left"/>
</form>
<p>| <a href="../index.html">返回首页</a> | </p>
</body></html>
```

在浏览器中的页面显示如图 9.13 所示。由以上 HTML 代码可知,此页面中除了数据表格外,还有 3 个表单。"增加"按钮所在表单提交数据至文件 addstu.py,"修改"按钮所在表单提交数据至文件 update.py,"删除"按钮所在表单提交数据至文件 delstu.py。

图 9.13 数据浏览页面

（6）增加、修改和删除成绩文件。

包括增加学生成绩文件（addstu.py）、修改学生成绩文件（update.py）和删除学生成绩文件（delstu.py），这些文件均应存放于文件夹 cgi-bin 下。

```
#addstu.py
import libs
import cgi
import codecs,sys
sys.stdout=codecs.getwriter("utf8")(sys.stdout.buffer)
#form_data 使用 cgi 库的 FieldStorage()方法获取表单提交的数据
form_data=cgi.FieldStorage()
stu_name=form_data["u_name"].value        #获取表单元素 u_name 的数据
stu_score=form_data["u_score"].value       #获取表单元素 u_score 的数据
libs.add_stu_score("data\\scores.txt",stu_name,stu_score)
txt=libs.para("{},成绩{},已添加。".format(stu_name, stu_score))
header=libs.get_header("增加数据")
urls={"首页":"../index.html","返回查询":"viewdata.py"}
footer=libs.get_footer(urls)
print(header+txt+footer)
```

在 viewdata.py 网页的"增加"按钮所在的表单中，填写"姓名"和"成绩"文本框数据，单击"增加"按钮后，数据提交至此文件。在此文件中，代码将表单元素数据读出并调用 libs. add_stu_score()函数将数据写入 scores.txt 文件中，并在生成的 HTML 代码中显示数据已添加的信息，以及"首页""返回查询"超链接。页面显示如图 9.14 所示。

图 9.14 从 viewdata.py 到 addstu.py

```
#update.py
import libs
import cgi
import codecs,sys
sys.stdout=codecs.getwriter("utf8")(sys.stdout.buffer)
form_data=cgi.FieldStorage()
stu_name=form_data["u_name"].value
stu_score=form_data["u_score"].value
libs.update_stu("data\\scores.txt",stu_name,stu_score)
txt=libs.para("{},成绩{},已更新。".format(stu_name, stu_score))
header=libs.get_header("更新数据")
urls={"首页":"../index.html","返回查询":"viewdata.py"}
footer=libs.get_footer(urls)
print(header+txt+footer)

#delstu.py
import libs
import cgi
import codecs,sys
sys.stdout=codecs.getwriter("utf8")(sys.stdout.buffer)
form_data=cgi.FieldStorage()
stu_name=form_data["u_name"].value
libs.del_stu("data\\scores.txt",stu_name)
txt=libs.para("操作已完成。")
header=libs.get_header("删除数据")
urls={"首页":"../index.html","返回查询":"viewdata.py"}
footer=libs.get_footer(urls)
print(header+txt+footer)
```

文件 update.py、delstu.py 的实现方式和 addstu.py 基本相同,在此不再详述,请读者自行分析代码含义和执行结果。

9.1.3 使用 Web 框架开发网站

前面介绍的创建 Web 网站的方法从概念上很好地解释了网站开发的原理和步骤,但这样的网站只能用于教学或个人临时使用。实际的 Web 网站需要考虑的内容包括页面整体布局和修改、网站整体架构、后台数据的维护以及高访问负载等多方面内容。前面的 Web 服务器无法满足真正的专业级需求。另外,任何时候都从零开始构建一个网站,也不是一个好的选择。

在开发专业级 Web 网站时,开发者一般会选择使用已有的网站框架。使用 Python 语言构建的网站框架主要有 Django、Flask、web2py、Tornado 等,它们各具特色。本节选择功能强大的轻量型 Flask 框架,简要介绍基于 Flask 框架的 Web 开发流程。

1. 安装 Flask 框架

使用 Flask 框架前,需要先安装第三方库 flask。在 Windows 命令行界面输入并执行如下命令:

```
pip install flask
```

系统在安装 flask 库时,会自动安装 click、Jinja2、Werkzeug 等依赖库。flask 库安装完成后,在 Python 的 Shell 窗口执行 import flask 命令,如果能够正常引入 flask 库而不报错,表示 flask 库安装成功,如图 9.15 所示;否则,表示 flask 库安装不成功,需要重新安装。

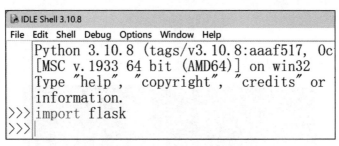

图 9.15　flask 库安装成功

2. 初始化并启动服务

使用 Flask 框架开发 Web 应用的一般步骤如下。

(1) 创建 Web 应用实例。

创建 Flask 的 Web 应用实例使用如下代码:

```
from flask import Flask
webapp=Flask(__name__)              #创建 Web 应用实例 webapp
```

(2) 设置路由和视图函数。

当用户使用浏览器访问 Web 服务器时,Web 服务器会将请求发送给 Flask 的 Web 应用实例。Web 应用实例需要将浏览器的不同 URL 请求映射至不同的 Python 函数,处理 URL 请求和 Python 函数映射的过程称为路由。使用 Flask 的 Web 应用实例的 route 修饰器把对应的 Python 函数注册为路由。下面的代码将浏览器请求 Web 根文件夹的 URL 映射至 index()函数:

```
@webapp.route("/")                  #修饰器将访问网站根文件夹"/"的 URL 映射为 index()函数
def index():                        #函数 index()返回用户浏览器一段简单的 HTML 代码
    return "<html><body><h1>Hello,world.</h1></body></html>"
```

可以使用 Flask 的 Web 应用实例提供的 route 修饰器将其他的 URL 映射至其他 Python 函数。

(3) 启动服务。

使用 Flash 的 Web 应用实例提供的 run()方法可以启动 Flask 集成的 Web 服务器,代码如下:

```
if __name__=="__main__":
    webapp.run(debug=True)
```

run()方法中的参数 debug 用于设置 Web 服务器启动模式为调试状态,便于开发 Web 应用时实时调试代码。

完整的启动 Web 服务器并接收用户根文件夹请求的代码保存为 webapp.py 文件。

```
#webapp.py
from flask import Flask
webapp=Flask(__name__)
@webapp.route("/")
def index():
    return "<html><body><h1>Hello,world.</h1></body></html>"
if __name__=="__main__":
    webapp.run(debug=True)
```

把 webapp.py 文件保存在网站根文件夹下(读者可以根据需要修改为其他文件名)。执行该文件,Web 服务器启动,提示访问网址为 http://127.0.0.1:5000/,如图 9.16 所示。

图 9.16　启动 Web 服务器

打开浏览器,在地址栏中输入 http://127.0.0.1:5000/后,可以看到浏览器显示的页面是 Flask 的 Web 应用实例中 index()函数返回的 HTML 代码的解析页面,如图 9.17 所示。

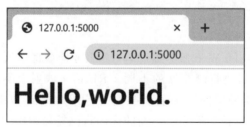

图 9.17　Web 服务器根页面

3. 其他请求和响应

通过前面的介绍可知,Flask 的 Web 应用实例可以将用户浏览器请求通过路由(route)映射到指定的 Python 函数,实现 Web 服务器的响应。使用 Flask 的 Web 应用实例以及 flask 库的 request 模块,可以实现更多的网络请求和响应。可以将"表单数据"内容使用 Flask 的 Web 应用实例实现,在前面的 webapp.py 文件中添加如下代码:

```
#将根文件夹下 login.html 请求映射为 login(),返回包含登录元素的 HTML 页面
#将表单元素 form 的请求地址设置为: /process.html
from flask import request              #引入 flask 库的 request 模块
```

```
...  #其他同前面的代码,略
@webapp.route("/login.html")
def login():
    s ='''
    <html><body>
    <form action="/process.html" method="POST">
    用户名:<input type="text" name="u_name" size=40><br />
    密码:<input type="password" name="u_psw" size=40><br />
    <input type="submit" value="登录" />
    </form></body></html>
    '''
    return s
#将根文件夹下的 process.html 请求映射为 process()函数,并采用路由方法"POST"
#函数中使用 flask 库的 request 模块获取表单元素数据并进行处理
@webapp.route("/process.html",methods=["POST"])
def process():
    u_name=request.form["u_name"]
    u_psw=request.form["u_psw"]
    if u_name=="admin" and u_psw=="123456":
        return "<p>用户"+u_name+",你好。</p>"
    else:
        return "<p>你输入的用户名或密码错误。</p>"
```

访问 http://127.0.0.1/login.html 并输入正确或错误的用户名及密码等信息,如图 9.18 所示。

图 9.18　用户名及密码正确与不正确时的响应

4. 使用模板

前面介绍了如何使用 Flask 的 Web 应用实例通过路由(route)实现接收用户浏览器的不同 URL 请求以及提供不同响应的方法。对于包含大量业务逻辑的网站,把每个页面的输出内容、逻辑功能都写在同一个函数中是不合适的。Flask 框架通过模板提供将用户浏览器请求路由映射至响应文件的功能。使用模板进行网站内容的设计和建设,可以方便地通过 MVC 模式实现网站。

Flask 框架默认使用 Jinja2 模板引擎。将需要响应的模板文件放置在网站根文件夹的 templates 子文件夹下,Flask 的 Web 应用实例会自动在该文件夹下寻找模板。

将 HTML 文件 index.html 存放于 templates 文件夹下，在 webapp.py 文件中写入如下代码：

```
#render_template 模块将 Jinja2 集成到了 Web 应用实例中
from flask import Flask,render_template
…        #其他同前面的代码,略
@webapp.route("\")
def index():                #自动提取 templates 文件夹下的 index.html 进行渲染并返回
    return render_template("index.html")
```

使用 Flask 框架可以实现复杂的专业级网站。本节简要介绍了使用 Flask 框架进行 Web 网站开发的一般流程，更详细的内容请参阅 Flask 框架的相关资料。

9.2 数据库编程

计算机技术已广泛应用于电子商务、企业生产、商业贸易、金融交易、教育管理等很多领域，并积累了大量的数据，对这些数据的存储、分析、管理等往往都需要数据库的支持。

9.2.1 关系数据库和 SQL 基础

在数据库领域，目前应用最多的是关系数据库和结构化查询语言（Structured Query Language，SQL），Python 解释器内置了嵌入式小型关系数据库 SQLite，只需引入 sqlite3 库即可方便地进行数据库操作。在关系数据库中，采用关系模型（二维表）组织数据，可以进行数据的插入、删除、更新、查询等操作。除了 SQLite，关系数据库还有 Oracle、Microsoft SQL Server、IBM DB2、MySQL、Microsoft Access 等产品，既有功能强大的大型数据库管理系统，也有简单易用的桌面型数据库管理系统。SQL 作为一种结构化的数据库查询操作语言，具有语法简洁、功能强大、易学易用的特点，被大多数关系数据库所采用。

SQL 主要包括两类语句：数据定义语句和数据操作语句。

1. 数据定义语句

数据定义语句主要用于在关系数据库中创建表、修改表的结构以及删除表。

1）CREATE TABLE 语句

CREATE TABLE 语句用于在数据库中创建表，语法格式如下：

```
CREATE TABLE 表名(
    列名 1  数据类型,
    列名 2  数据类型,
    ⋮
    列名 n  数据类型);
```

示例：使用如下语句可以在现有 SQLite 数据库中创建一个名字为 stuInfo 的表。

```
CREATE TABLE stuInfo(
    id INTEGER PRIMARY KEY AUTOINCREMENT UNIQUE NOT NULL,
    stuNo TEXT NOT NULL,
    stuName TEXT NOT NULL
    );
```

该语句创建的 stuInfo 表的结构如表 9.1 所示。

表 9.1　stuInfo 表结构

id	stuNo	stuName

列名 id(序号)后的 INTEGER 表示该列数据为整型数据;PRIMARY KEY 表示该列是关键字(每个记录的 id 值唯一);AUTOINCREMENT 表示该列数据从 1 开始,每增加一行数据记录,id 值自动加 1;UNIQUE 表示该列数据不允许有重复值,NOT NULL 表示该列数据不允许取空值。

列名 stuNo(学号)、stuName(姓名)后的 TEXT 表示这两列数据类型为文本型。

2) ALTER TABLE 语句

ALTER TABLE 语句用于修改现有表的结构,可以对表进行列的增加、删除和类型修改。

增加列的语法格式如下:

ALTER TABLE 表名 **ADD** 列名 类型;

删除列的语法格式如下:

ALTER TABLE 表名 **DROP COLUMN** 列名;

修改列的属性类型的语法格式如下:

ALTER TABLE 表名 **ALTER COLUMN** 列名 类型;

示例:下面的代码在 stuInfo 表中增加新列 gender,类型为字符型。

```
ALTER TABLE stuInfo ADD gender CHAR(1);
```

注意:SQLite3 数据库不支持删除列和修改列的类型。

3) DROP TABLE 语句

DROP TABLE 语句用于删除指定的表,语法格式如下:

DROP TABLE 表名;

2. 数据操作语句

数据操作语句主要用于从表中查询数据,以及在表中插入、删除和更新数据,分别通过关键字 SELECT、INSERT、UPDATE 和 DELETE 实现。

1) SELECT 语句

使用 SELECT 语句,可以实现数据表中数据的查询操作,语法格式如下:

```
SELECT 目标表的字段或表达式
FROM 表或表集合
WHERE 条件表达式
GROUP BY 字段名序列
HAVING 组条件表达式
ORDER BY 字段名序列;
```

其中，WHERE 子句、GROUP BY 子句、HAVING 子句和 ORDER BY 子句都是可选项，HAVING 子句随 GROUP BY 子句出现。

现假设表 stuInfo 中的数据如表 9.2 所示。

表 9.2　stuInfo 表中的数据

id	stuNo	stuName	gender
1	"2019001"	"张三"	"M"
2	"2019002"	"李斯"	"F"
3	"2019003"	"王屋"	"M"
4	"2019004"	"赵柳"	"F"
5	"2019005"	"钱琪"	"F"

示例 1：选取 stuInfo 表中的所有数据。

```
SELECT * FROM stuInfo;
```

其中，星号(*)用于查询表 stuInfo 中包含的所有列的数据记录，该语句执行后得到的数据和表 9.2 的内容完全相同。

示例 2：查询 stuInfo 表中的学号、姓名、性别等数据，并按学号降序排列。

```
SELECT stuNo,stuName,gender
FROM stuInfo
ORDER BY stuNo DESC;
```

得到的结果如表 9.3 所示。

表 9.3　示例 2 的查询结果

stuNo	stuName	gender
"2019005"	"钱琪"	"F"
"2019004"	"赵柳"	"F"
"2019003"	"王屋"	"M"
"2019002"	"李斯"	"F"
"2019001"	"张三"	"M"

SELECT 关键字后的 stuNo、stuName 和 gender 列名表示查询结果只包括这 3 列数据，ORDER BY stuNo 表示查询结果按 stuNo 列排序，DESC 表示按 stuNo 列的值降序排列，如果省略 DESC 或使用 ASC 表示按指定列升序排列。

示例 3：查询 stuInfo 表中 gender 列的值为 F 的数据。

```
SELECT *
FROM stuInfo
WHERE gender="F";
```

得到的结果如表 9.4 所示。

表 9.4　示例 3 的查询结果

id	stuNo	stuName	gender
2	"2019002"	"李斯"	"F"
4	"2019004"	"赵柳"	"F"
5	"2019005"	"钱琪"	"F"

2）INSERT 语句

使用 INSERT 语句，可以将一条或多条数据记录插入到表中，语法格式如下：

INSERT INTO 表名 (列 1, 列 2, …, 列 n) VALUES (值 1, 值 2, …, 值 n) ;

示例：为 stuInfo 表增加一条数据记录。

INSERT INTO stuInfo (stuNo, stuName, gender) values("2019006","董久","M");

该语句给表 stuInfo 增加一条数据记录。定义 stuInfo 表结构时，id 为自增数据，因此使用 INSERT 语句时无须为该列赋值。

3）UPDATE 语句

UPDATE 语句用于修改表中数据记录的值，语法格式如下：

UPDATE 表名 SET 列名=新值 WHERE 条件；

该语句的作用是将指定表中符合条件的记录中指定列的值修改为"新值"。如果没有 WHERE 子句，则对所有数据记录指定列的值进行修改。

示例：将 stuInfo 表中 stuNo 值为"2019004"的数据记录的 gender 值修改为"M"。

UPDATE stuInfo SET gender="M" WHERE stuNo="2019004";

4）DELETE 语句

DELETE 语句用于删除表中的数据记录，语法格式如下：

DELETE FROM 表名 WHERE 条件；

其功能是删除指定表名中满足条件的数据记录。如果没有 WHERE 子句，则删除指定表中的所有记录，表变为没有任何数据记录的空表。

示例：删除 stuInfo 表中 gender 值为"M"的所有记录。

DELETE FROM stuInfo WHERE gender="M";

9.2.2　SQLite 编程基础

SQLite 是一种轻量级嵌入式数据库，一个数据库就是一个文件。Python 自带 sqlite3 标准库，无须单独安装数据库管理系统就可进行 SQLite 数据库编程。

使用 Python 语言对 SQLite 数据库进行操作，一般需要如下几个步骤：

（1）使用 Python 代码连接至数据库，产生一个数据库连接（connection）。

（2）建立数据库连接后，创建用于数据库操作的游标（cursor）。

（3）通过游标执行 SQL 语句，实现对数据库的各种操作。

（4）关闭与数据库的连接。

使用 Python 语言操作数据库的过程如图 9.19 所示。

①与数据库建立连接

数据库

②创建游标

SQL ③通过游标执行SQL语句操作数据库

CLOSE ④关闭与数据库的连接

图 9.19　使用 Python 语言操作数据库的一般步骤

1. 连接 SQLite 数据库

使用标准库 sqlite3 的 connect()方法可以实现 Python 与 SQLite 数据库的连接,语法格式如下:

> **conn=sqlite3.connect(数据库名)**

其功能是和指定的数据库建立连接,并定义数据库连接对象 conn。如果 connect()方法中指定的数据库不存在,会自动创建一个指定名称的空数据库。

示例:创建一个名为 demo.sqlite 的空数据库,并定义数据库连接对象 conn。

```
import sqlite3                #引入标准库 sqlite3
conn=sqlite3.connect("demo.sqlite")
```

2. 创建表及相关操作

在进行数据库的操作之前,需要创建数据游标,语法格式如下:

> **cur=conn.cursor()**

其中的 conn 是 Python 与 SQLite 建立的数据库连接对象,方法 cursor()返回该连接的游标。

使用游标的 execute()方法可以对游标关联的数据库进行指定操作,execute()方法的参数为需要执行的 SQL 语句,语法格式如下:

> **cur.execute(sqlstr)**
> **conn.commit()**

执行 cur.execute(sqlstr)语句后,字符串 sqlstr 中的 SQL 语句将会对游标关联的数据库执行相应的操作,为使 SQL 语句的执行结果最终生效,执行游标的 execute()方法后,还需要执行数据库连接对象 conn 的 commit()方法。

示例:在数据库 demo.sqlite 中创建一个名为 stuInfo 的空表。

```
sqlstr='''CREATE TABLE stuInfo(
          id INTEGER PRIMARY KEY AUTOINCREMENT UNIQUE NOT NULL,
          stuNo TEXT NOT NULL,
```

```
                stuName TEXT NOT NULL,
                gender CHAR(1));'''
cur.execute(sqlstr)              #通过游标执行 SQL 语句
conn.commit()                    #提交执行结果
```

使用游标还可以实现删除表的操作。

说明：SQLite 是一种小型的嵌入式数据库，对于 SQL 的支持并不完全。SQLite 支持表结构增加列的操作，但是不支持删除列和修改列数据类型的操作。

3. 数据的增加、更新、删除操作

SQLite 数据库的数据记录增加、更新和删除操作与新建表的操作类似，均为 cur.execute(sqlstr)语句形式，其中的 sqlstr 为表示 SQL 语句的字符串。

示例：将若干学生数据记录增加到表 stuInfo 中。

```
…    #创建数据库连接和游标代码，略
stu=[[1,"2019001","张三","M"],
     [2,"2019002","李斯","F"],
     [3,"2019003","王屋","M"],
     [4,"2019004","赵柳","F"],
     [5,"2019005","钱琪","F"]]
for item in stu:
    sqlstr='''INSERT INTO stuInfo(stuNo,stuName,gender)
        VALUES("{}","{}","{}");'''.format(item[1],item[2],item[3])
    cur.execute(sqlstr)
conn.commit()
conn.close()
```

学生数据存放在一个列表中。通过 Python 语言的 for 循环语句，item 依次取得每个学生的数据，其中 item[1]、item[2]和 item[3]分别是学号、姓名和性别值。取得每条学生数据记录后，构造将该条数据记录添加进 stuInfo 表的 SQL 语句并执行，然后使用数据库连接对象 conn 提交执行结果，最后关闭数据库连接。对 SQLite 数据库中数据的更新和删除操作，与增加数据操作类似。

4. 数据的查询操作

1) 基础操作

使用 Python 对数据库执行数据查询操作，可以得到游标返回的数据集，再通过编写 Python 代码将结果以某种形式展现出来。查询操作的语法格式如下：

res=cur.execute(SELECT 查询语句)

res 是执行 SELECT 查询语句后的游标。使用 res 的以下 3 种方法之一，可获取执行查询语句后的数据集，并存入 ds 中：

```
ds=res.fetchone()       #获取当前游标的一行数据，ds 为一个元组
ds=res.fetchmany(n)     #获取当前游标的 n 行数据，ds 为一个以元组为元素的列表
ds=res.fetchall()       #获取当前游标的所有数据，ds 为一个以元组为元素的列表
```

示例：读取 stuInfo 表中的所有数据并输出。

```
…    #其他代码略
sqlstr="SELECT * FROM stuInfo"
```

```
res=cur.execute(sqlstr)
for item in res.fetchall():
    print(item)
…  #其他代码…
```

程序执行结果如下：

```
(1,'2019001','张三','M')
(2,'2019002','李斯','F')
(3,'2019003','王屋','M')
(4,'2019004','赵柳','F')
(5,'2019005','钱琪','F')
```

2）SELECT 动态条件查询

使用带条件(并且条件值也不固定)的 SELECT 语句进行数据查询时，可以采用如下语法格式：

```
gender_user_input=input()
sqlstr="SELECT * FROM 表名 WHERE gender=?;"
res=cur.execute(sqlstr,(gender_user_input,))
```

SELECT 查询语句中的 gender 条件由用户输入给变量 gender_user_input 的值决定。构造查询语句 sqlstr 时，把需要在执行时替换的内容用英文问号(?)代替。在游标的 execute()方法执行时，提供元组数据作为参数放在 sqlstr 参数之后。代码执行时，元组中的数据会一一对应地替换 sqlstr 中的问号(?)，生成带条件的查询语句。

示例：查询 stuInfo 表中 gender 值为 F 的所有数据记录并输出。

```
…  #其他代码略
sqlstr="SELECT * FROM stuInfo WHERE gender=?;"
res=cur.execute(sqlstr,("F",))              #用值"F"替换 sqlstr 中的?
for item in res.fetchall():
    print(item)
…  #其他代码略
```

程序执行结果如下：

```
(2, '2019002', '李斯', 'F')
(4, '2019004', '赵柳', 'F')
(5, '2019005', '钱琪', 'F')
(6, '2019005', '钱琪', 'F')
```

说明：语句 res＝cur.execute(sqlstr,("F",))中，"F"后面的逗号(,)不能省略，因为"F"是元组中的元素，省略了逗号,("F")就不是元组了。

5. 将 SQLite 作为网站后台数据库

下面修改 9.1.2 节中使用 MVC 模式开发网站时的查询、添加、修改、删除物理三班成绩的示例。将该例中对文本数据文件的操作改为使用数据库方式完成。

首先在根文件夹 wwwroot 的 data 子文件夹下建立 SQLite 数据库文件 scores.sqlite，并在数据库中建立 scores 表，表的结构和数据如表 9.5 所示。

表 9.5　scores 表的结构和数据

name	score	name	score
"张三"	98	"胡颖"	78
"李斯"	89	"冯志"	85
"王英"	96		

为了能够在 viewdata.py 中正确地显示数据,修改 libs.py 中数据显示对应的函数 show_data(filename),修改后的代码如下:

```
import sqlite3
…  #其他代码略
def show_data(filename):
    txt_table='<table border="1" cellpadding="10" width="200px">'
    txt_table=txt_table+"<tr><td>姓名</td><td>计算机</td></tr>"
    conn=sqlite3.connect(filename)
    cur=conn.cursor()
    sqlstr="SELECT * FROM scores;"
    res=cur.execute(sqlstr)
    ds=res.fetchall()
    for line in ds:
        txt_table+="<tr>"
        txt_table=txt_table+"<td align='center'>"+line[0]+"</td>"
        #line[1]是成绩,为数值型数据,使用 str()转换为字符串后再和其他字符组合
        txt_table=txt_table+"<td align='center'>"+str(line[1])+"</td>"
        txt_table+="</tr>"
    txt_table+="</table>"
    return txt_table
…  #其他代码略
```

修改 viewdata.py 中的部分代码以正确显示数据。将访问 scores.txt 文件的代码

```
table=libs.show_data("data\\scores.txt")
```

修改为如下访问数据库文件 scores.sqlite 的代码:

```
table=libs.show_data("data\\scores.sqlite")
```

关于成绩数据的增加、修改和删除等功能,读者可自行完成代码编写。

9.2.3　操作其他数据库

Python 语言除了可以操作内置数据库 SQLite 外,也可以操作其他数据库,如 Oracle、Microsoft SQL Server、IBM DB2、MySQL、Microsoft Access 等。其操作过程和 Python 结合 SQLite 数据库编程类似:建立连接,创建游标,基于游标执行 SQL 语句,关闭数据库连接。不同之处在于,一般需要引入操作对应数据库的第三方库。例如,为了能够使用 Python 结合 Microsoft Access 数据库编程,需要首先使用 pip 工具安装第三方库 pyodbc,然后使用如下语句建立和数据库的连接:

```
conn=pyodbc.connect(r"Driver={Microsoft Access Driver(*.mdb, *.accdb)};\
    DBQ=c:\demo.mdb;")
```

9.3 网页爬取

网页爬取是通过网络爬虫实现的。网络爬虫的英文名称是 Web spider,是非常形象的一个名字,好像一只在网络上不停爬动的虫子(蜘蛛)。网络爬虫的目的并不是在网络上爬来爬去,而是在爬的过程中将有用的数据抓取回来,保存在服务器或自己的计算机中,便于进行后续的数据分析和处理。搜索引擎的功能就来源于其网络爬虫在互联网上获取的海量数据,在此基础上按照用户的关键字搜索请求将相关的信息发送给用户。普通用户并不需要专业搜索引擎使用的那么复杂的网络爬虫,只要能爬取到自己需要的信息(例如某音乐网站的点评或新歌信息、某网上商城的价格变化信息、某网站的新闻信息等)即可。

9.3.1 爬虫基础

使用 Python 语言构建网络爬虫时,一般需要经过这样几个步骤:首先,爬取初始指定网页的内容;然后,对爬取到的网页内容进行解析,并提取出需要的数据进行保存;最后,根据需要进行下一个网页的爬取。

1. 爬取网页使用的库

在对网页进行爬取时,通常可以使用 Python 标准库 urllib 或者第三方库 requests 获取爬取网页的 HTML 代码。因为 requests 库功能强大、简单易用,本节获取网页时以 requests 库为例进行介绍。requests 库是一个第三方库,使用之前需要在 Windows 命令行界面用如下命令安装:

```
pip install requests
```

安装成功后,还需要用如下语句引入 requests 库:

```
import requests
```

2. 网页内容解析和数据提取

从网络上爬取的网页由 HTML 代码组成,HTML 标签(如段落标签<p>、表标签<table>)和数值、文字等内容混合在一起。需要对 HTML 代码内容进行必要的解析后,才能获得用户真正需要的数据。

对于网页内容的解析,首先需要用户对于待爬取网页的 HTML 代码结构有基本的认识,明确哪些 HTML 标签下的数据是需要的,有什么样的结构特点。在此基础上,使用正则表达式库(简称 re 库)匹配符合规则的数据并提取数据。re 库是 Python 的标准库,可在编写程序时直接引入使用。

从网络爬取的网页的 HTML 代码风格各异。有的 HTML 内部结构复杂,单纯地使用 re 库进行数据匹配和提取,往往效果并不理想。对于复杂的网页,一般会在匹配提取数据前,使用 BeautifulSoup 库对网页 HTML 代码进行解析,在此基础上直接获取所需的数据,或者辅助使用 re 库获取所需的数据。BeautifulSoup 库也是第三方库,使用之前需要安装和引入。

3. robots 协议

在具体爬取网站内容之前,首先简要介绍与网页爬取有关的 robots 协议。严格来讲,

robots 既不是协议也不是规范,只是一种约定俗成的规则。robots 协议用来告诉网络搜索引擎和普通用户的爬虫程序,当前网站中哪些内容可以被爬取,哪些不允许被爬取。robots 协议通过在网站根文件夹下放置的名为 robots.txt 的 ASCII 文本文件实现。robots.txt 中通过特定的代码描述当前网站全部或部分内容是否允许网络爬虫爬取。

robots.txt 中使用 User-agent 描述爬取限制,使用 Allow 和 Disallow 描述允许或不允许爬取。

允许任意爬虫爬取本网站所有内容的设置如下:

```
User-agent: *
Allow:/
```

不允许任何爬虫爬取本网站任何内容的设置如下:

```
User-agent: *
Disallow:/
```

对任何爬虫不允许爬取本网站/cgi-bin/文件夹下的内容,允许爬取/article/文件夹下的内容,设置如下:

```
User-agent: *
Disallow:/cgi-bin/
Allow:/article/
```

允许名为 spyder_name 的爬虫爬取本网站的所有内容,设置如下:

```
User-agent:spyder_name
Allow:/
```

Robots 协议并非强制性规范,但用户(特别是商业用户)实际爬取某网站数据时应严格按照该网站的 robots.txt 要求执行,否则会面临责任追究的风险。

读者可以查看国内一些知名网站的 robots 协议是如何定义的,从而学习 robots 协议的一般规则。

9.3.2　使用 requests 库进行爬取

requests 库是一个功能强大、简单易用的第三方库,使用 requests 库可以方便地完成获取网站网页内容、向网站提交数据等工作。直接获取网页数据,一般使用 requests 库的 get 方法;需要向网站提交数据后获取网页数据,一般使用 post 方法。除此之外,requests 还有 hear、put 等方法用于和网站进行数据交互。本节主要介绍使用 requests 的 get 方法爬取数据的一般步骤。

1. requests 库的基本用法

requests 库的 get 方法语法格式如下:

```
import requests
r=requests.get(urlstr,params)
```

其中,参数 urlstr 是要爬取的网页的 URL;参数 params 可以在爬取该网页时向网站提供一些指定的值,以返回不同的网页内容。

例如,要爬取网页 https://xshg.github.io/hbupybook/numberDemo.html 的内容。使用浏览器访问该网页,如图 9.20 所示。

图 9.20　要爬取的网页

查看网页源代码,可以看到 HTML 代码如下:

```
<html>
  <head>
    <title>爬取数字示例页面</title>
  </head>
<body>
  <h1>本页面用于爬取网页数字示例</h1>
  <p>请爬取右侧数字: <span>88</span></p>
  <p><a href="index.html">返回首页</a></p>
</body>
</html>
```

使用 requests 库的 get 方法获取该页面的代码如下:

```
import requests
r=requests.get("https://xshg.github.io/hbupybook/numberDemo.html")
print(r.text)
```

程序执行后,IDLE Shell 窗口中的内容如图 9.21 所示。

```
IDLE Shell 3.10.8
File  Edit  Shell  Debug  Options  Window  Help
>>> print(r.text)
    <html>
      <head>
        <title>爬取数字示例页面</title>
      </head>
    <body>
      <h1>本页面用于爬取网页数字示例</h1>
      <p>请爬取右侧数字: <span>88</span></p>
      <p><a href="index.html">返回首页</a></p>
    </body>
    </html>
```

图 9.21　IDLE Shell 窗口中的内容

由上面的代码可以看到,使用 requests 的 get 方法获取了指定网址的相应内容,并将其结果赋值给对象 r。对象 r 是 requests 的 Response 对象,通过 r.text 可以得到指定网址的 HTML 代码。

使用 requests 的 get 方法获取的对象的常用属性如表 9.6 所示。

表 9.6　使用 requests 的 get 方法获取的对象的常用属性

属　性	含　义
apparent_encoding	requests 根据网页内容推测该网页使用的最佳编码方式
content	数据的二进制编码形式
encoding	网页自身的编码方式，可根据需求修改
status_code	网站响应的状态码，如 200 为正常、404 为请求资源不存在等
text	返回的 HTML 字符
url	请求的网页地址

下面通过交互代码的方式对表 9.6 中的部分属性进行介绍（假设已引入 requests 库）。

```
>>>r=requests.get("https://xshg.github.io/hbupybook/numberDemo.html")
>>>print(r.status_code)          #status_code 值为 200,表示访问网页并爬取成功
200
>>>print(r.encoding)             #encoding 是该网页的编码格式
utf-8
>>>print(r.apparent_encoding)
utf-8                            #requests 通过网页内容推断该网页使用的编码格式
>>>print(r.text[:50])            #输出网页 HTML 代码的前 50 个字符
<html>
  <head>
    <title>爬取数字示例页面</title>
  </he
>>>
```

互联网内容复杂多样，在使用 requests 库获取网页 HTML 代码时，常常会遇到乱码的情况，可以尝试执行 r.encoding＝r.apparent_encoding 解决这个问题。

在对爬取的网页进行操作之前，要判断 status_code 的值是否为 200，状态码为 200 表示成功访问和读取了网页。常见的状态码包括：301（请求的页面已经永久移动）、401（服务器要求身份验证）、403（服务器拒绝请求）、404（服务器找不到请求的页面）等。

2. 解析网页内容并获取数据

在使用 requests 库爬取的 HTML 代码中，数据和 HTML 标签混合在一起。解析网页内容的目的就是为了获取用户真正需要的数据。例如，对于上面访问的网页，真正要爬取的是网页中的数字 88。

1）正则表达式

正则表达式（regular express）通过符合特定规则的字符串匹配目的字符串中的某些特定数据。例如，上面的网页 numberDemo.html 中有一个两位数字，使用正则表达式"\d\d"或者"[0-9][0-9]"就可以匹配它。

使用 Python 中的正则表达式标准库 re 匹配两位数字的代码如下：

```
import requests                   #引入 requests 库
import re                         #引入 re 库
r=requests.get("https://xshg.github.io/hbupybook/numberDemo.html")
if r.status_code==200:
    result=re.search("\d\d", r.text)  #使用 search 方法在 r.text 中匹配两位数字
```

```
            print(result.group(0))                #将匹配成功的第一个结果输出
    else:
            print("爬取不成功,错误代码为: {}".format(r.status_code))
```

程序执行后,输出的结果为 88,成功地匹配了两位数字。

正则表达式常用的匹配字符及其含义如表 9.7 所示。

表 9.7　正则表达式常用的匹配字符及其含义

匹配字符	含　　义
\d 或 [0-9]	匹配 0、1、2、3、4、5、6、7、8、9 中的任一数字
\D	匹配任一非数字
\s	匹配任一不可见字符,如空格、制表符等
\S	匹配任一可见字符
.(点)	可以匹配\n 和\r 以外的任一字符
\	用于转义字符,例如\\表示匹配\、\.表示匹配.(点)等
[a-z]	匹配任一小写英文字母
[A-Z]	匹配任一大写英文字母
*	匹配前一个子表达式任意次,如 a[0-9] * 可以匹配 a、a7、a95、a863 等(a 字符后跟任意数字的字符串)
?	匹配前一个子表达式 0 次或 1 次,如 az?可以匹配 a 或 az
{n}	匹配前一个子表达式 n 次,如 ab{3}可以匹配 abbb
{m,}	匹配前一个子表达式至少 m 次,如 ab{2,}可以匹配 abb、abbb 等
{m,n}	匹配前一个子表达式至少 m 次,最多 n 次,如 ac{2,4}可以匹配的字符串包括 acc、accc 和 acccc 这 3 项
(匹配字符)	放在一对小括号内的匹配字符表示一个待匹配的子表达式,如 a(bc){0,1}可以匹配 a 和 abc,相当于 a(bc)?

2) re 库

Python 的标准库 re 可以方便地对字符串进行匹配操作,其中的 search、match、findall 和 finditer 等方法都可以用来匹配字符串。

(1) search 方法的语法格式如下:

re.search(pattern,string)

参数 pattern 是用来在目的字符串中匹配数据的正则表达式字符串,参数 string 是需要匹配结果的目的字符串。

执行时只查找第一个匹配成功的结果,未匹配成功返回 None。匹配成功后返回的结果是一个 re 的 Match 类型数据,使用其 group(0)的方式取得匹配成功的字符串。如果正则表达式串中有使用小括号的子表达式,则依次使用 group(1)、group(2)等取得其他的子项字符串。

(2) match 方法的语法格式如下:

re.match(pattern,string)

参数 pattern 和 string 的含义同前。match 方法在匹配时总是从 string 的第一个字符开始匹配,如满足则返回匹配结果,否则返回 None 值。

(3) findall 方法的语法格式如下:

```
re.findall(pattern, string)
```

参数 pattern 和 string 的含义同前。findall 方法用来匹配所有可匹配成功的组,即使用小括号的子表达式匹配的所有字符串,返回结果为列表类型,没有匹配成功返回空列表。

(4) finditer 方法的语法格式如下:

```
re.finditer(pattern, string)
```

参数 pattern 和 string 的含义同前。finditer 方法会匹配 string 中所有符合 pattern 要求的字符串,并返回可迭代数据。可迭代数据的每个可取得的元素均为 Match 类型的数据。

【例 9.1】　通过网页 http://pc.weathercn.com/weather/week/101924/可以实时获取北京天气预报信息。编写程序,每一小时爬取该网页一次,并将当时的气温数据读出,依次保存在 Beijing_tem.txt 文件中,每条信息格式为"YYmmdd,HHMM,当前温度值",例如"20221219,23:50,17"。

分析:使用浏览器访问 http://pc.weathercn.com/weather/week/101924/,如图 9.22 所示。分析该网页的 HTML 代码可知,其实时温度的 HTML 代码为 < div class = "weather-temp">-5</div>。

图 9.22　访问中国天气网站的北京天气预报

注意:网络服务随着时间的推移,其 HTML 内容可能会发生改变,或不再提供服务,该示例可能在将来不再可用。

在此基础上,构建一个匹配温度的正则表达式。气温值的一般形式为"-ab.c"形式,零下时显示负号,负号和小数点之间的数字为 1 位或 2 位,小数点后的数字为 0 位或 1 位。构建的正则表达式为< div class = "weather-temp">(-?\d{1,2}\.?\d?)</div>。(-?\d{1,2}

\.?\d?)是一个子表达式,匹配具体数值。

```
#P0901.py
#引入需要用到的3个库,time库用来提供当前时间及计时
import requests,re,time
while True:
    r=requests.get("http://pc.weathercn.com/weather/week/101924/")    #爬取网页
    #使用这个表达式匹配,得到两个数据: res.group(0)和res.group(1)
    #group(0)是匹配的总的字符串,group(1)是子匹配项结果
    res=re.search('<div class="weather-temp">(-'\d{1,2}\.'\d')</div>',r.
text)
    #格式化当前时间为"YYmmdd,HHMM"形式
    str_datetime=time.strftime("%Y%m%d,%H%M,")
    tmp=res.group(1)                                            #温度取自匹配项内容
    with open("beijing_tem.txt","a",encoding="utf-8") as f:     #以追加写模式打开文件
        f.write(str_datetime+tmp+"\n")                         #将数据写入文件
    time.sleep(3600)
```

9.3.3 使用 BeautifulSoup 库解析从网页获取的数据

9.3.2 节使用 requests 库的 get()方法爬取网页内容,查看网页 HTML 源码,分析要提取的数据在什么位置、有何特征后,书写正则表达式,使用 re 库的 search 方法获取所需数据。在这个过程中,解析网页 HTML 代码的规则几乎都是用户自己具体指定,每当需要获取同一个网页的不同类型数据时,就需要重新书写对应的正则表达式。这种模式不仅工作量大,而且容易出错。在进行比较复杂的网页解析时,可以使用 BeautifulSoup 等第三方库辅助进行,以提高数据获取的准确度和效率。

【**例 9.2**】 爬取 https://xshg.github.io/hbupybook/urlsDemo.html 网页,获取该网页中所有超链接的文字及地址。

分析:使用浏览器访问 https://xshg.github.io/hbupybook/urlsDemo.html,如图 9.23 所示。

图 9.23 网页示例

网页 HTML 代码如下：

```
<html>
  <head>
    <title>爬取超链接示例页面</title>
  </head>
<body>
  <h1>本页面用于爬取超链接示例</h1>
<p><a class="a_class" id="demo01"
href="https://xshg.github.io/hbupybook/demo01.html">超链接 01</a></p>
<p><a class="a_class" id="demo01"
href="http://pc.weathercn.com/weather/week/101924/">北京天气(中国天气)</a></p>
<p><a class="a_class" id="demo01"
href="http://www.ngchina.com.cn/travel/">国家地理中文网</a></p>
<p><a class="a_class" id="demo01"
href="https://xshg.github.io/hbupybook/sample01.html">超链接 02</a></p>
<p><a class="a_class" id="demo01"
href="https://xshg.github.io/hbupybook/test01.html">超链接 03</a></p>
<p><a class="a_class" id="demo01"
href="https://xshg.github.io/hbupybook/default.html">超链接 04</a></p>
<img width="400px" alt="从城市到草原：去肯尼亚你可以这么玩"
src="http://image.ngchina.com.cn/2017/1116/20171116113011179.jpg">
<p><a href="index.html">返回首页</a></p>
<hr />
<p>注：本页引用图片来源于"国家地理中文网",如有侵权,请
<a href="mailto:xshg@msn.com">发邮件</a>给我,将尽快删除。</></p>
</body>
</html>
```

通过分析 HTML 代码可知,所有的超链接均在 HTML 的<a>标签内,超链接的文字在
""">"和"</a>"之间(如""">超链接 01</a>"),超链接的链接地址在"href=""""和"">"之间。
在此分析基础上写出匹配正则表达式 href="(http.*)">(.*)</a>,第一个使用小括号的
子表达式用于匹配超链接地址,第二个使用小括号的子表达式用于匹配超链接显示的文字。
其代码如下：

```
import requests,re
r=requests.get("https://xshg.github.io/hbupybook/urlsDemo.html")
res=re.findall('href="(http.*)">(.*)</a>',r.text)
for item in res:
    print("超链接名称: {},超链接地址: {}".format(item[1], item[0]))
```

程序执行结果如下：

```
超链接名称:超链接 01,超链接地址:https://xshg.github.io/hbupybook/demo01.html
超链接名称:北京天气(中国天气),超链接地址:http://pc.weathercn.com/weather/week/
101924/
超链接名称:国家地理中文网,超链接地址:http://www.ngchina.com.cn/travel/
超链接名称:超链接 02,超链接地址:https://xshg.github.io/hbupybook/sample01.html
超链接名称:超链接 03,超链接地址:https://xshg.github.io/hbupybook/test01.html
超链接名称:超链接 04,超链接地址:https://xshg.github.io/hbupybook/default.html
```

表面上看,这段程序完成了任务。仔细查看会发现,源代码中的"返回首页"和"发邮件"也是超链接。"返回首页"的超链接是站内链接,链接地址没有使用 http 等协议名开始,"发邮件"是特殊的超链接形式,以协议名"mailto:"开始。为了能够将这些特殊的数据爬取出来,就需要写出针对它们的正则表达式。

1. 使用 BeautifulSoup 库

使用 BeautifulSoup 库,可以简单、高效地完成网页内部标签和数据的基础解析工作,用户只需将重点放在如何提取数据及处理数据上。

由于 BeautifulSoup 库是第三方库,使用之前需要确保已经安装和引入。

在 Windows 命令行界面的安装命令如下:

```
pip install beautifulsoup4
```

在 Python 编程环境中,引入 BeautifulSoup 的代码如下:

```
from bs4 import BeautifulSoup
```

注意:安装时用的名字是 beautifulsoup4,引入时用的名字是 bs4。

对于上例中需要解析的网页 HTML 代码 r.text,创建一个 BeautifulSoup 对象,并赋值给一个对象名 soup。然后,使用 soup 对象就可以访问网页中的节点、文字、图像等各类信息了。

```
soup=BeautifulSoup(r.text,"html.parser")
```

其中,BeautifulSoup()函数的第一个参数 r.text 是待解析的网页 HTML 代码,第二个参数"html.parser"用于表示使用何种模式对 r.text 内容进行解析。除了此处用到的"html.parser"值外,还可以选择"lxml"、"xml"、"html5lib"等值,此处进行的是标准 HTML 文档解析,故选择"html.parser"作为参数值。

soup 获得 BeautifulSoup()解析的对象后,可以使用 HTML 标签、属性、文本等方式获取网页中的数据。下面通过 Python IDLE 交互方式展示常用属性的处理方法:

```
>>>from bs4 import BeautifulSoup
>>>import requests
>>>r=requests.get("https://xshg.github.io/hbupybook/urlsDemo.html") #爬取网页
>>>soup=BeautifulSoup(r.text,"html.parser")          #解析爬取的页面
>>>a_01=soup.a           #获取 soup 中的第一个"a"标签对象,即超链接<a>标签对象
>>>print(a_01)
<a class="a_class" href="https://xshg.github.io/hbupybook/demo01.html"
id="demo01">超链接 01</a>
>>>print(a_01.text)      #输出 a_01 中超链接显示的文本
>>>print(a_01["href"]    #输出 a_01 中超链接的链接地址属性 href 的值
https://xshg.github.io/hbupybook/demo01.html
>>>print(a_01["id"]      #输出 a_01 中 id 属性的值
demo01
>>>img_01=soup.img       #获取网页中第一个图像标签对象,即<img>标签
```

```
>>>print(img_01["src"])              #获取 img_01 中图片源属性 src 的值
http://image.ngchina.com.cn/2017/1116/20171116113011179.jpg
>>>print(soup.p)                     #输出 soup 中第一个<p>标签内容
<p><a class="a_class" href="https://xshg.github.io/hbupybook/demo01.html"
id="demo01">超链接 01</a></p>
```

由示例可以看出,获取解析页面的 BeautifulSoup 对象 soup 后,可以使用 HTML 代码中的标签快速定位到第一个指定标签内容,使用该对象的 text 属性可以获取该标签显示的文字,使用"标签[属性名]"的形式,可以获取该标签内对应的属性值,如 a_01["href"]可以获取 soup 标签对象 a_01 中 href 属性的值。

如需要定位多个相同标签,可以使用 BeautifulSoup 对象的 find_all()方法,该方法的参数可以是 HTML 标签,也可以是网页中 CSS 的名称等。下面通过 Python IDLE 交互方式说明如下(soup 对象沿用上例):

```
>>>a_all=soup.find_all("a")          #获取 soup 中的所有<a>标签内容对象,以列表形式返回
>>>print(a_all)
[<a class="a_class" href="https://xshg.github.io/hbupybook/demo01.html" id=
"demo01">超链接 01</a>, <a class="a_class" href="http://pc.weathercn.com/
weather/week/101924/" id="demo01">北京天气(中国天气)</a>, <a class="a_class"
href="http://www.ngchina.com.cn/travel/" id="demo01">国家地理中文网</a>, <a
class="a_class" href="https://xshg.github.io/hbupybook/sample01.html" id=
"demo01">超链接 02</a>, <a class="a_class" href="https://xshg.github.io/hbupy-
book/test01.html" id="demo01">超链接 03</a>, <a class="a_class" href="https://
xshg.github.io/hbupybook/default.html" id="demo01">超链接 04</a>, <a href="in-
dex.html">返回首页</a>, <a href="mailto:xshg@msn.com">发邮件</a>]
>>>a_css_all=soup.find_all(class_="a_class")
>>> #获取 HTML 代码中所有应用了 CSS 名称为 a_class 的标签对象,由于 class 是 Python 关键字
>>>#此处 find_all()中的参数名 class_为 class 后跟一个下画线
>>>print(a_css_all)
[<a class="a_class" href="https://xshg.github.io/hbupybook/demo01.html" id=
"demo01">超链接 01</a>, <a class="a_class" href="http://pc.weathercn.com/
weather/week/101924/" id="demo01">北京天气(中国天气)</a>, <a class="a_class"
href="http://www.ngchina.com.cn/travel/" id="demo01">国家地理中文网</a>, <a
class="a_class" href="https://xshg.github.io/hbupybook/sample01.html" id=
"demo01">超链接 02</a>, <a class="a_class" href="https://xshg.github.io/hbupy-
book/test01.html" id="demo01">超链接 03</a>, <a class="a_class" href="https://
xshg.github.io/hbupybook/default.html" id="demo01">超链接 04</a>]
```

从上面的示例可以看出,使用 BeautifulSoup 的 find_all()方法可以快速获取指定标签或属性的网页对象。对比数据 a_all 和 a_css_all 可以发现,数据有些不同:a_all 获得了网页中的所有超链接,包括"返回首页"和"发邮件"超链接;a_css_all 只返回了<a>标签中 CSS 属性 class 为 a_class 的对象,这些对象也可能不是超链接,但只要应用了该属性,就可以被匹配。

【例 9.3】　爬取 https://xshg.github.io/hbupybook/urlsDemo.html 网页,使用 Beauti-fulSoup 库解析并获取网页中所有超链接的文字及地址。

```
#P0903.py
import requests,re
```

```
from bs4 import BeautifulSoup
r=requests.get("https://xshg.github.io/hbupybook/urlsDemo.html")
res=BeautifulSoup(r.text,"html.parser")
a_all=res.find_all("a")
for item in a_all:
    print("超链接名称：{},超链接地址：{}".format(item.text,item["href"]))
```

程序执行结果如下：

```
超链接名称：超链接 01,超链接地址：https://xshg.github.io/hbupybook/demo01.html
超链接名称：北京天气(中国天气),超链接地址：http://pc.weathercn.com/weather/
week/101924/
超链接名称：国家地理中文网,超链接地址：http://www.ngchina.com.cn/travel/
超链接名称：超链接 02,超链接地址：https://xshg.github.io/hbupybook/sample01.html
超链接名称：超链接 03,超链接地址：https://xshg.github.io/hbupybook/test01.html
超链接名称：超链接 04,超链接地址：https://xshg.github.io/hbupybook/default.html
超链接名称：返回首页,超链接地址：index.html
超链接名称：发邮件,超链接地址：mailto:xshg@msn.com
```

使用 BeautifulSoup 库可以大大降低人工分析网页 HTML 代码和书写正则表达式的工作量。

2. 使用 BeautifulSoup 示例

1）获取北京市气温

此处改写前面获取北京市天气预报中气温的代码，使用 BeautifulSoup 库实现，代码如下：

```
import requests
from bs4 import BeautifulSoup
r=requests.get("http://pc.weathercn.com/weather/week/101924/")
soup=BeautifulSoup(r.text,features="html.parser")
res=soup.find_all(class_="weather-temp")
beijing_tmp=res[0].text                    #获取找到的数据标签中的文字,即气温值
print("北京市当前气温：{}摄氏度。".format(beijing_tmp))
```

2）保存网页中图像

【例 9.4】 访问 https://xshg.github.io/hbupybook/imgsDemo.html 网页，并将该网页中的所有图像保存在计算机中。

分析：首先使用 requests 库爬取该网页，然后使用 BeautifulSoup 库对网页代码进行解析，获取图像地址列表，最后使用 requests 库逐一爬取图像并存储于计算机中。

```
#P0904.py
import requests,re
from bs4 import BeautifulSoup
r=requests.get("https://xshg.github.io/hbupybook/imgsDemo.html")
res=BeautifulSoup(r.text,"html.parser")
img_all=res.find_all("img")                    #获取所有<img>标签对象
i=1                                            #保存图像的文件名编号从 1 开始
for item in img_all:
    src=item["src"]                            #取得图像的 src 属性,即图像地址
```

```
img_r=requests.get(src)
fileName="demo"+str(i)+".jpg"
with open(fileName,"wb") as f:        #图像是二进制文件,此处参数使用 wb
    f.write(img_r.content)            #把图像数据写入文件
i+=1                                  #图像编号加 1
```

程序执行完,当前文件夹下将会出现 demo1.jpg、demo2.jpg 和 demo3.jpg 这 3 个图像文件。

9.4 数据可视化

数据可视化是计算机数据处理的一个重要分支,将数据以图表的形式展现出来,可以更加直观、简洁地反映数据中蕴含的规律。折线图可以反映数据的走向趋势,条形图可以反映数据的差异对比,饼图可以反映数据中部分与整体的关系,散点图可以反映数据的分布或关联趋势……合理地选择数据图表类型,将数据可视化,可以更加精准、高效地展示数据蕴含的信息。

基于 Python 对数据进行可视化处理,主要用到 Python 的两个第三方库:NumPy 和 Matplotlib。NumPy 是运算效率很高的一个数学库,主要用于数组和矩阵运算,提供了基于矩阵的高效的数学函数运算实现,在科学计算领域应用广泛。Matplotlib 提供数据可视化功能。其安装和使用依赖于 NumPy 库。

9.4.1 NumPy 基础

NumPy 是 Python 中最重要的数学运算库之一,底层使用 C 语言编写,因此具有很高的运算效率。NumPy 的核心数据类型是 ndarray,可以认为是一种 n 维的数组结构。NumPy 为 ndarray 提供加、减、乘、除、三角函数等运算,均是针对数组中的每个数据元素的。

在编程时须先引入 NumPy 库,常用格式如下:

```
import numpy as np        #在引入 NumPy 库的同时为其起一个简单的别名 np
```

1. 创建数组

1) 将 Python 列表转换为 NumPy 的 ndarray 数据

使用 NumPy 提供的 array()函数,可以将 Python 的列表型数据直接转换为 ndarray 类型的数据。

示例:

```
>>>data=np.array([[1,2,3],[4,5,6]])
>>>type(data)                    #查看 data 的数据类型
<class 'numpy.ndarray'>
>>>print(data.shape)             #输出数据的维数和大小,data 为 2 行 3 列的二维数据
(2,3)
>>>print(data)
[[1 2 3]
 [4 5 6]]
```

由上面的代码可以看到,Python 的列表型数据[[1,2,3],[4,5,6]]已转换为 NumPy 的 ndarray 类型数据。

2) 使用 NumPy 的函数创建数组

NumPy 还提供了一些用于创建数组的函数。

示例:

```
>>>data_a=np.zeros((2,3))
```

该语句创建一个 2 行 3 列、元素值均为 0.0 的二维数组。

```
>>>data_b=np.ones((2,3))
```

该语句创建一个 2 行 3 列、元素值均为 1.0 的二维数组。

```
>>>data_c=np.arange(1,5,0.2)
```

该语句创建一个一维数组。前两个参数表示产生数组的取值区间为[1,5),数组元素包括数值 1,不包括数值 5;第三个参数 0.2 为步长。data_c 的值为 array([1.,1.2,1.4,1.6, 1.8,2.,2.2,2.4,2.6,2.8,3.,3.2,3.4,3.6,3.8,4.,4.2,4.4,4.6,4.8])。

```
>>>data_d=np.linspace(1,5,9)
```

该语句创建一个一维数组。前两个参数表示产生数组的取值区间为[1,5],数组元素包括数值 1,也包括数值 5;第 3 个参数为将区间[1,5]内的数据等分的份数。data_d 的值为 array([1.,1.5,2.,2.5,3.,3.5,4.,4.5,5.])。

```
>>>data_e=np.arange(12).reshape((3,4))
```

该语句中的 arrange(12)只提供了一个参数,表示产生的数据范围为[0,12),默认步长为 1,故产生数据为自 0 开始到 12 结束(不包括 12) 的 12 个整数;其后的 reshape((3,4))表示将包含 12 个数值的一维数组重新划分为 3 行 4 列的二维数组。data_e 的值为 array([[0,1, 2,3],[4,5,6,7],[8,9,10,11]])。

```
>>>data_f=np.random.random((2,3))
```

该语句生成一个 2 行 3 列的二维数组,每个元素是[0.0,1.0)区间的一个随机数。

```
>>>data_g=np.random.randint(1,10)
```

该语句生成一个取值区间为[1,10)的整数。

2. NumPy 基本运算

NumPy 的运算以 n 维数组为基础,包括基本的加、减、乘、除、幂、对数、三角函数等运算。

示例:

```
>>>data_a=np.arange(4)          #data_a 的值为 array([0,1,2,3])
>>>data_b=np.arange(4,8)        #data_b 的值为 array([4,5,6,7])
>>>data_c=data_a+data_b         #data_c 的值为 array([4,6,8,10]),按位置对应相加
>>>data_d=data_a-data_b         #与加法运算方式类似,乘除运算也类似
#np.pi 是 NumPy 内置常数,为 π 的近似值 3.141592653589793
```

```
>>>data_e=np.linspace(-np.pi,np.pi,100)  #均匀产生 100 个从-np.pi 到 np.pi 的数值
>>>data_f=np.sin(data_e)       #对 data_e 的每一个值执行 sin()函数运算
>>>data_g=np.log(data_e))      #对 data_e 的每一个值执行以 e 为底的对数运算
```

9.4.2 使用 Matplotlib.pyplot 绘图

使用 Python 进行数据可视化操作,主要是使用第三方库 Matplotlib 中的 pyplot 模块进行图形的绘制。在使用之前,需要引入 Matplotlib 库的 pyplot 模块,语法格式如下:

```
import matplotlib.pyplot as plt
```

该语句引入 Matplotlib 库的 pyplot 模块并起一个别名 plt。

使用 Matplotlib 的 pyplot 绘制图形的一般步骤如下:

(1) 使用 NumPy 准备绘制图形的数据。

(2) 生成绘图画布。

(3) 选择合适的图形类型并设置相关属性。

(4) 渲染并显示图形。

1. 折线图及绘图常用功能

1) 折线图绘制基础

pyplot 提供了绘制折线图的 plot()方法,语法格式如下:

```
plt.plot(x,y,color='color',marker='o',linestyle='dashed',label='labelDemo',
其他参数)
```

其中,x 是可选参数,y 是必选参数,是绘制图形数据的 x 和 y 坐标。如果使用了 x 参数,则 x 和 y 的值应成对出现。其余参数均为可选参数:color 指定绘制线条的颜色,可以使用"♯RRGGBB"方式描述,基本颜色可用 b(蓝色)、r(红色)、g(绿色)等描述;marker 指定绘制的数据点样式,如"o"为圆点、"v"为尖角向下的三角形等,可省略;linestyle 指定连接绘制的数据点的线型,如"-"为平滑线条,"--"为虚线条等,可省略;label 指定绘制图形的图例名称。plot 的其他参数种类很多,包括 linewidth、markersize 等,需要使用时可查阅 Matplotlib 提供的帮助文档。

【例 9.5】 绘制正弦曲线 $y=\sin x$,x 的取值范围为$[-\pi,\pi]$。

```
#P0905.py
import numpy as np
import matplotlib.pyplot as plt
x=np.linspace(-np.pi,np.pi,100)      #横轴坐标值序列
y=np.sin(x)                          #纵轴坐标值(x 的正弦函数值)序列
plt.figure(figsize=(8,5))            #设置画布大小为宽 8in、高 5in
plt.plot(x,y,color="g")              #x、y 的值为横、纵坐标值,颜色设置为绿色
plt.show()                           #渲染并显示图形
```

程序执行结果如图 9.24 所示。

2) 多窗口

每执行一次 plt.figure()语句,均会生成一个新的绘图窗口。

图 9.24　正弦曲线

【**例 9.6**】　在两个绘图窗口中分别绘制正弦曲线 $y = \sin x$ 和余弦曲线 $y = \cos x$，x 的取值范围为 $[-\pi, \pi]$。

```
#P0906.py
import numpy as np
import matplotlib.pyplot as plt
x=np.linspace(-np.pi,np.pi,100)    #横坐标 x 的取值序列
y1=np.sin(x)                       #正弦曲线纵坐标 y 的取值序列
y2=np.cos(x)                       #余弦曲线纵坐标 y 的取值序列
plt.figure(num=1,figsize=(8,4))    #第一个绘图窗口,num 参数决定窗口名称为 figure1
plt.plot(x,y1,color="g")           #绘制正弦曲线,线条颜色为绿色("g")
plt.figure(num="cos(x) ")          #第二个绘图窗口,num 参数决定窗口名称为 cos(x)
plt.plot(x,y2,color="#0000ff")     #绘制余弦曲线,线条颜色为蓝色(#0000ff)
plt.show()
```

程序执行结果如图 9.25 所示。

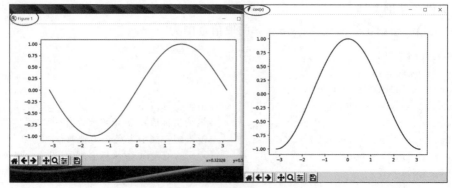

图 9.25　多窗口绘图

3）在同一个窗口中绘制多条曲线

数据可视化时，常常将两组或多组数据绘制在同一个窗口中以进行数据对比。

【例 9.7】　在同一个窗口中绘制 $y=\sin x$ 和 $y=\cos x$ 曲线，x 的取值范围为 $[-\pi,\pi]$。

```
#P0907.py
import numpy as np
import matplotlib.pyplot as plt
x=np.linspace(-np.pi,np.pi,100)
y1=np.sin(x)
y2=np.cos(x)
plt.figure(num=1,figsize=(8,4))              #只创建一个绘图窗口
plt.plot(x,y1,color="g",label="y=sin(x)")    #绘制正弦曲线,设置图例为 y=six(x)
plt.plot(x,y2,color="#0000ff",label="y=cos(x)") #绘制余弦曲线,设置图例为 y=cos(x)
plt.legend()                                 #显示图例
plt.show()
```

程序执行结果如图 9.26 所示。

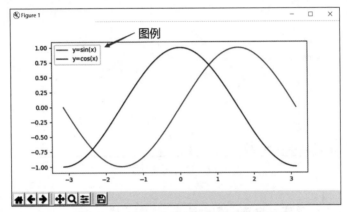

图 9.26　在同一个窗口中绘制两条曲线

4）设置坐标轴属性

在实际绘制数据图形时，常常根据需要设定坐标轴的一些相关属性。

【例 9.8】　在同一窗口中绘制 $y=\sin x$ 和 $y=\cos x$ 曲线，x 的取值范围为 $[-\pi,\pi]$。坐标轴设定要求如下：

- 横轴范围 $[-4,4]$，纵轴范围 $[-2,2]$。
- 图形标题：正弦余弦对比图。
- 横轴标签：x 轴；纵轴标签：y 轴。

在前例代码 plt.plot(x,y2)和 plt.legend()之间补充坐标轴设定代码，加粗显示。

```
#P0908.py
import numpy as np
import matplotlib.pyplot as plt
x=np.linspace(-np.pi,np.pi,100)
y1=np.sin(x)
y2=np.cos(x)
plt.figure(num=1,figsize=(8,4))
plt.plot(x,y1,color="g",label="y=sin(x)")
plt.plot(x,y2,color="#0000ff",label="y=cos(x)")
```

```
plt.xlim((-4,4))                              #限定横轴坐标范围
plt.ylim((-2,2))                              #限定纵轴坐标范围
plt.rcParams["font.sans-serif"]=["SimHei"]   #用来正常显示中文标签
plt.rcParams["axes.unicode_minus"]=False     #用来正常显示负号
plt.title("正弦余弦对比图")                      #显示图表标题
plt.xlabel("x轴")                             #显示横轴标签
plt.ylabel("y轴")                             #显示纵轴标签
plt.legend()
plt.show()
```

程序执行结果如图 9.27 所示。

图 9.27　设置坐标轴属性

说明：为了能在绘图窗口中正常显示汉字，需要通过 plt 的 rcParams 方法指定显示字体以及显示负号的参数值。

5）绘制子图

在同一个绘图窗口中，可以绘制多个子图，绘制子图的功能由 pyplot 的 subplot()方法实现，使用 subplot()方法的一种语法格式如下：

plt.subplot(a,b,c)

subplot()函数的 3 个参数用于表明绘图区分为 a 行 b 列，指定当前子绘图区为第 c 个。子绘图区编号从 1 开始，按照从左到右、从上到下的顺序排列。

【例 9.9】　绘制两个子图，分别显示 $y = \sin x$ 和 $y = \cos x$ 的曲线，x 的取值范围为 $[-\pi, \pi]$。

```
#P0909.py
import numpy as np
import matplotlib.pyplot as plt
x=np.linspace(-np.pi,np.pi,100)
y1=np.sin(x)
y2=np.cos(x)
plt.figure(figsize=(8,4))
```

```
plt.subplot(1,2,1)          #指定1行2列的第一个子绘图区为可绘制区域
plt.plot(x,y1)              #在第一个子绘图区绘制正弦曲线
plt.subplot(1,2,2)          #指定1行2列的第二个子绘图区为可绘制区域
plt.plot(x,y2)              #在第二个子绘图区绘制余弦曲线
plt.show()
```

程序执行结果如图 9.28 所示。

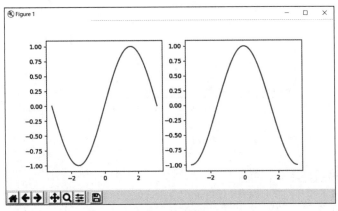

图 9.28　绘制子图

9.4.3　散点图

散点图一般用来反映数据的分布或关联趋势。Matploblib.pyplot 使用 scatter( )方法绘制散点图,语法格式如下:

plt.scatter(x,y,color="color", marker="marker", s=size)

绘图参数中,x、y、color、marker 的作用和 plot( )方法相同。参数 s 用来描述绘制形状点的大小。除参数 x、y 外,其他参数都可以省略。

【例 9.10】　绘制散点图。其中 x 坐标为 0~9 的整数,对应的 y 坐标随机生成(取值范围为[1,10))。

```
#P0910.py
import numpy as np
import matplotlib.pyplot as plt
x =np.arange(0,10)              #横轴值为[0,1,2,3,4,5,6,7,8,9]
y=np.random.randint(1,10,size=10)   #纵轴值为[1,9]区间的随机整数
plt.scatter(x,y,marker="v",s=25)    #绘制散点图
plt.show()
```

程序执行结果如图 9.29 所示。

【例 9.11】　使用蒙特卡洛法求 π 值时,需要随机产生若干 x、y 坐标范围在[0,1)区间的点。随机生成 10 000 个坐标点,并绘制散点图。生成的随机坐标点如果在以(0,0)为圆心、半径为 1 的 1/4 圆(位于坐标系的第一象限)内时,绘制为黑色点(RGB 颜色值为 ♯000000),其他点绘制为灰色点(RGB 颜色值为 ♯aaaaaa)。

图 9.29　散点图

```
# P0911.py
import numpy as np
import matplotlib.pyplot as plt
#由 x1、y1 组成的坐标点在 1/4 圆内,由 x2、y2 组成的坐标点在 1/4 圆外
x1,y1,x2,y2=[],[],[],[]
TIMES=10000
for i in range(TIMES):              #此循环用于生成 10 000 个点的坐标
    x=np.random.random()            #生成 x 坐标
    y=np.random.random()            #生成 y 坐标
    if x**2+y**2<1:                 #判断坐标(x, y)是否在 1/4 圆内
        x1.append(x)
        y1.append(y)
    else:
        x2.append(x)
        y2.append(y)
print("蒙特卡洛方法求得的 PI 值为: {:.2f}".format(4 * len(x1)/TIMES))
plt.figure(figsize=(5,5))
plt.scatter(x1,y1,s=1,color="#000000")
plt.scatter(x2,y2,s=1,color="#aaaaaa")
plt.show()
```

程序执行结果如图 9.30 所示。

9.4.4　条形图

条形图可以反映数据的差异,广泛应用于需要进行数据对比的场合。Matplotlib.
pyplot 使用 bar()方法绘制条形图,语法格式如下:

plt.bar(x,height,width,facecolor)

bar()方法的参数中,x 为横坐标值,height 为与 x 对应的条形高度,width 为条形宽度
(值为 0~1,默认值为 0.8),facecolor 为条形颜色。

绘制条形图时常在条形上方标注数值,可以使用 Matplotlib.pyplot 的 text()方法实现,

图 9.30　使用蒙特卡洛法求 π 值的散点图

语法格式如下：

```
plt.text(x, y, text, ha, va)
```

text()方法的参数中，x 和 y 是要显示 text 指定的文字的坐标；ha 是文字的横向对齐方式，取值为 left(左对齐)、center(横向居中对齐)、right(右对齐)；va 是文字的纵向对齐方式，取值为 top(顶部对齐)、center(纵向居中对齐)、bottom(底部对齐)。

【例 9.12】　绘制两组数据的条形图。一组数据的横坐标值为[0,2,4,6,8]，纵坐标值为[0,1]区间的随机数，绘制为红色条形图；另一组数据的横坐标值为[1,3,5,7,9]，纵坐标值为[0,1]区间的随机数，绘制为绿色条形图。在条形上方标注纵坐标值。

```
#P0912.py
import numpy as np
import matplotlib.pyplot as plt
x1=np.arange(0, 10, 2)
y1=np.random.random(5)
x2=np.arange(1, 11, 2)
y2=np.random.random(5)
plt.bar(x1,y1,facecolor="r")
plt.bar(x2,y2,facecolor="g")
for x,y in zip(x1,y1):           #依次取得横坐标值[0,2,4,6,8]
    #y+0.05 表示文字在条形上方偏移 0.05 的位置
    plt.text(x,y+0.05,"{:.2f}".format(y),ha="center",va="bottom")
for x,y in zip(x2,y2):           #依次取得横坐标值[1,3,5,7,9]
    plt.text(x,y+0.05,"{:.2f}".format(y),ha="center",va="bottom")
plt.show()
```

程序执行结果如图 9.31 所示。

图 9.31　条形图

9.4.5　直方图

直方图一般用来表示数据的分布情况,是一种二维统计图表。一般横坐标表示不同的统计样本,纵坐标表示该样本的某个属性的值。Matplotlib.pyplot 使用 hist()方法绘制直方图,语法格式如下:

plt.hist(x,bins,histtype,rwidth,color)

其中,参数 x 是要统计的属性值,bins 是统计样本,histtype 是直方图种类(可选值为 bar、barstacked、step、stepfilled,默认值为 bar),rwidth 是柱体宽度(值为 0~1),color 为柱体颜色。

【例 9.13】　随机生成 1000 个[0,100]区间的整数,统计[0,20)、[20,40)、[40,60)、[60,80)、[80,100)这 5 个区间的数据个数。

```
#P0913.py
import numpy as np
import matplotlib.pyplot as plt
bins=np.arange(0,101,20)
x=np.random.randint(0,100,1000)
plt.hist(x,bins,histtype="bar",rwidth=0.7,color="g")
plt.show()
```

程序执行结果如图 9.32 所示。

9.4.6　饼图

饼图可以反映数据中部分和整体的关系,是一种通过在一个圆中划分扇形表示数据关系的统计图,是一种应用广泛的数据图表。Matplotlib.pyplot 通过 pie()方法绘制饼图,语法格式如下:

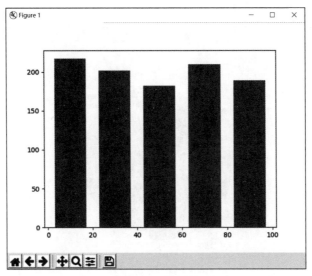

图 9.32　直方图

> **plt.pie(x, explode, labels, startangle, colors, shadow, autopct)**

各参数的作用如下:

- x:用来绘制扇形的数据,一般是列表或元组,x 各元素值的大小决定了对应扇形的大小。
- explode:确定 x 内各数据生成的扇形是否要突出显示。
- labels:用来描述各扇形的标签。
- statangle:用来控制第一个数据对应扇形的起始角度。
- colors:用来描述 x 内各数据生成的扇形的颜色。
- shadow:用来控制扇形是否显示阴影。
- autopct:用来控制显示扇形占比。

【例 9.14】　一个人某天用于吃饭、购物、睡眠、学习和娱乐的时间分别是 2h、3h、7.5h、8.5h、3h,请据此绘制饼图,并突出显示睡眠时间。

```
# P0914.py
import numpy as np
import matplotlib.pyplot as plt
plt.rcParams["font.sans-serif"]=["SimHei"]        #用来正常显示中文标签
plt.rcParams["axes.unicode_minus"]=False          #用来正常显示负号
hours=(2,3,7.5,8.5,3)
labels=("吃饭","购物","睡眠","学习","娱乐")
colors=("c","m","r","b","y")
#explode 参数为元组(0,0,0.1,0,0)表示第 3 个数据突出显示 0.1 个单位,其他数据不突出显示
#autopct 用字符串占位符形式描述显示百分比
plt.pie(hours,explode=(0,0,0.1,0,0),labels=labels,startangle=90, \
colors=colors, shadow=True,autopct="%1.1f%%")
plt.legend(loc="upper right")                     #图例显示在绘图区右上角
plt.show()
```

程序执行结果如图 9.33 所示。

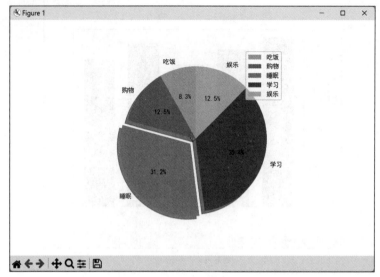

图 **9.33** 饼图

9.4.7 雷达图

雷达图多用于同一或同类对象多项指标的对比和分析,可以清晰地得出各指标间的优势和劣势比较结果。Matplotlib.pyplot 中没有直接包含绘制雷达图的方法,用户可以使用绘制极坐标图的方法取得雷达图的绘图效果。

极坐标系是用夹角和距离两个参数表示位置的二维坐标系。本节使用极坐标夹角和距离数据完成雷达图的绘制。绘制雷达图时,需要描述每个数据点在 $2\pi(360°)$ 内的角度和从极点出发的射线的长度。

【例 9.15】 有两个学生的 5 门课程(语文、数学、英语、计算机、物理)成绩分别为 88、95、76、98、94 和 93、75、95、80、69,绘制雷达图比较两个学生的考试成绩。

分析:每个学生有 5 门课程的成绩,故 5 个成绩应该分别位于从 0°角开始的跨度为 72°的射线上。

```
#P0915.py
import numpy as np
import matplotlib.pyplot as plt
#课程名称,为正确显示标签,需要多设置一个结束标签("语文")
labels=("语文","数学","英语","计算机","物理","语文")
stu01=[88,95,76,98,94]                    #学生 1 的成绩
stu02=[93,75,95,80,69]                    #学生 2 的成绩
#每个学生成绩的 5 个数据点在雷达图上应该位于均分 360°角的 5 条射线上
angles=np.linspace(0,2 * np.pi,5,endpoint=False)
#为形成闭合曲线,需要构造最后一个数据点的角度和值与第一个数据点的角度和值一致
angles=np.concatenate((angles,[0.0]))
stu01.append(stu01[0])
stu02.append(stu02[0])
plt.rcParams["font.sans-serif"]="SimHei"
```

```
ax=plt.subplot(111, projection="polar")    #ax是类型为极坐标子图(polar)的对象
ax.plot(angles,stu01,c="r",label="学生1")    #绘制第一个学生的数据线
ax.fill(angles,stu01,c="y",alpha=0.25)     #填充第一个学生数据线围成的区域
ax.plot(angles,stu02,c="g",label="学生2")
ax.fill(angles,stu02,c="y",alpha=0.25)
ax.set_thetagrids(angles * 180/np.pi,labels)  #将课程名称显示在各角度顶端
ax.set_ylim(0,100)                        #设置射线长度限制值为100
plt.legend()
plt.show()
```

程序执行结果如图 9.34 所示。

图 9.34　雷达图

9.4.8　三维图形

Matplotlib.plot 绘图功能强大,除以上各类图形外,还可以绘制三维图形。

【例 9.16】　用 Matplotlib.plot 绘制三维图形。

```
# P0916.py
import matplotlib.pyplot as plt
from matplotlib import cm
import numpy as np
#设置数据
X=np.arange(-5,5,0.25)
Y=np.arange(-5,5,0.25)
X,Y=np.meshgrid(X,Y)
R=np.sqrt(X**2+Y**2)
Z=np.sin(R)
#设置三维绘图界面并绘图
fig,ax=plt.subplots(subplot_kw={"projection":"3d"})
ax.plot_surface(X,Y,Z,vmin=Z.min() * 2,cmap=cm.Blues)
ax.set(xticklabels=[],
       yticklabels=[],
       zticklabels=[])
plt.show()
```

程序执行结果如图 9.35 所示。

图 9.35　三维图形在不同方向的效果

习　题　9

一、填空题

1. 浏览器和 Web 服务器之间传输 HTML 网页文件时使用的协议是_____。

2. Web 服务器返回浏览器的内容包括_____内容和_____内容。

3. 使用浏览器访问 localhost，Windows 会将其映射为 IP 地址_____。

4. 网页中的文本框、密码框等表单元素一般应放在_____中。

5. Django、Flask、web2py 等是 Python 的_____框架。

6. SQL 主要包括两种语句：_____和数据操作语句。

7. SQL 用于查询数据表中数据的关键字是_____。

8. SQL 用于修改数据表中数据的关键字是_____。

9. 使用 Python 语句_____可以引入 sqlite 库。

10. 在使用 sqlite 库操作数据时，可以通过_____的 execute()方法执行 SQL 语句。

11. 使用 requests 库爬取网页时，使用语句_____可以将爬取到的网页编码格式修改为 requests 库推荐的编码格式。

12. 使用 requests 库爬取网页时，status_code 的值为_____表示网站响应正常。

13. re 库是 Python 标准库中的_____库。

14. 引入 BeautifuleSoup 库的语句为_____。

15. NumPy 是 Python 中重要的_____库之一。

16. NumPy 的核心数据类型是_____。

17. Matplotlib.pyplot 使用_____方法绘制折线图。

18. Matplotlib.pyplot 使用_____方法可以在一个绘图窗口中绘制多个子图。

二、编程题

1. 实现一个简单的信息展示网站(可以展示图书、动物、植物等)，基本要求如下：

(1) 用户未登录时，可以浏览展示信息页面。

(2) 用户登录后，可以增加展示信息内容、修改展示信息文字或删除某项展示内容。

2. 爬取本地连续一年的气温值,绘制折线图展示。

3. 爬取本地连续两年的气温值,在同一窗口绘制两个折线图,对比两年的气温数据。

三、思考题

1. 结合自己所学专业思考使用 Python 编程可以在哪些方面提高学习或工作效率。

2. 编写爬虫软件爬取网上数据时应该注意哪些事项?

3. 使用数据库管理数据相对于使用文件管理数据有什么优缺点?

4. 数据可视化相对于直接阅读数据的主要优点是什么?

参 考 文 献

［1］ 嵩天,礼欣,黄天羽. Python 程序设计基础［M］. 2 版. 北京：高等教育出版社,2017.

［2］ 董付国. Python 程序设计基础［M］. 2 版. 北京：清华大学出版社,2018.

［3］ 王学颖,刘立群,刘冰,等. Python 学习：从实践到入门［M］.北京：清华大学出版社,2018.

［4］ 约翰·策勒. Python 程序设计［M］. 3 版. 王海鹏,译. 北京：人民邮电出版社,2018.

［5］ Matthes E. Python 编程：从入门到实践［M］. 袁国忠,译. 北京：人民邮电出版社,2018.

［6］ 袁方,王亮. C++ 程序设计［M］. 北京：清华大学出版社,2013.

［7］ 袁方,安海宁,肖胜刚,等. 大学计算机［M］.2 版. 北京：高等教育出版社,2020.

［8］ 刘春茂,裴雨龙. Python 程序设计案例课堂［M］. 北京：清华大学出版社,2017.

［9］ 刘宇宙. Python 3.5 从零开始学［M］. 北京：清华大学出版社,2017.

［10］ Barry P. 深入浅出 Python［M］. 林琪,郭静,译. 北京：中国电力出版社,2012.

［11］ 何平,李根福. Python GUI 设计：tkinter 从入门到实践. 长春：吉林大学出版社,2021.

［12］ Hunter J, Dale D, Firing E, et al. Examples［EB/OL］. https://matplotlib.org/stable/gallery/index.html.